MATH INTELLIGENCE QUOTIENT

MIQ

수학적 사고력을 길러주는

논리력 테스트

400

시춘예 지음 | 임성옥 옮김

김윤기 · 이동탁 · 최혜정 · 김미애 감수

베이직북스

머리말

벤자민 프랭클린(Benjamin Franklin)은 지능 개발에 대한 투자는 다른 그 무엇보다 가치 있는 투자라고 말했습니다. 언어 능력, 수학 능력, 논리력, 지각력, 운동 능력, 관찰력, 사회력 등을 포함하는 '지능'은 인류의 진화사에서 가장 큰 성과라고 할 수 있습니다. 지능의 균형적인 발전은 다양한 분야에서의 능력 개발과 발전에 도움이 될 뿐만 아니라 건강한 인격 형성에도 도움을 줍니다. 21세기는 굉장히 빠른 속도로 발전해 가고 있으며, 우리는 수많은 도전과 기회에 직면해 있습니다. 때문에 끊임없이 자기 개발을 해야 하는 것이지요.

인간의 지능은 무한하며, 사고게임은 지능을 높여주는 효과적인 방법입니다. 미국의 저명한 심리학자 미하이 칙센트미하이(Mihaly Csikszentmihalyi)는 논리게임을 '사고를 움직일 수 있는 게임'이라고 정의했습니다. 논리게임은 개인의 잠재력을 발굴하고, 자아조절 능력을 높일 수 있도록 도와줍니다. 유쾌하고 재미있는 게임을 통해 사고력과 논리력을 높이는 게임이라 할 수 있습니다. '좋은 논리게임'은 사고력을 높여줄 뿐만 아니라 매우 흥미로워 참여자로 하여금 문제를 푸는 기쁨과 만족을 가져다주는 동시에 관찰력, 판단력, 논리력, 사고력을 키워줍니다. 게임을 통해 재미를 느끼고, 재미를 통해 지식을 얻어 참여자가 가벼운 마음으로 게임을 즐기는 동안 자신도 모르는 사이에 활발한 두뇌활동을 통해 다양한 능력을 키울 수 있게 되는 것입니다.

독자의 논리학, 인공두뇌학, 심리학과 확률론 등 다양한 지식을 효과적으로 응용할 수 있는 능력을 높여주기 위해, 필자는 논리적인 사고능력을 키우자는 취지하에 신중한 문제선택과 구상을 바탕으로 풍부한 내용, 다양한 형식과 난이도가 있는 논리게임을 만들었습니다. 복잡한 듯하지만 간단한 추리문제, 알쏭달쏭한 도형문제, 수학과 상식을 응용하여 푸는 수수께끼, 글자와 숫자로 구성되어 있는 가로세로 게임 등이 있습니다. 다소 엉뚱한 생각일지라도 당신의 기존 사고방식에 변화를 가져다주는 좋은 기회가 될 것입니다.

게임을 하는 과정에서 당신은 더욱 대담한 상상과 판단, 그리고 추측을 필요로 할 것입니다. 상상력과 창의력을 십분 발휘하고 다양한 시각에서 문제를 바라보며, 모든 단서를 당신의 사고에 넣어 문제를 풀어보세요. 이러한 대담한 상상과 창의적인 사고방식이 당신의 논리력과 추리력을 높여주어 기존 사고의 한계를 넘어선 기쁨을 맛보게 해줄 것입니다.

더욱 중요한 것은 게임을 통해 좀 더 긍정적인 시각으로 문제를 해결하는 능력과 방법을 터득할 수 있을 것이라는 사실입니다. 그리하여 당신이 학습, 일, 또는 생활 속에서 다양한 시각으로 관찰하고 더욱 정확한 판단을 할 수 있도록 도와줄 것입니다

2008년 2월 1일
저자

이 책을 읽기 전에 ■■■■■■■■■■■■■■■■■■■■■■■■■■■■■

최근에 발표된 입시제도에 의하면 교과별 독서활동을 학생부에 기록해서 대입전형에 활용하게 된다고 하며, 또한 논술과 사고력이 크게 강조되고 있는 만큼 교과과정에서의 언어 · 수리적 지식, 인성, 논리력, 합리적 사고력 등이 중요한 이슈로 대두되기에 이르렀다.

8차 교육과정에서 중시되고 있는 통합교과형 교육의 핵심 사항은 창의적인 사고를 할 수 있는 인재를 길러내는 데 있다고 한다. 그러자면 체계적이고 논리적인 글쓰기와 말하기가 필수라고 해도 과언이 아닐 것이다.

미국의 대학입학시 시험인 대학수능시험(SAT)에서도 논리력 시험(수학, 비평적 독해, 작문) 과 과목 시험(문학, 역사, 수학, 과학, 외국어)으로 나눠서 시험을 본다고 하는데 그 이유가 무엇일까?

아마도 급변하는 국제정세 속에서 살아남으려면 문제 해결능력과 능동적 대응능력을 갖춘 인물이 요구되기 때문일 것이다. 과거 기업들은 '확정된 지식'과 '순응적 의식'을 갖춘 학생을 대학에 요구했었지만 지금은 달라졌다. '확정된 지식'이나 '순응적 의식'으로는 급변하는 환경에서는 살아남을 수 없다고 기업들은 생각한다. 대신 비판적 안목, 논리적 분석능력, 창의적 대응능력 등이 중요 덕목이 됐다.

따라서 《MIQ 논리력 테스트 400》은 수학적 사고력을 길러주기 위한 두뇌게임의 일환으로 구성하였지만 실제로는 다음과 같은 관점에서 기획되었다.

첫째, 논제 구성 방식의 변화다. 각 대학의 2008학년도 논술 예시 문항을 보면 큰 특징이 있다. 과거처럼 완결된 한 편의 글을 쓰는 방식에서 주제와 연관한 여러 개의 문항을 출제하고 있다.

둘째, 수리영역의 비중이 확대됐다. 그러나 '풀이 과정이나 정답을 요구하는 문제'를 내지 말라는 것이 교육부의 지침이다. 수학적 풀이가 아닌 언어적 설명 방식이어야 한다는 것이다. 따라서 수리영역에서도 논술적 훈련이 필요하다고 할 수 있다.

세 번째, 탐구영역의 중요성이 커졌다. 지금까지는 철학 · 윤리 등 인문적 소양을 바탕으로 한 논제가 많이 다뤄졌으나 2008학년도부터는 인문계는 정치 · 경제 · 법과 사회 등 사회탐구 영역으로 확장될 것이다.

내가 어쩌면 또 하나의 아인슈타인일지도 모른다는 상상만으로도 근사한 기분이 들 것이다!

지능검사란 무엇인가?

지능검사의 종류와 목적

21C에는 국가, 기업, 개인의 힘이나 능력은 지식과 정보의 질과 양에 의해 결정된다고 한다. 따라서 구성원인 개인의 능력을 객관적으로 평가하는 기관이나 검사방법이 무엇보다 중요하게 되었다.

흔히 예술가에게는 EQ(감성지수)나 CQ(창의성지수)가 무엇보다 중요하다고 한다. 일반인들에게 사회화의 척도로 평가되고 있는 MQ(도덕성지수), CQ(의사소통지수), GQ(세계화지수), SQ(사회성지수) 따위는 후천적인 노력에 의해 길러지는 지수이다.

그럼, 수학적 지능지수(MIQ)가 왜 중요한가? 이에 대한 응답은 수학이라는 과목이 기초학문으로써 얼마나 중요한지를 깨달아야만 가능할 것이다. 특히, 그 중에서도 창의력이나 논리력을 길러주는 방법으로 수학이 최적의 선택이기 때문이다.

1. 멘사(Mensa)

우리가 알고 있는 멘사(Mensa)는 영국에서 결성된 지능지수가 높은 사람들의 모임이다. 물론 우리나라에도 MensaKorea(www.mensakorea.org)에서 주최하는 멘사지능테스트에서 2%이내에 들어야 회원자격이 주어진다.

초기 그리스도교 시대에 특히 무덤 위나 무덤 근방에 놓여 죽은 자를 추모하여 음식을 차리는 데 사용된 돌의 의미로 '멘사'는 라틴어에서 유래된 '탁자'를 뜻한다.

2. 스도쿠(Sudoku)

전 세계적으로 열풍이 불고 있는 스도쿠는 18세기 스위스의 수학자 레온하르트 오일러가 만든 라틴스퀘어라는 수학원리를 기본개념으로 만들어졌다. 스도쿠는 어린이 두뇌개발 프로그램으로써 수학적인 사고와 논리력, 집중력을 개발할 수 있는 일종의 퍼즐이다.

스도쿠(數獨, Sudoku)는 숫자 퍼즐로, 가로 9칸, 세로 9칸으로 이루어져 있는 표에 1부터 9까지의 숫자를 채워 넣는 퍼즐이다. 같은 줄에는 1에서 9까지의 숫자를 한 번만 넣고, 3 x 3칸의 작은 격자 또한 1에서 9까지의 숫자가 겹치지 않게 들어가야 한다.

3. 지능지수(Intelligence Quotient)

프랑스의 비네 박사가 1908년 어린이의 현재 상태를 객관적으로 파악하기 위해 지능검사를 개발하였는데 특히 지능발달이 늦은 어린이를 선별하기 위해 이용한 데서 비롯됐다.

현재 사용하고 있는 IQ검사는 미국의 타먼 박사가 비네의 검사를 미국인에게 알맞게 개량한 것으로써 140이상을 천재, 90~110을 보통지능, 70 이하를 지능미숙 등으로 분류했다. 검사 내용은 어휘, 기억, 추상 추리, 수개념, 시각기능, 사회능력과 같은 다양한 능력을 평가하도록 되어 있으며, 연령에 따라 각 문항에 대한 정답의 빈도를 백분율로 계산하였다. 각 문항에 대한 정답의 빈도는 연령이 낮을수록 적고 연령이 높아질수록 많아진다.

4. 직무적성검사(職務適性檢査)

직무능력에 대해 언어력과 수리력 · 추리력 · 공간지각력 등의 기초지능 검사와 일을 수행할 때 부딪치는 여러 가지 상황에 대한 대처능력을 평가하는 검사이다.

업무능력과 대인관계능력 및 사회생활을 하는 데 필요한 상식능력 등을 중점적으로 파악하는 문항도 있다. 보통 200여 문항을 90~120분에 치르도록 하고 있어 두뇌 순발력이 중요한 관건이 된다.

5. 그림지능검사 PTI(Pictorial Test of Intelligence)

미국의 임상심리학자인 Joseph L. French가 제작한 그림지능 검사를 한국아동에게 사용할 수 있도록 표준화한 것이다. 만 4세부터 7세까지의 아동에게 실시할 수 있는 일반 지능검사로, 그림카드를 보고 맞는 답을 선택한다. 어휘능력, 형태변별, 상식 및 이해, 유사성 찾기, 크기와 수개념, 회상능력 등의 6개의 소검사로 이루어져 있다.

6. 웩슬러 유아지능검사 K-WPPSI(Korean-Wechsler Preschool and Primary Scale of Intelligence)

취학 전 아동 및 초등학교 저학년용으로 만3세에서 7세 3개월 된 아동의 지능을 측정한다. K-WPPSI는 한국 실정에 맞추어 기존의 아동 지능검사 보다 더 어린 아동을 검사하려는 것이다.

꼭 알아두어야 할 지능 관련 상식

최근 우리의 교육계에서 학부모나 학생들에게 요구하는 것은 높은 지능지수(IQ)보다도 노력을 통하여 길러지는 후천적인 학업능력이라고 할 수 있는 EQ, MQ, PQ, DQ, AQ, NQ, HQ, SQ, CQ 등을 중시하곤 한다. 특히 발명가, 건축가, 예술가, 교사, 디자이너, 음악가, 컴퓨터 프로그래머 등과 같은 부류의 사람들은 창의성지수(CQ)가 필수 요소인 셈이다.

그러나 직장인이라는 관점에서 볼 때 상사의 경우에는 도덕성지수(MQ)가 높아야 존경의 대상이 되며, 부하직원은 열정지수(PQ)가 높아야 일을 잘한다고 평가한다.

● **IQ(Intelligence quotient)**

보통 지능지수라 불리는 IQ를 의미하는데 그러나 여기에서는 단지 지능지수를 가리키는 말이 아니라 아이디어와 창의성 지수로서의 IQ를 말한다. 자유로운 사고를 할 수 있는 지적 유연성을 가진 아이로 키워야 한다는 뜻을 내포하고 있다.

● **EQ(Emotional quotient)**

감성지수로써 EQ가 높으면 감정이입 능력이 올라간다. EQ가 높을 때 타인의 감정에 돌입하는 능력이 커진다. 원만한 대인관계는 EQ가 바탕에 깔려 있어야 한다.

● **MQ(Morality quotient)**

도덕성지수로써 양심에 어긋나지 않게 행동하는 것을 말한다. 쉽게 말해 '준법성'인데, MQ는 자녀가 부모에게서 가장 큰 영향을 받는 부분이라 할 수 있다. 부모가 양심적이면 자녀의 MQ가 올라가고, 부모가 비양심적이면 자녀의 MQ는 떨어진다.

● **PQ(Personality quotient)**

열정지수로써 강렬한 의지의 근간이 되는 것이 PQ지수다. 또는 Personality Quotient의 약자로, 풀이하자면 인간성 지수라고도 하며 부하직원이 갖추어야 할 지수라고 보면 된다.

● **DQ(Digital quotient)**

디지털에 대한 이해력 지수로써 단순히 컴퓨터 기술만을 잘하는 게 아니라 정보기술 체계에 대한 전반적인 이해력이 필요하다.

● **GQ(Global quotient)**

세계화지수로써 세계인으로서의 양식과 올바른 가치관을 가지는 것이다. 지구촌 시대를 살아가는 우리 자녀들은 한국인인 동시에 세계인이라는 분명한 자의식이 있어야 한다.

● **AQ(Analogy Quotient)**

유추 지수는 연관성이 없어 보이는 각기 다른 사실에서 공통성을 엮어 내는 것, 또는 이러한 유사성을 새로운 가치로 만들어 내는 능력을 지수화한 것이다. 전혀 연관성이 없는 것에서도 새로운 사실을 끌어내는 유추 능력을 갖고 있다. 이런 유추 능력은 새로운 아이디어와 발견을 이끌어내는 원천으로 21세기에 더욱 요구되는 기본 자질이다.

● **NQ(Network quotient)**

인맥-공존지수로써 사회나 직장에서 성공하기 위해 가장 필요한 지수이다. 사회는 인적 네트워크의 틀 안에서 유지되기 때문이다.

● **HQ(Humor quotient)**

가정이나 사회에서 인간관계를 할 때 드러나는 우호적인 감정을 나타내는 것으로써 타인에게 자신이 나타낼 수 있는 유머지수를 의미한다.

● **SQ(Social quotient)**

인간이 성장과정을 거치면서 사회화가 진행된다고 한다. 따라서 사회성지수에 따라서 사회적 적응도가 다르게 나타나게 된다.

● **SQ(Spiritual Intelligence quotient)**

IQ(지능지수)와 EQ(감성지수)에 대응하는 새로운 개념으로 영성지수라고도 한다. 이들은 IQ나 EQ가 특정한 환경의 테두리 안에서 적절하게 행동하게 하는 일종의 적응 능력인 데 비해, SQ는 규칙이나 상황을 바꿀 수 있는 창조적 능력으로써 IQ와 EQ의 토대가 되는 인간 고유의 지능이라고 말할 수 있다.

● **CQ(Creativity quotient)**

창조성지수란 각기 다른 요소를 조화롭게 혼합해 새로운 무엇으로 만들어 내는 능력에 대한 측정 지수를 말한다.

MATH

INTELLIGENCE

QUOTIENT

Logical Thinking

MIQ

400

만약 그림 1과 그림 2가 서로 대응한다면, 보기 A, B, C, D, E 중 그림 3과 서로 대응하는 그림은 어느 것일까요?

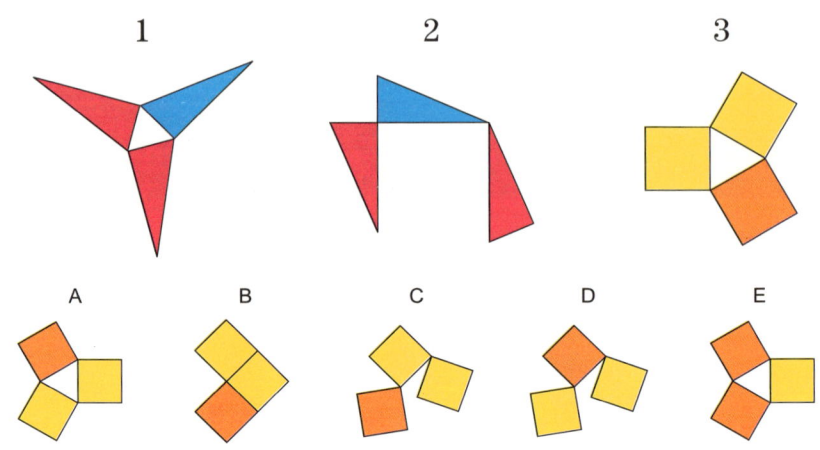

그림 A를 선을 따라 접었을 경우, 완성된 도형은 보기 B, C, D, E, F, G 중 어떤 것일까요?

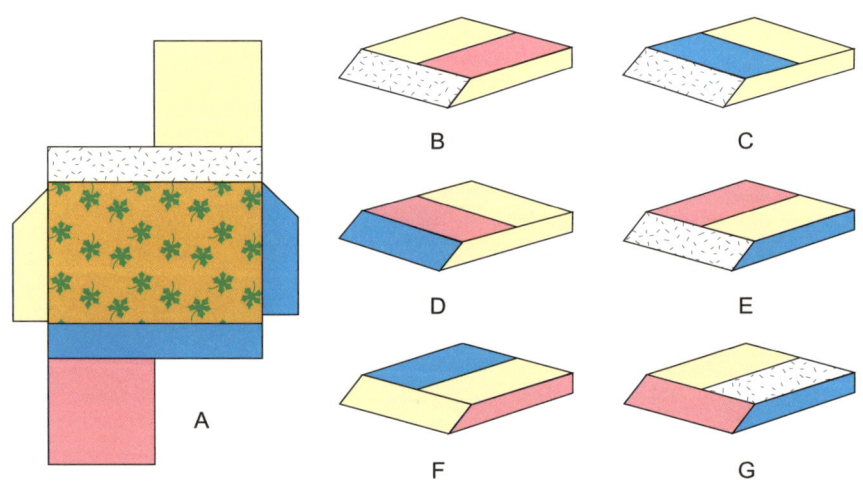

보기 A, B, C, D, E 중 물음표에 들어가야 할 그림은 어느 것일까요?

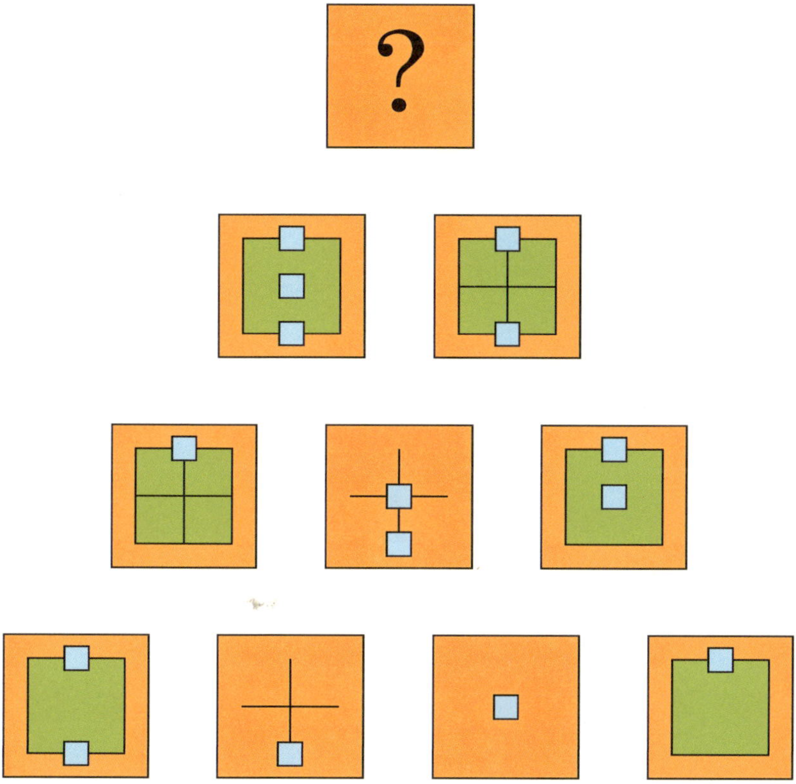

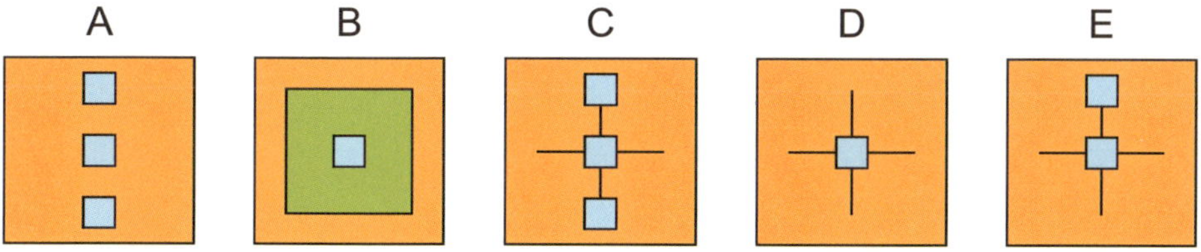

A B C D E

다음 그림처럼 실 뭉치에서 시작해 연의 정중앙까지 오는 길을 그려보세요. 단, 실이 서로 겹치거나 중복되어선 안 됩니다.

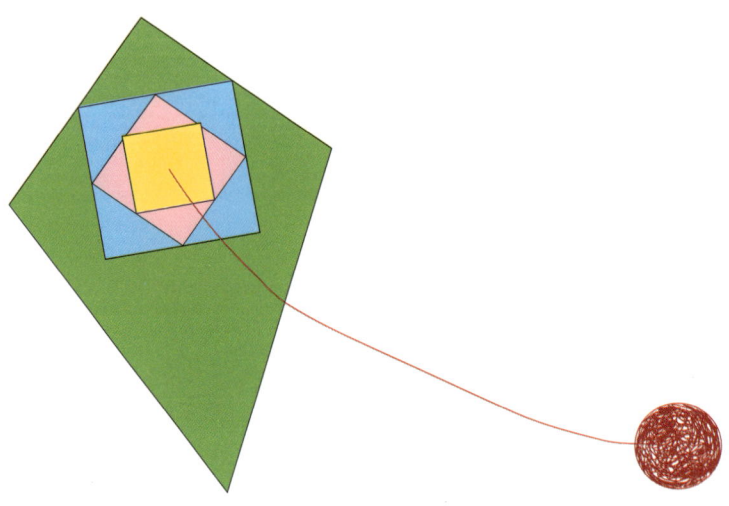

A~F 여섯 개의 그림 중에서 똑같은 그림 두 개를 찾아보세요.

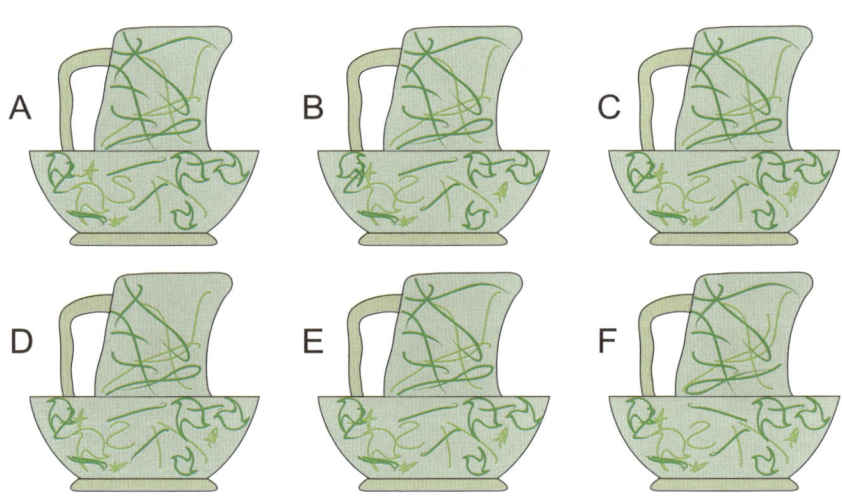

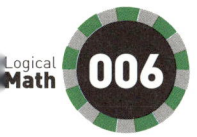

006 아래의 그림 중 세 개의 도형을 합치면 정사각형 모양이 완성됩니다. 이 세 개의 도형은 어떤 것일까요?

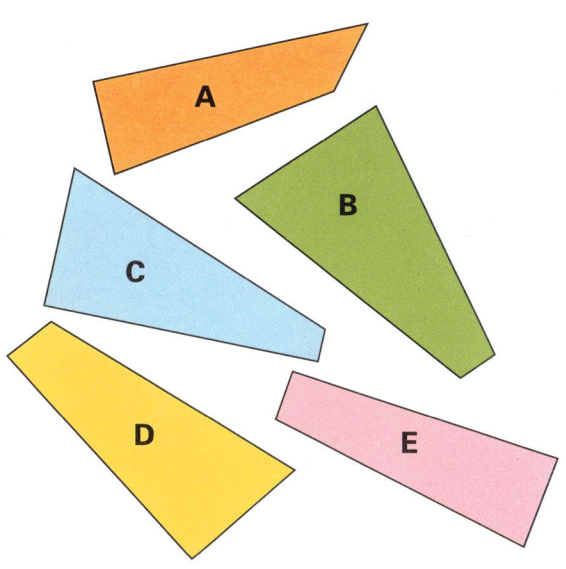

007 가장 마지막 그림의 물음표에 들어가야 할 수는 과연 몇일까요?

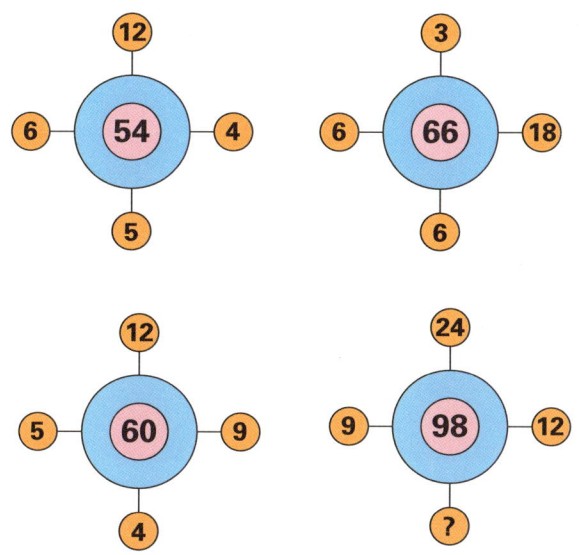

아래의 정육면체 중 A를 접어서 완성된 것은 무엇일까요?

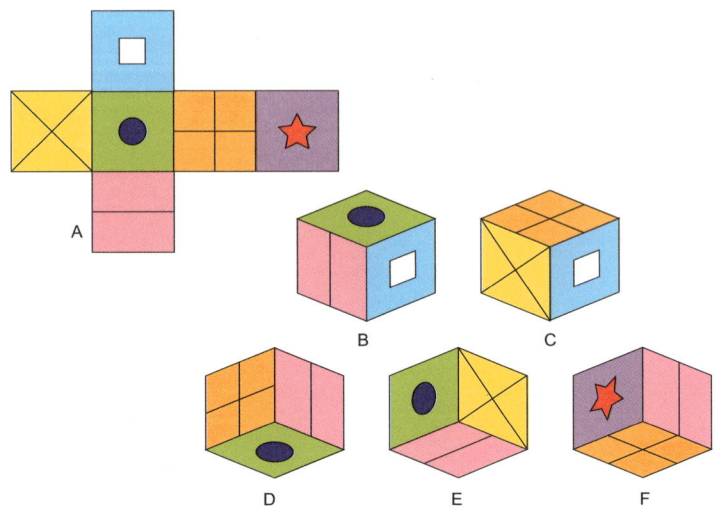

A

B   C

D   E   F

성냥개비 세 개를 옮겨 세 면이 보이는 정육면체를 만들어 보세요.

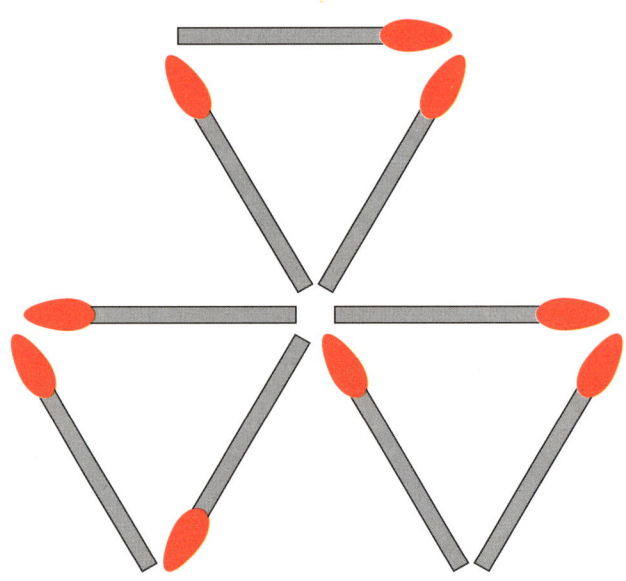

다섯 개의 그림 중 빈 칸에 들어가야 할 그림은 어떤 것일까요?

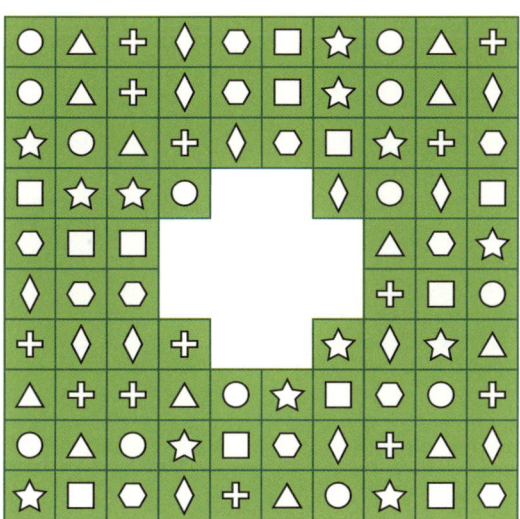

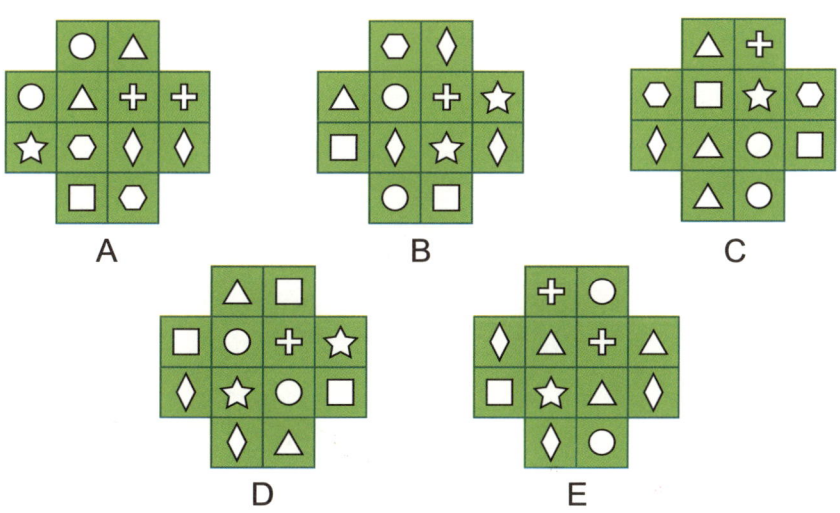

A

B

C

D

E

다음 보기 중 그림의 빈 칸에 들어가야 할 그림은 무엇일까요?

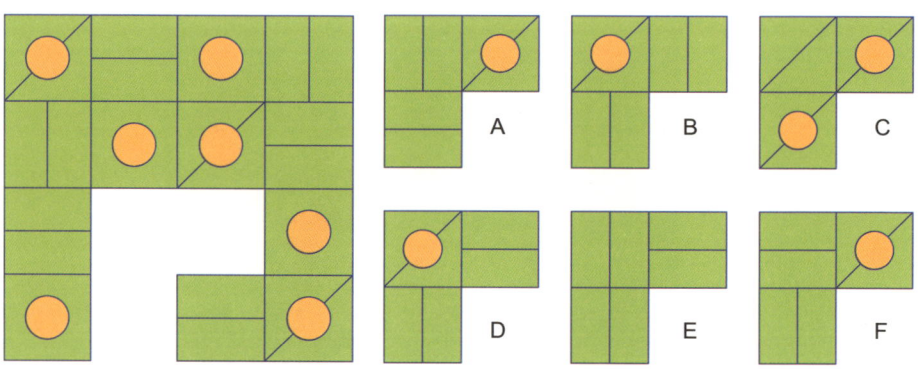

다음 중 아래에서 위의 순서로 세어 보았을 때 세 번째에 해당하는 연필은 어느 것일까요?

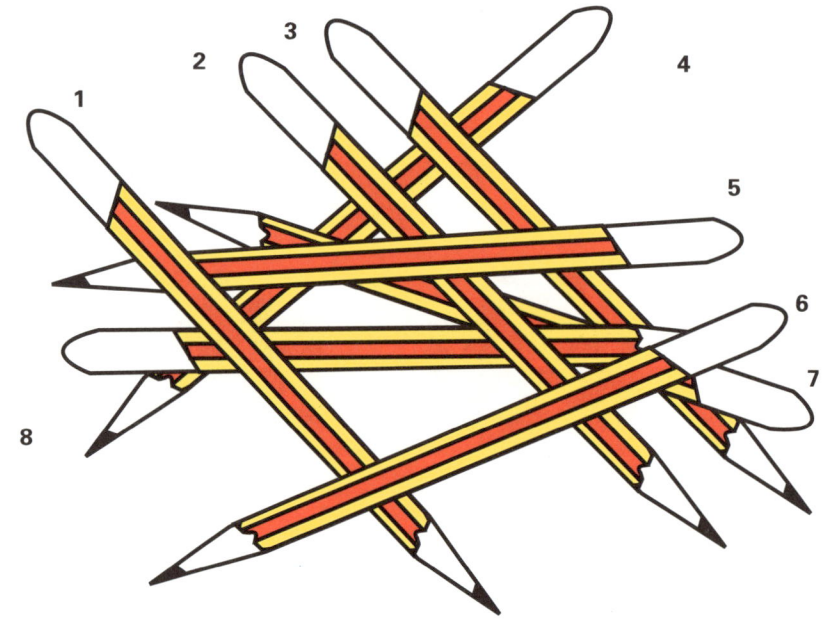

Logical Math **013**

1A에서 3C까지의 도형은 모두 그림 1, 2, 3과 그림 A, B, C가 합쳐져 완성된 것입니다. 도형 1A에서 3C 중 이 규칙에 어긋나는 그림을 찾아주세요.

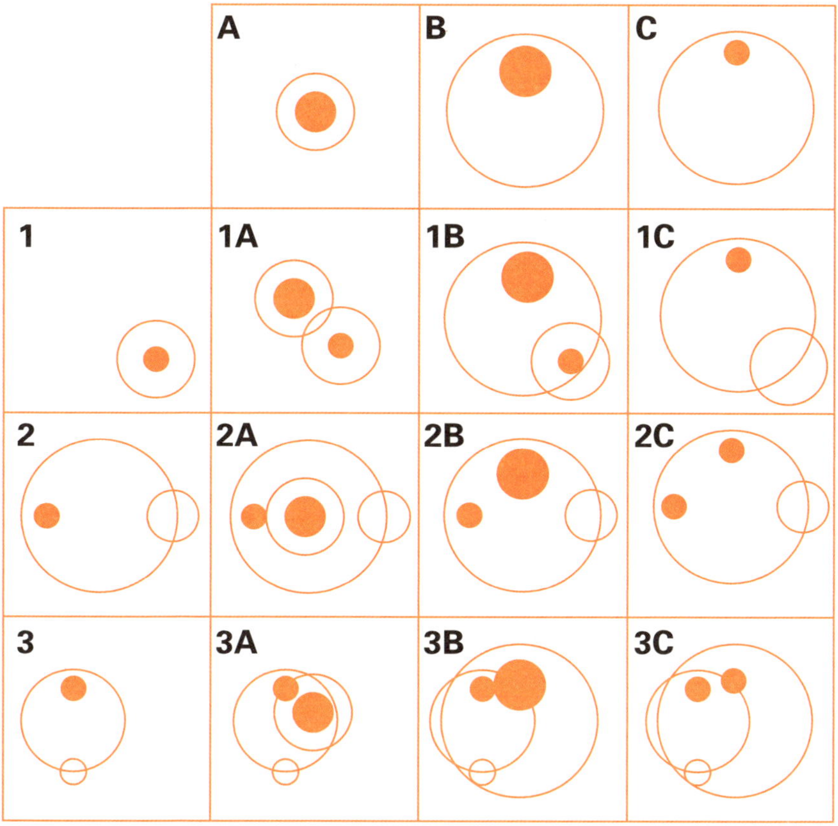

	A	B	C
1	**1A**	**1B**	**1C**
2	**2A**	**2B**	**2C**
3	**3A**	**3B**	**3C**

아래의 다리는 17분 후에 무너져 내립니다. 네 명의 여행자가 한밤중에 이 다리를 건너야 하는데 손전등이 하나뿐입니다. 한 번에 두 명까지만 건널 수 있으며, 한 사람은 손전등을 가지고 다시 돌아와야 합니다. 여행자들의 걷는 속도는 모두 다릅니다. 첫 번째 사람은 1분, 두 번째 사람은 2분, 세 번째 사람은 5분, 네 번째 사람은 10분이나 걸립니다. 다리를 건널 수 있는 방법 을 찾아보세요.

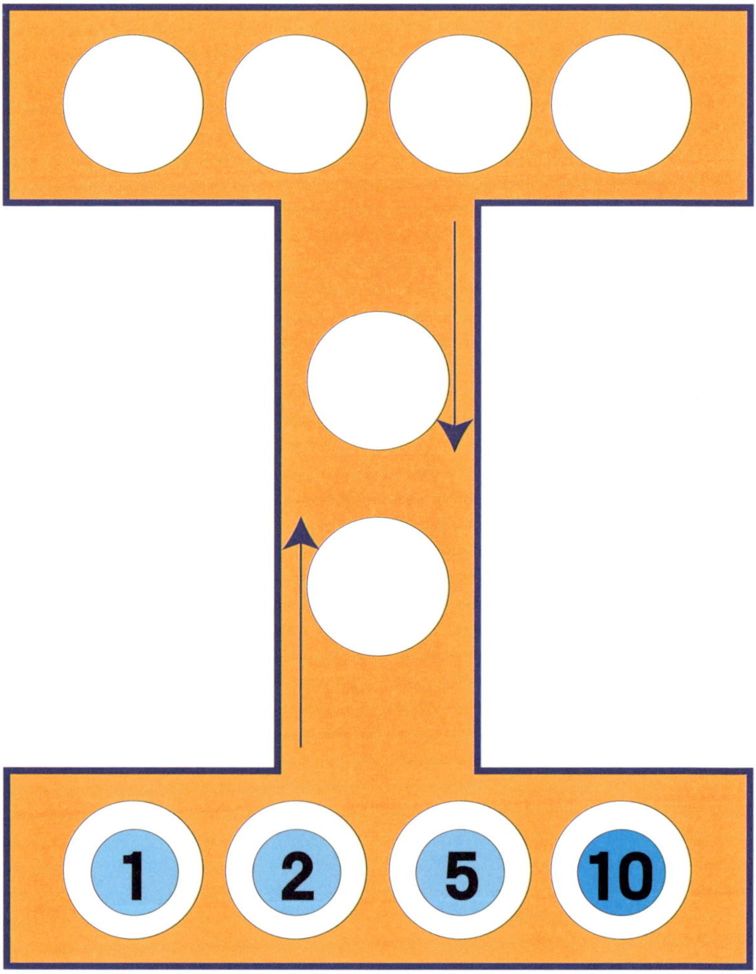

1 2 5 10

Logical Math **015** 아래 그림 중 육각형은 모두 몇 개일까요?

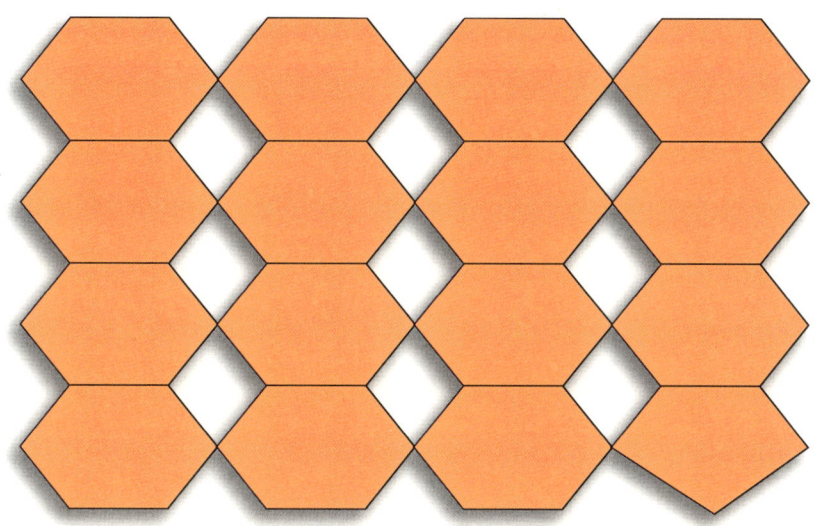

Logical Math **016** 아래의 알파벳 표기가 되어 있는 신호등 중 위의 신호등 뒤에 올 수 있는 것은 어떤 것일까요?

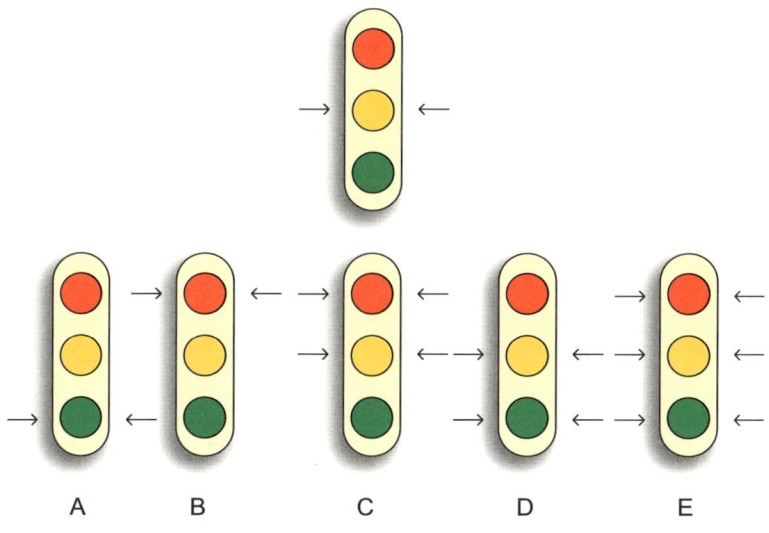

A   B   C   D   E

Logical Math 017

가로 혹은 세로로 점을 이어 하나의 연결고리를 만들어 봅시다. 단, 서로 겹치거나 어긋나서는 안 됩니다. 각각의 숫자는 점을 이을 수 있는 획의 수를 말합니다. 숫자가 표시되어 있지 않은 점은 마음대로 이을 수 있습니다. 자, 그럼 이제 고리를 만들어 보세요.

```
      3       0           3       1
   2          3           2          1

            2           2
      2       3       1       3
   1                               3
         3   2       3   3
      0                       1

               2   1
   2         3           3          1
   1         0           1          0
               2   1
      3                       0
         3   3           1   1
   1                               1
      3       2       2       2
         3               3
   0          1       3          3
      1       3           1       2
```

주사위를 화살표 방향으로 한 면만 굴려 2번 칸으로 이동합니다. 같은 방법으로 3, 4, 5, 6번 칸으로 이동했을 경우, 6번 칸 주사위 상면의 숫자는 몇일까요?

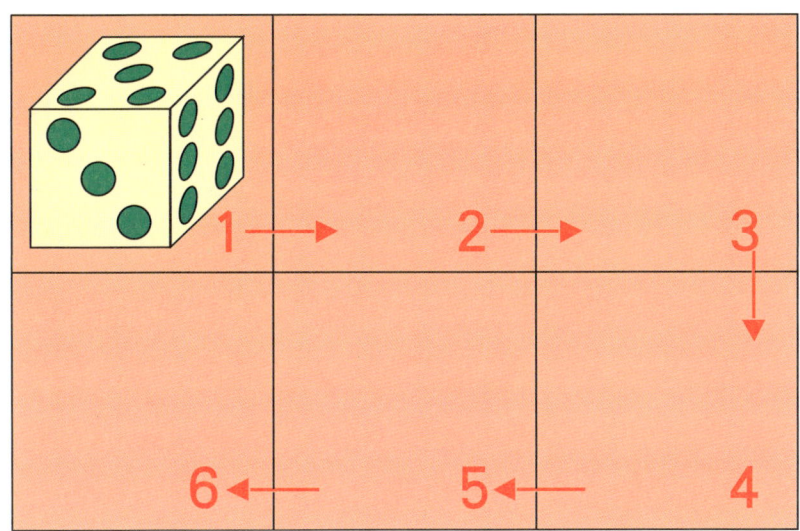

아래 그림 중 나머지 그림과 다른 것을 찾아보세요.

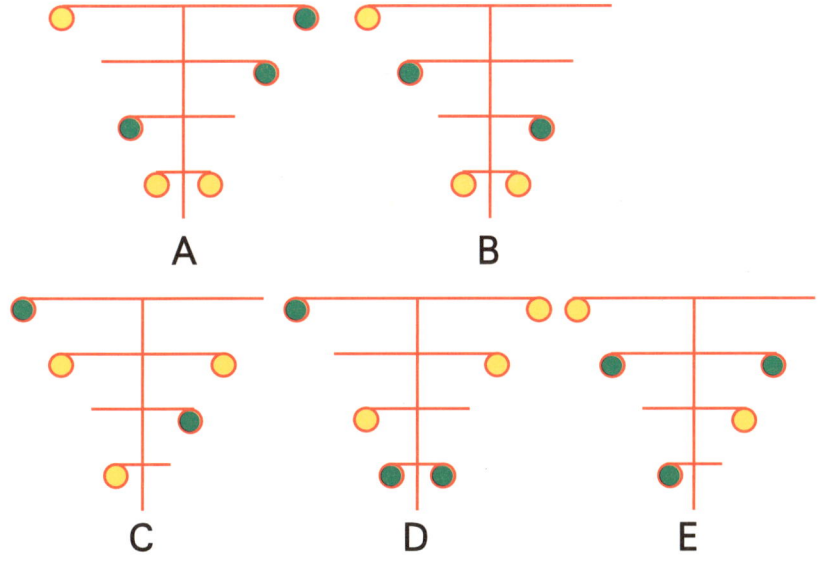

계산해 보세요. 물음표에 들어갈 수는 얼마일까요?

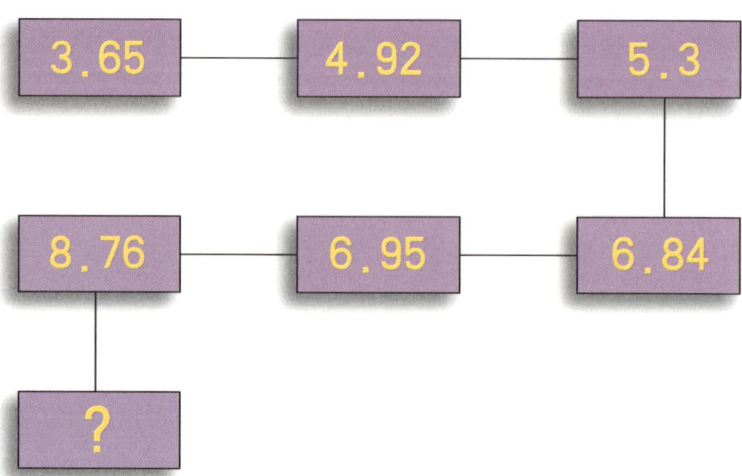

3.65	4.92	5.3
8.76	6.95	6.84
?		

아래 과녁에 열 개의 화살을 쏘았습니다. 그 중 한 화살만이 과녁을 빗나가고, 나머지 9개의 화살은 모두 과녁에 명중했습니다. 총점이 100점이라고 했을 경우 아홉 개의 화살은 각각 몇점을 맞춘 것일까요?

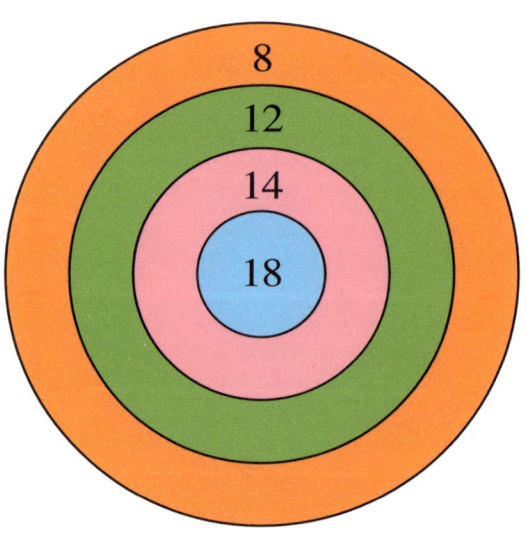

8
12
14
18

Logical Math 022 물음표에 들어가야 할 알맞은 도형을 찾아 저울의 수평을 맞춰주세요.

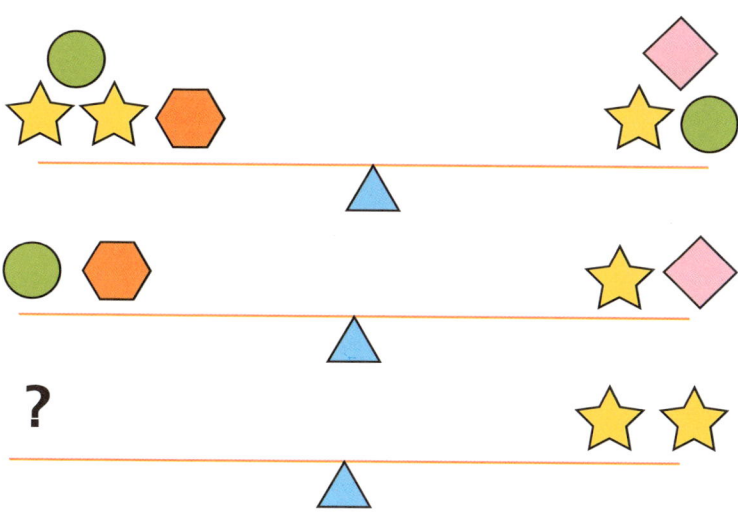

Logical Math 023 아래의 보기 중 물음표에 들어가야 할 그림은 어떤 것일까요?

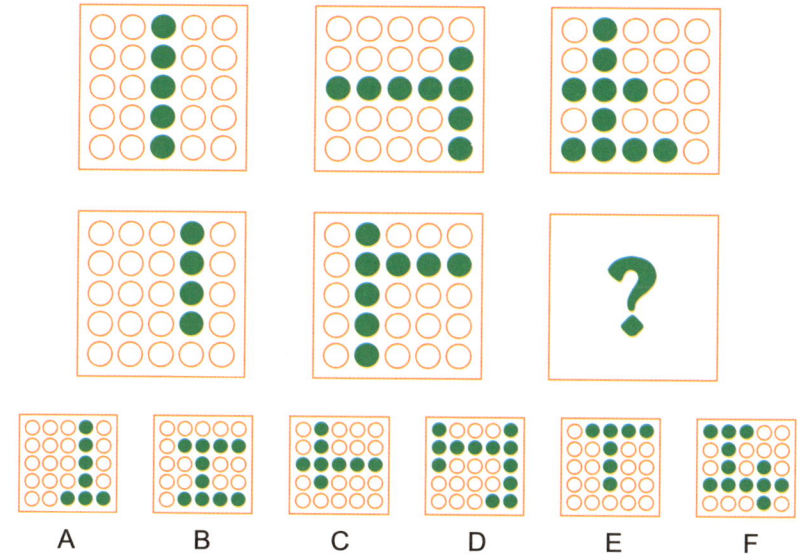

A   B   C   D   E   F

다음 중 왼쪽 그림을 접어 완성할 수 없는 것은 무엇입니까?

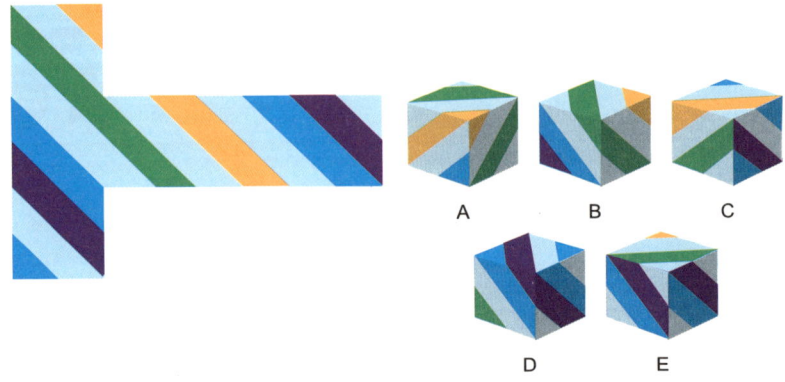

Logical
Math **025**

할아버지의 생신 축하 파티에 열 명의 가족과 많은 손님들이 참석했습니다. 그중에는 할아버지 한 명, 외할아버지 한 명, 할머니 한 명, 외할머니 한 명, 아버지 세 명, 어머니 세 명, 아들 세 명, 딸 세 명, 시어머니 한 명, 장모님 한 명, 시아버지 한 명, 장인 한 명, 사위 한 명, 며느리 한 명, 형제 두 명, 자매 두 명이 있었습니다. 그렇다면, 할아버지의 생신 축하 파티에 참석한 열 명의 가족들의 가족관계를 맞혀보세요.

Logical
Math
026

읍에서는 항상 근사한 연극 공연이 열립니다. 올해 프로 연극 팀은 〈맥베스〉를 공연했습니다. 아마추어 연극 팀은 표 값이 가장 저렴한 〈오셀로〉 공연을 하지 않았습니다. 한편, 〈카이사르〉는 3월에 상영된 작품으로 읍에서 인기를 가장 많이 얻었습니다. 그러나 표 값이 가장 비싸지는 않았어요. '셰익스피어' 팀의 연극은 프로 연극 팀의 작품이 끝나고 상연되었습니다. 그렇다면 각 팀이 어떤 연극공연을 했는지, 표 값은 어떠한지, 몇 월에 상연했는지 맞혀보세요.

	프로연극팀	셰익스피어팀	아마추어팀	3,000원	6,000원	10,000원	3월	6월	10월
카이사르									
오셀로									
멕베스									
3,000원									
6,000원									
10,000원									
3월									
6월									
10월									

연극팀	연극	상영시간	표값

Logical Math 027

다음 세 개의 별을 꼼꼼히 살펴보세요. 마지막 별의 물음표에 들어가야 할 수는 몇일까요?

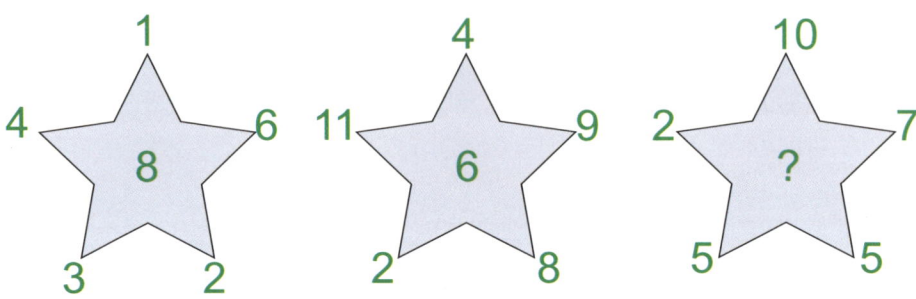

Logical Math 028

3초 안에 말해보세요. 아래 그림 중 분리된 조각이 가장 많은 것은 무엇입니까?

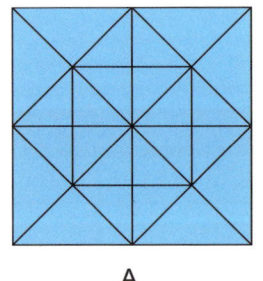

A

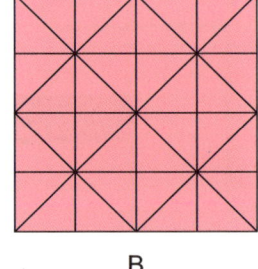

B

C

마지막 칸에는 어떤 그림이 들어가야 할까요?

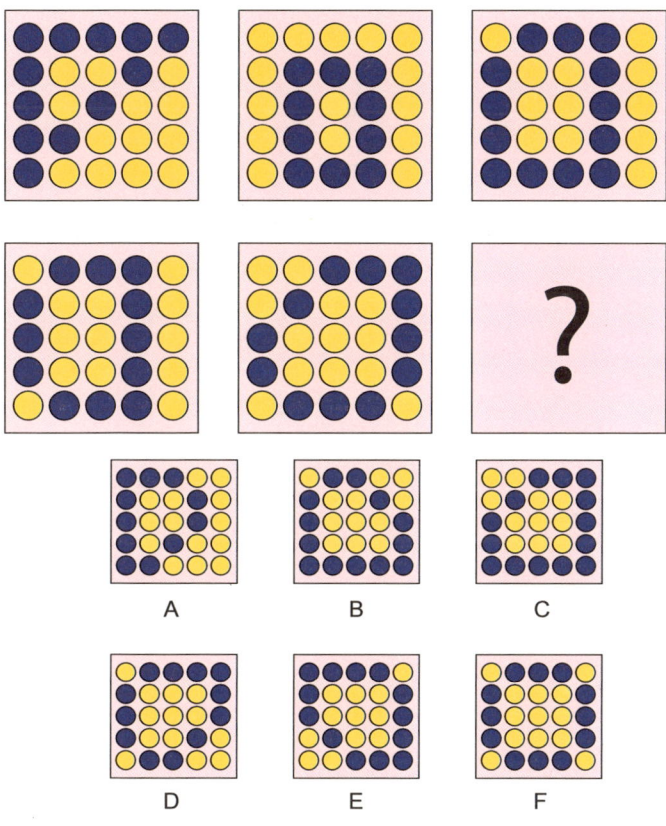

A   B   C

D   E   F

아래의 수수께끼를 풀기 위해서는 마지막 원 안에 어떤 숫자를 넣어줘야 할까요?

031 이 문제를 완성하려면 물음표 안에 어떤 숫자가 들어가야 할까요?

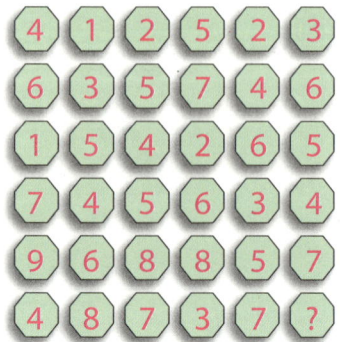

032 물음표에 들어가야 할 숫자는 무엇입니까?

033 곰곰이 생각해보세요. 물음표 안에 어떤 카드가 들어가야 할까요?

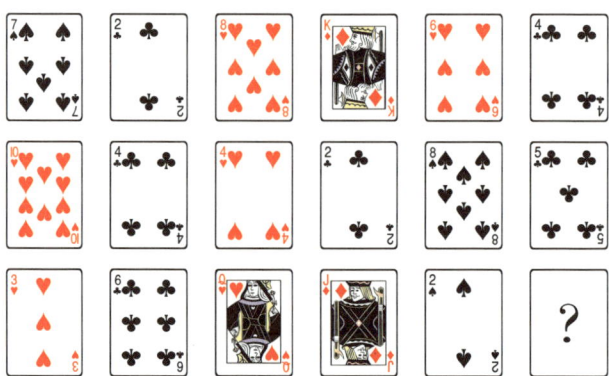

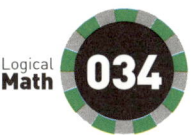
아래의 퍼즐 조각 중 위의 퍼즐 조각 다섯 개와 한 세트가 될 수 있는 것을 찾아보세요.

A   B   C   D   E

다음 보기 중 세 개를 합쳐 정삼각형을 만들 수 있는 도형은 어떤 것일까요?

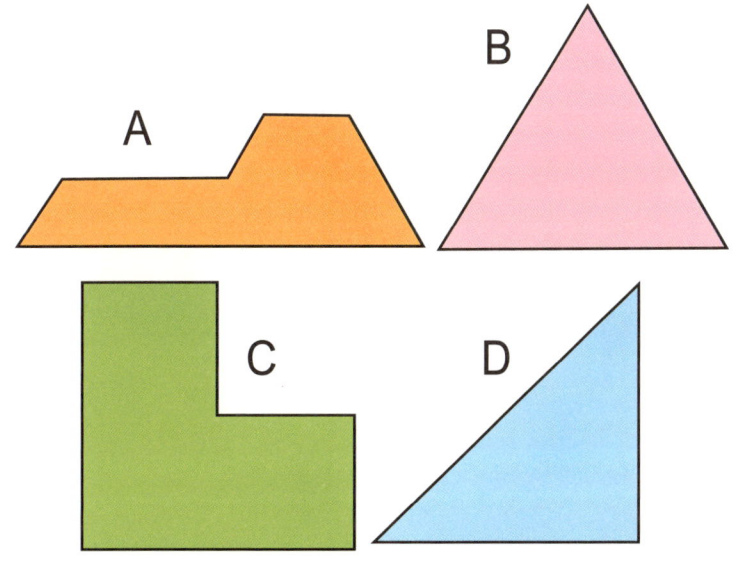

Logical Math 036 왼쪽 그림 안의 숫자는 도미노 한 세트를 대표합니다. 도미노는 가로 혹은 세로로 되어 있으며, 두 개의 도미노는 이미 표시되어 있습니다. 오른쪽의 표를 이용해서 나머지 도미노를 표시해보세요.

5	0	0	6	2	2	1
2	3	2	6	3	4	4
3	3	3	0	5	0	1
4	6	5	2	0	5	3
3	0	0	1	0	6	4
6	2	6	1	5	5	4
3	5	4	1	1	5	4
2	1	4	2	6	1	6

0 0		2 3	
0 1		2 4	
0 2		2 5	
0 3		2 6	
0 4	✔	3 3	
0 5		3 4	
0 6		3 5	
1 1	✔	3 6	
1 2		4 4	
1 3		4 5	
1 4		4 6	
1 5		5 5	
1 6		5 6	✔
2 2		6 6	

Logical Math 037 각각의 모형은 서로 다른 숫자를 대표합니다. 숫자를 대표하는 모형을 재배치하여 같은 합을 만들어 보세요.

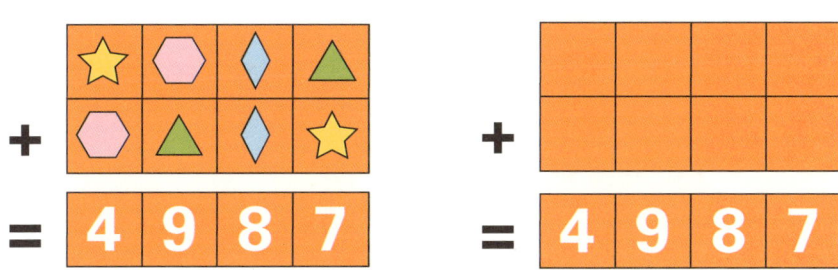

Logical Math 038 세 번째 항의 값은 얼마일까요?

A	E	D	E	E	E	E	= 64
D	B	B	D	A	D	E	= 40
C	B	A	A	C	F	G	= ?
E	F	G	F	B	F	E	= 81
B	A	A	E	E	C	E	= 45
A	C	B	A	G	D	E	= 47
=	=	=	=	=	=	=	
30	37	34	46	49	56	72	

Logical Math 039

만약 어떤 스커트를 20퍼센트 할인하여 판매한다면, 현재의 판매가에서 몇 퍼센트 포인트를 더해야만 원래의 가격이 나올까요?

Logical Math 040

먼저 작은 새의 문형과 색깔을 3분간 자세히 관찰하세요. 그리고 손으로 가린 뒤 아래의 그림을 색칠해보세요.

Logical Math

041 2분 내에 아래 두 그림 중 서로 다른 부분 다섯 곳을 찾아보세요.

B, C, D, E, F, 다섯 개의 보기 중 A와 결합하여 정사각형이 될
수 있는 그림은 무엇일까요?

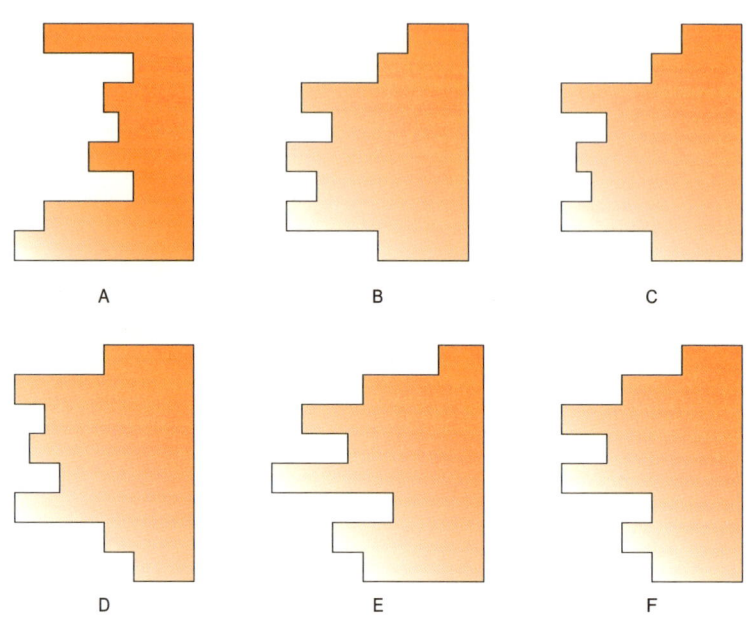

A B C

D E F

아래의 순서에 따라, 다음에 와야 할 도형을 맞혀보세요.

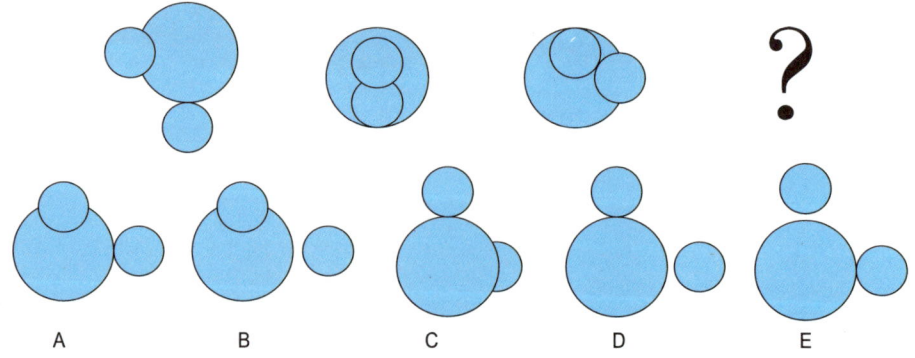

A B C D E

각각의 도형은 일정한 값을 나타냅니다. 저울 1과 저울 2는 이미 수평을 이루었어요. 그렇다면 저울 3이 수평을 이루게 하려면 동그라미 모형이 몇 개나 필요할까요?

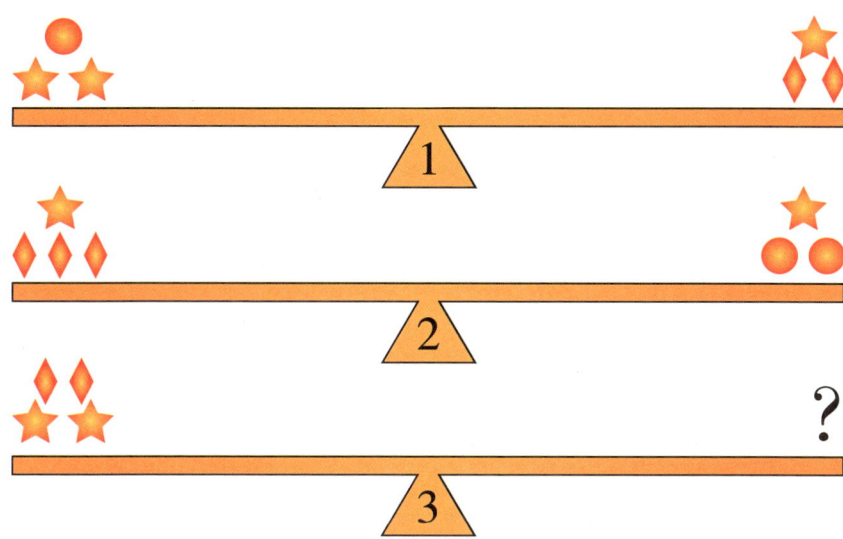

아래 세 개의 식을 보고 마지막 식의 값을 구해보세요.

△ + △ + △ = 1368   △ − △ − △ = 210

△ + △ − △ = 1122   △ − △ + △ = ?

빈칸에 알맞은 숫자를 써넣으세요.

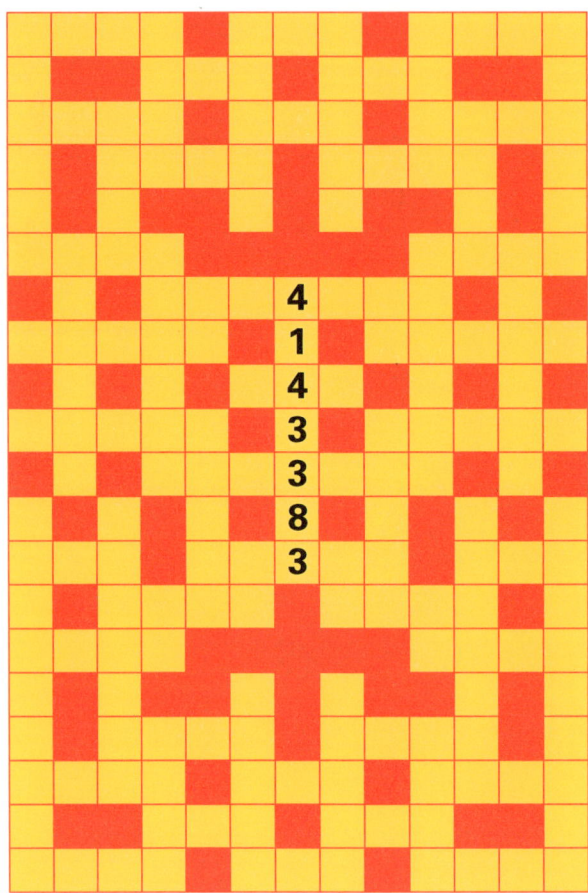

가로:

118 2133 6289 126 2345
6321 149 2801 9134 197
2803 9277 421 3458
9783 738 3482 12304
769 3485 12334 823
4190 12345 864 4227
53802 932 4656 56182
987 5199 0693878 1366
5660 9124914

세로:

14 15 25 33 39 42 1178 2119 3002 6334 8228 9998 12735
15787 17151 24991 26114 64843 116357 200900 443628
492660 536293 593680 4143383 5428292 6132104
586713226 981921603

Logical Math 047

필립은 은퇴한 선원입니다. 어느 하루, 10달러를 가지고 시장에 나갔던 그는 저녁때쯤 다시 150달러를 가지고 집으로 돌아왔습니다. 옷 가게에서 새 허리띠를 사고, 애완동물 가게에선 자신의 앵무새를 위해 모이를 샀습니다. 그리고 이발도 했습니다. 현재 필립은 고래 박물관에서 근무합니다. 그의 월급은 매주 목요일 수표로 지급되죠. 그 당시의 은행은 화요일, 금요일, 그리고 토요일에만 영업을 했습니다. 이발소는 매주 토요일 정기 휴일이며, 애완동물 가게는 목요일과 금요일엔 영업을 하지 않았습니다. 자, 그럼 위의 상황을 통해 필립이 무슨 요일에 시장에 갔는지 맞춰보세요.

Logical Math 048

보기 중 왼쪽 그림에서 사용되지 않은 도형은 무엇입니까?

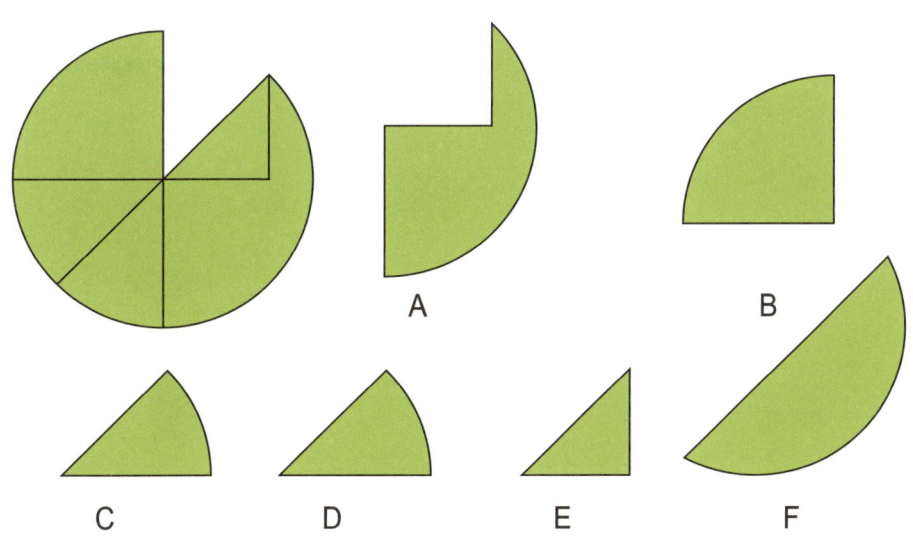

049 물음표에 들어가야 할 알맞은 숫자는 무엇일까요?

2 6 7 2

1 4 3 3

7 1 5 4

2 7 5 ?

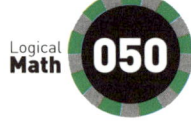

050 아래의 깨진 조각을 끼워 맞추면 어떤 아라비아 숫자가 완성될까요?

A B C
2 5 7

D E F
6 4 9

051 정사각형 모양의 종이를 그림과 같이 접습니다. 그리고 마지막 단계에서 가위로 한 모서리를 잘라냅니다. 그렇다면 종이를 폈을 때 정사각형 모양은 어떻게 변했을까요?

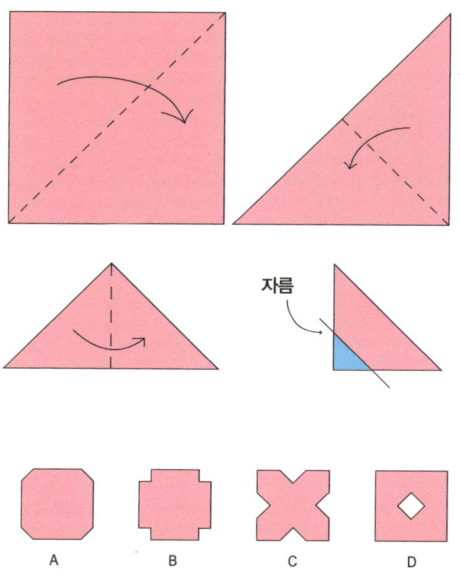

자름

A   B   C   D

052 다음 그림 중 삼각형은 모두 몇 개일까요?

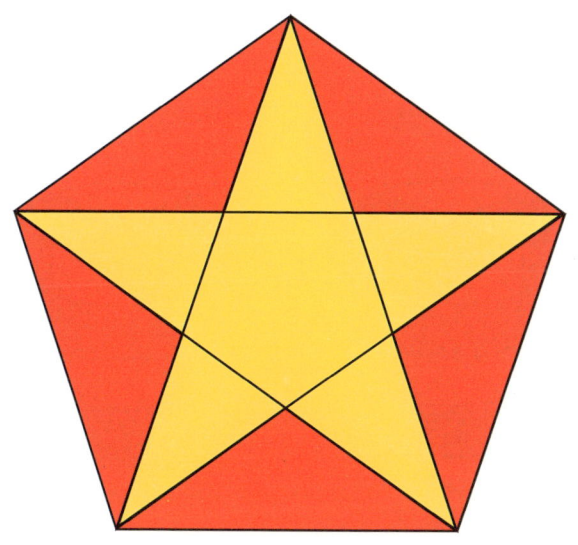

아래의 그림을 접으면 A, B, C, D 중 어떤 원기둥 모양이 완성
될까요?

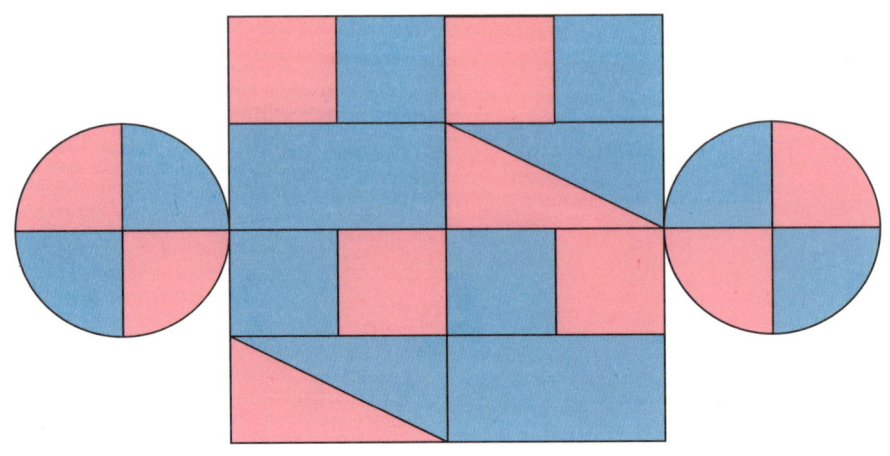

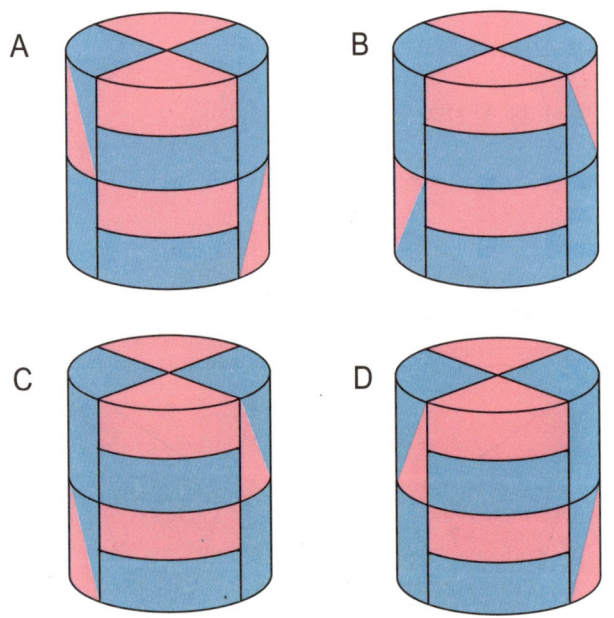

A   B

C   D

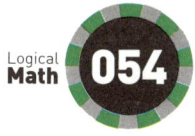

Logical Math 054 아래 보기 중 물음표에 들어가야 할 육각형은 어떤 것일까요?

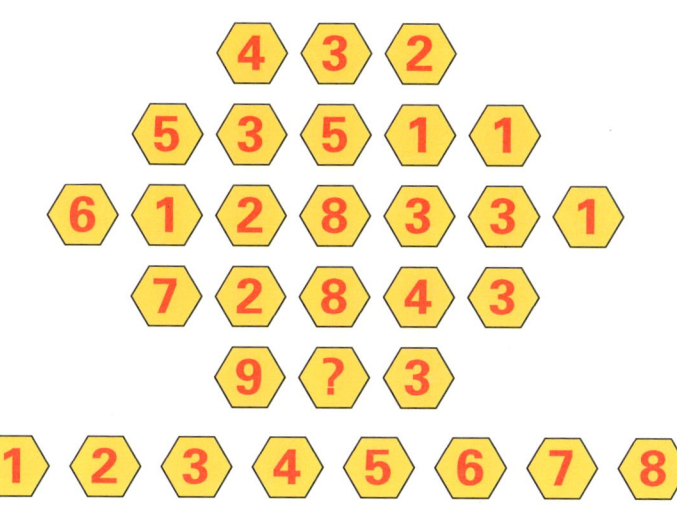

Logical Math 055 삼차원 공간을 상상해보세요. 그리고 머릿속에 정육면체 모양의 튼튼한 벽돌을 그려보세요. 그려졌나요? 그럼 지금부터 조각칼을 이용하여 네모난 벽돌의 모양을 바꿔보겠습니다. 어떻게 해야 단 한 번에 그림과 같은 육각형 모양을 만들 수 있을까요?

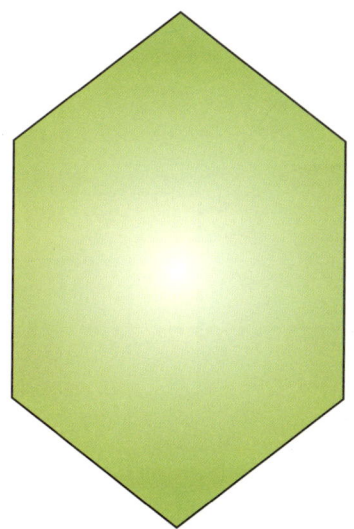

아래 타일의 화살표 모양을 보고 일정한 규칙을 찾아보세요. 그렇다면 보기 중 네 번째에 올 그림은 어떤 것일까요?

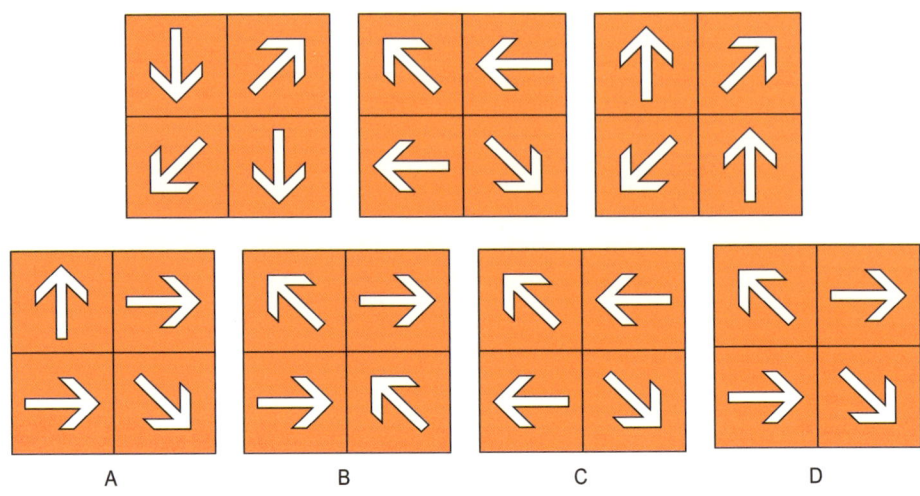

A　　　　　　　B　　　　　　　C　　　　　　　D

다음 그림 중 정사각형은 모두 몇 개일까요? 가장 밖에 있는 틀도 정답에 포함시켜야 한다는 사실 잊지 마세요.

058 아래의 종이 접기 순서를 잘 관찰해보세요. 마지막 단계는 그림과 같이 접은 종이에 구멍을 뚫는 것입니다. 자, 그럼 종이를 폈을 때 과연 어떤 모양이 나올까요?

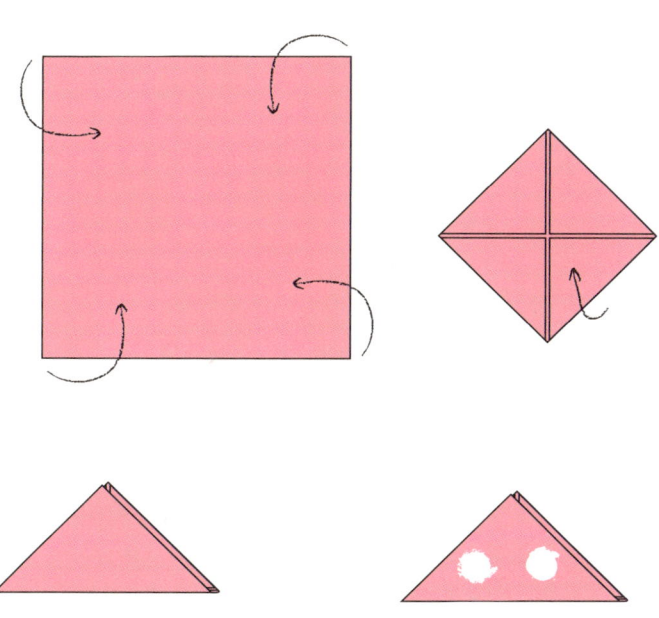

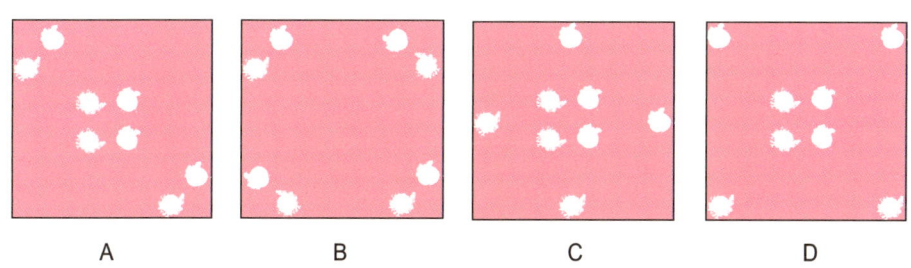

A   B   C   D

이 삼각형은 모두 열 개의 동그라미로 구성되어 있습니다. 여기서 동그라미 세 개만 옮겨 삼각형의 위 모서리가 아래로 향하도록 만들어 보세요.

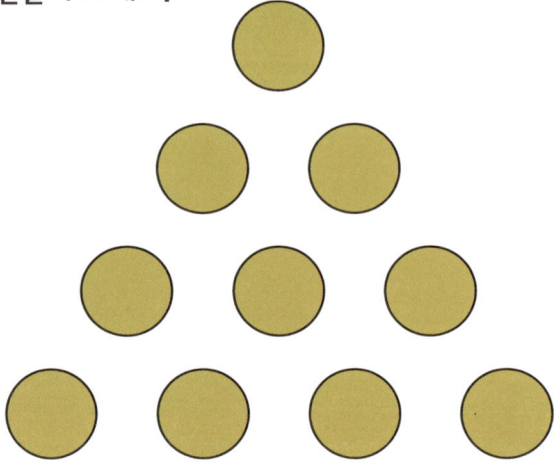

이 기호들은 옛 토기에 새겨져 있던 글자입니다. 토기장이가 특별한 의미를 부여하기 위해 새겨 넣은 것이지요. 3분 동안 자세히 관찰해보세요. 그리고 얼마나 기억할 수 있는지 시험해보세요.

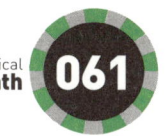

061 아래 그림은 일상에서 흔히 볼 수 있는 생활용품입니다. 2분 동안 빠르게 외워보세요. 그리고 기억한 생활용품의 명칭을 종이에 적어보세요. 당신의 기억력을 테스트 해보는 거예요.

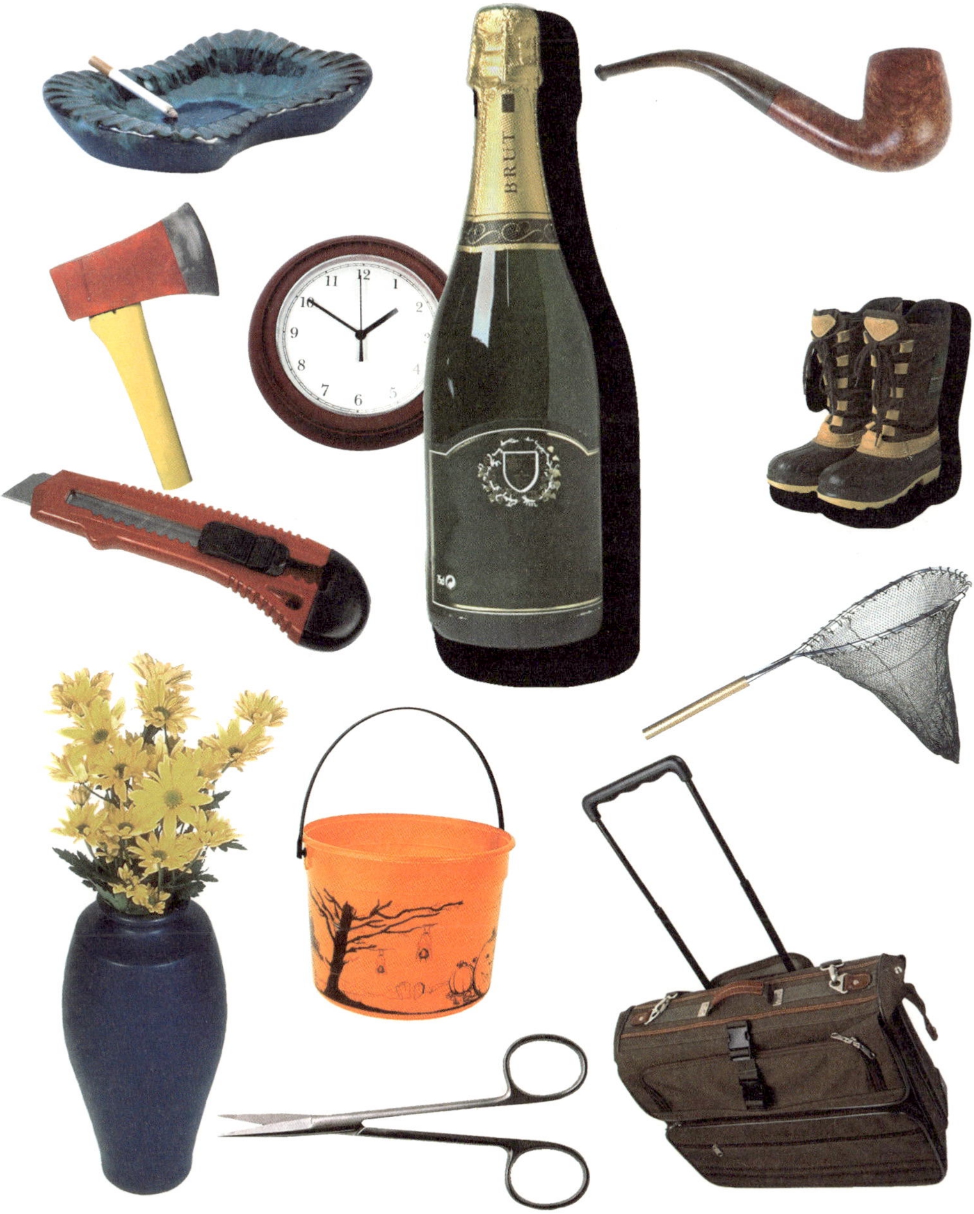

Logical Math 062

각각의 무늬는 모두 일정한 숫자를 대표합니다. 그렇다면 물음표에 들어가야 할 무늬는 어떤 것일까요?

Logical Math 063

다음 보기 중 다른 그림 하나를 찾아보세요.

064 왼쪽의 도미노 세 개를 자세히 관찰해보세요. 그리고 보기 중 다음에 와야 할 도미노를 찾아보세요.

1   2   3   4   5

065 그림의 물음표 안에 들어가야 할 숫자는 각각 무엇입니까?

1

	A	B	C	D	E
	7	5	3	4	8
	9	8	8	8	8
	6	4	9	3	5
	8	3	6	?	9

2

	A	B	C	D	E
	7	8	7	9	7
	5	5	8	5	9
	6	3	7	3	9
	4	4	8	6	?

3

	A	B	C	D	E
	3	5	4	6	3
	4	8	5	9	7
	6	1	5	4	6
	2	2	?	1	4

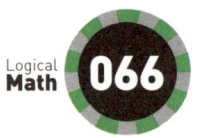

Logical Math 066 서로 다른 색깔의 작은 원은 각각 일정한 숫자를 대표합니다. 이 조건 아래 물음표에 들어갈 알맞은 숫자를 맞혀보세요.

1
14   13   12   ?

2
17   22   20   ?

3
8   14   12   ?

Logical Math 067 논리적으로 계산해서 이 수수께끼의 답을 맞혀보세요.

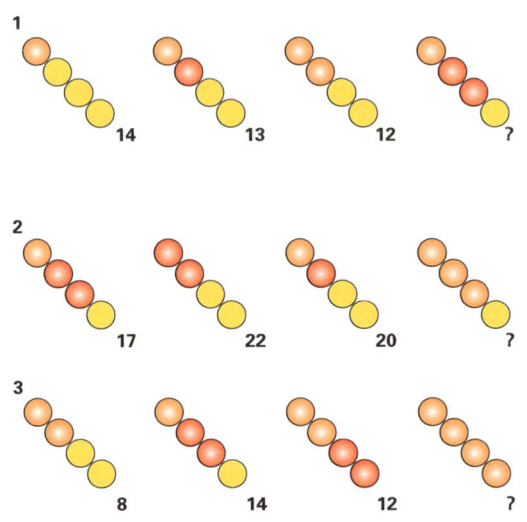

5	13	4
6	10	2

3	19	8
6	20	?

Logical **Math** 068

곰곰이 생각해보세요. 그림 중 빈 칸에 들어가야 할 카드는 어떤 것일까요?

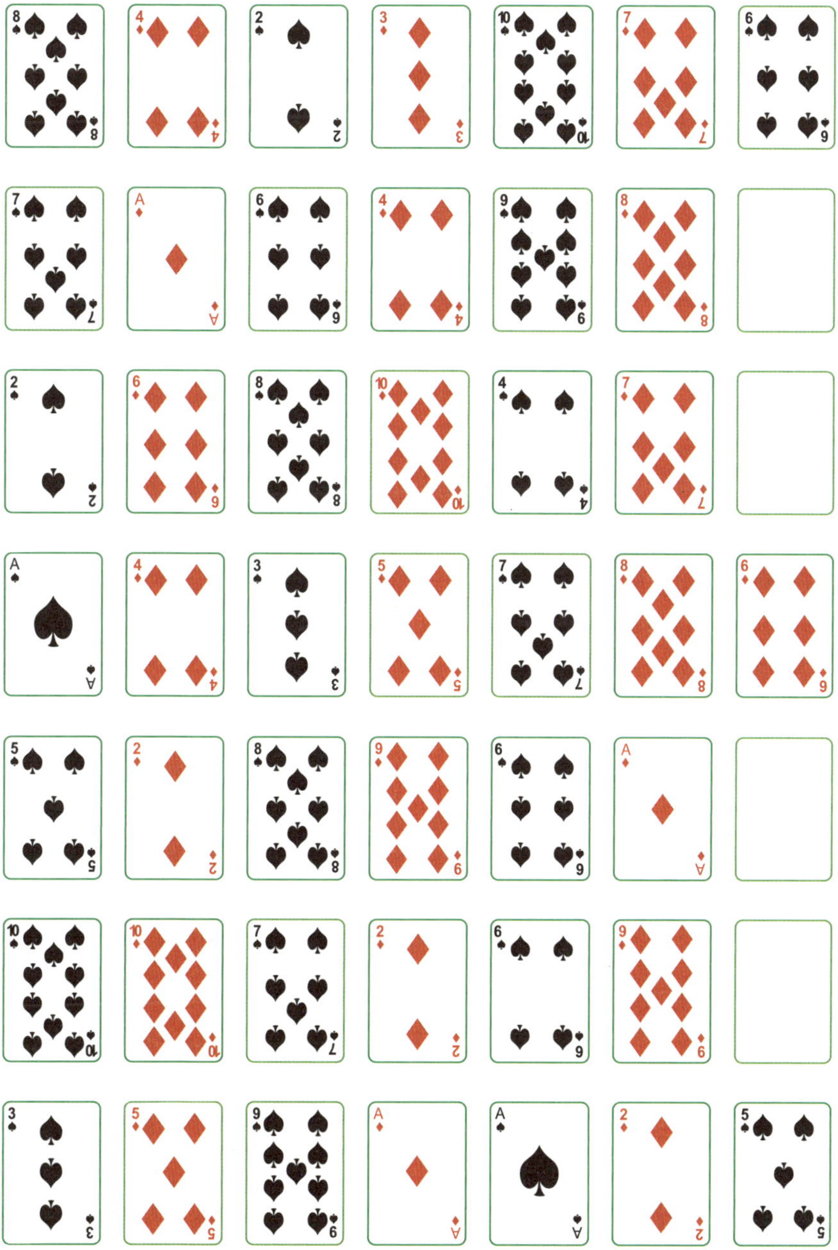

다음 수수께끼를 풀어보세요. 물음표에 들어가야 할 도형은 어떤 것일까요? 직접 그려 넣어보세요.

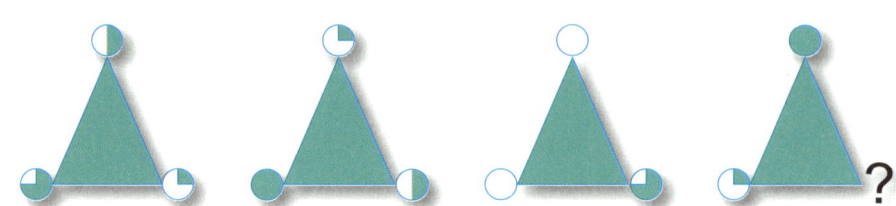

보기 중 물음표 안에 들어가야 할 그림을 맞춰보세요.

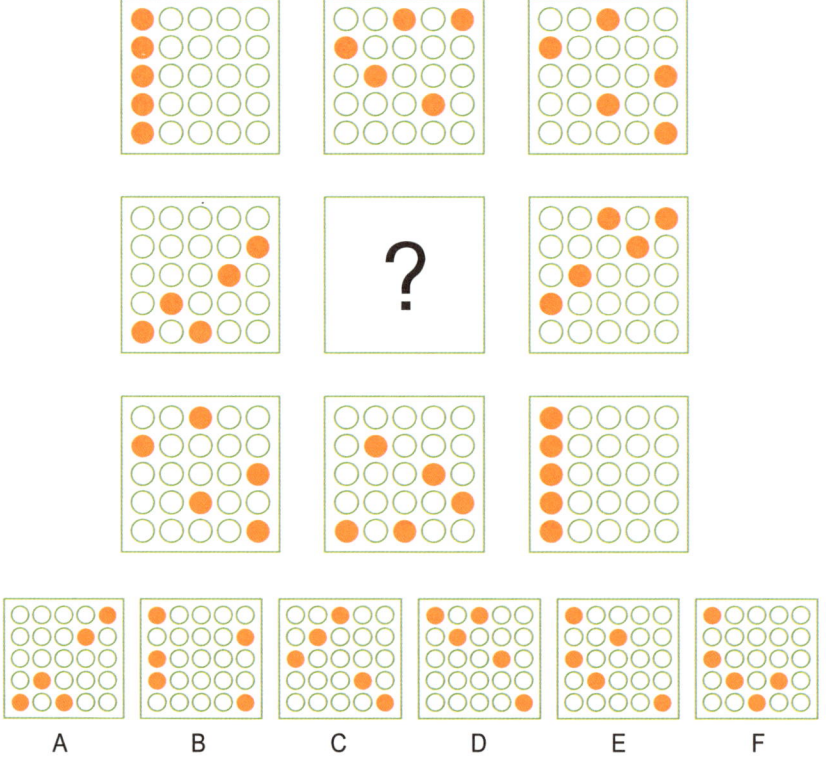

A   B   C   D   E   F

자세히 살펴보고, 다른 그림 하나를 찾아주세요.

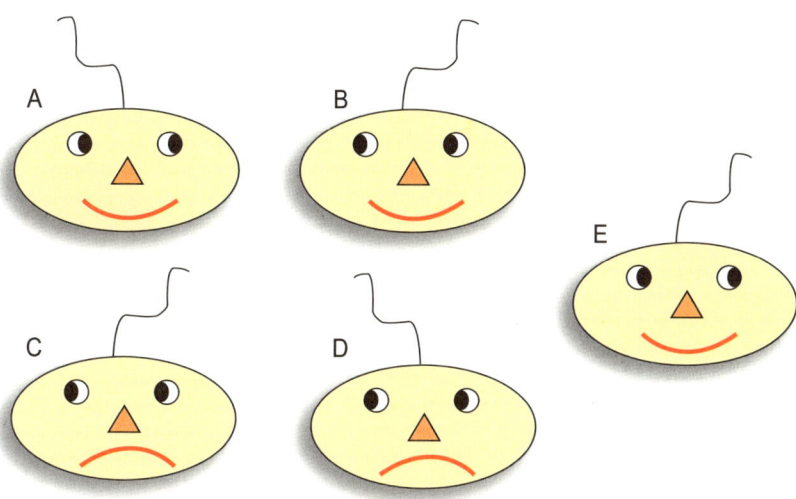

아래에 제시한 벽지의 모양을 살펴보고, 보기 A~F 중 이 벽지의 양옆에 붙일 수 있는 벽지 두 개를 선택해주세요.

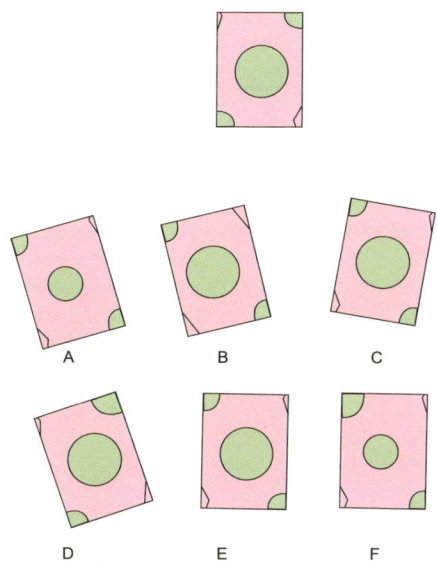

Logical Math 073

샤오밍은 스포츠용품 가게에서 잠시 아르바이트를 하고 있습니다. 여러 종류의 공을 판매하는데 아직 정확한 가격을 외우지 못했습니다. 그러나 럭비공이 2,000원이라는 것과 아래 공들의 값이 서로 같다는 것은 알고 있지요. 한 손님이 축구공을 사려합니다. 샤오밍을 위해 축구공의 가격을 맞혀주세요.

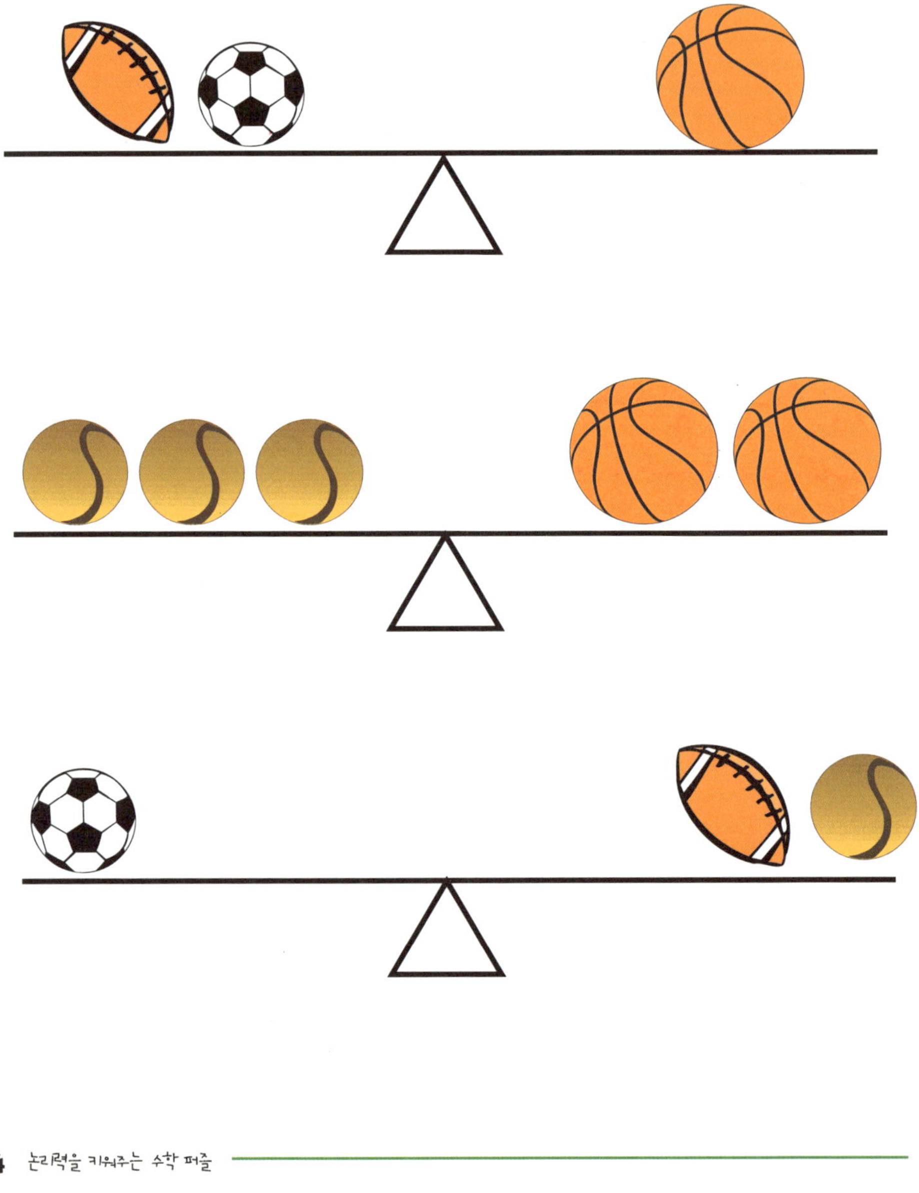

074 아래의 그림 중 마름모는 모두 몇 개인가요?

075 정육면체를 둘씩 짝지어 네 조로 만들어 보세요.

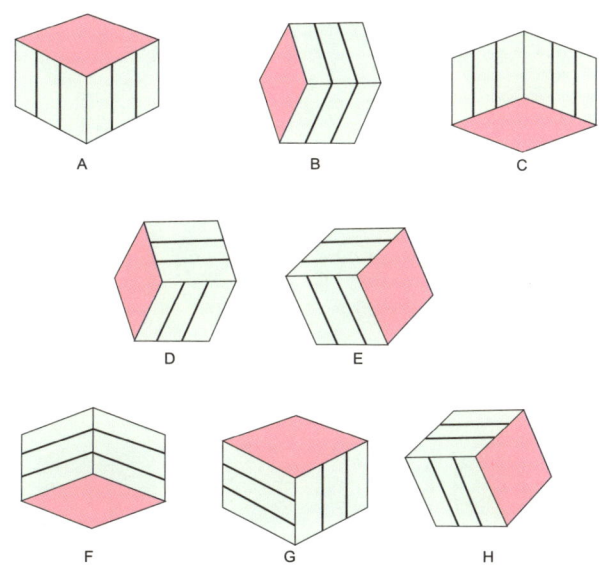

 아래의 그림 중 서로 다른 무늬 하나를 찾아주세요.

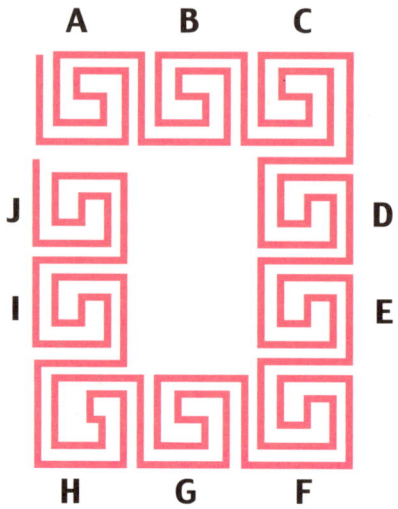

아래의 그림 중 나머지 그림과 서로 다른 도형을 찾아보세요.

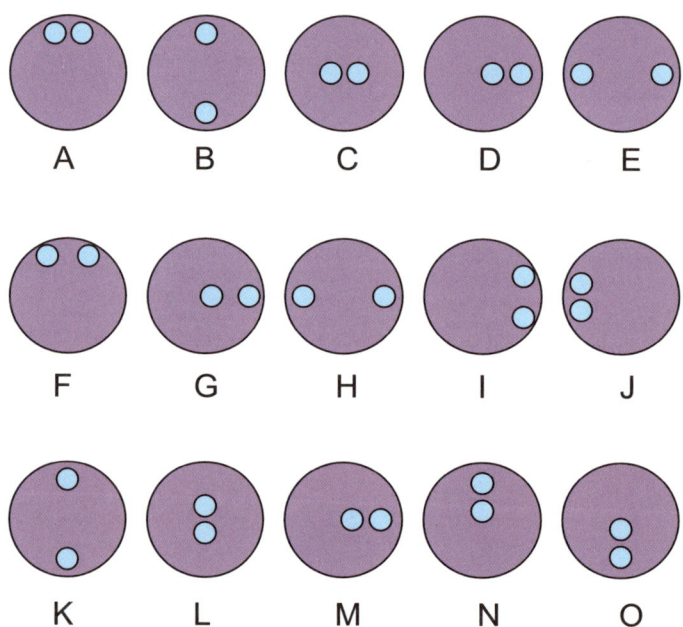

다음 네모 칸 안에는 기하학적으로 배치한 그림이 들어가 있습니다. 칸 안의 그림을 자세히 관찰해보세요. 그리고 보기 중 빈 칸에 들어가야 할 무늬를 찾아보세요.

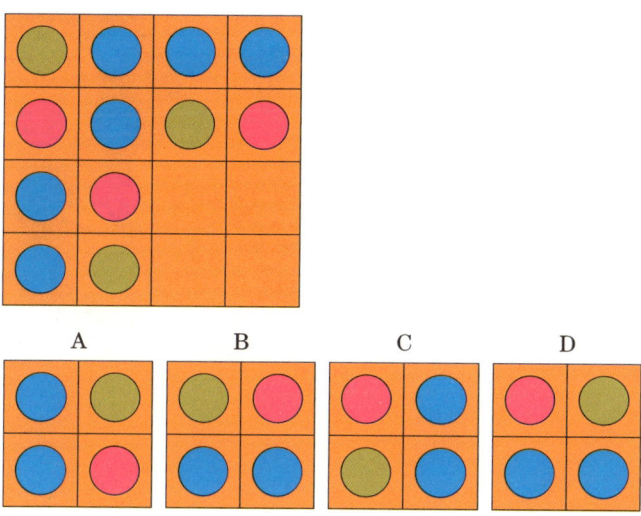

화살표에서 시작하여 단 한번 만에 아래의 그림을 모두 지나칠 수 있을까요? 종착점은 X이여야 합니다.

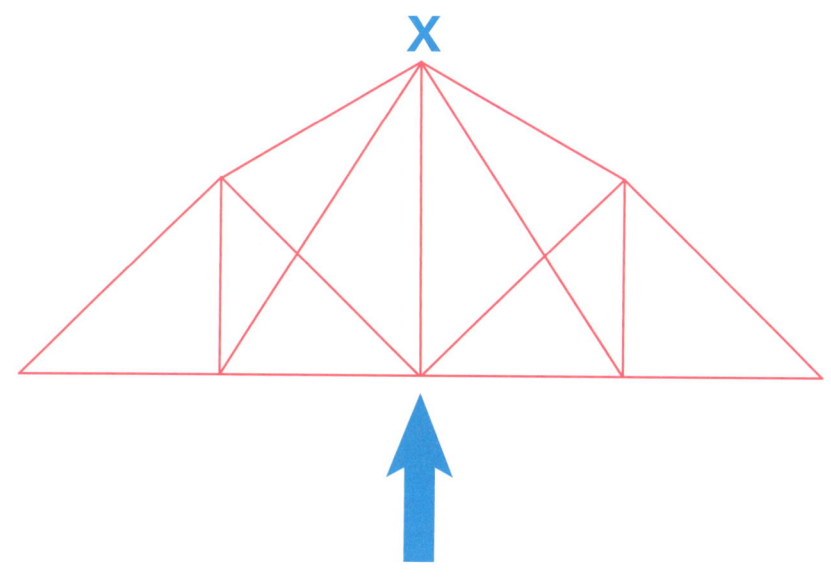

Logical Math 080

그림과 같이 책상 위에 육각형 모양의 차 받침대 여섯 개를 올려놓습니다. 차 받침대는 반드시 서로 맞대어 있어야 합니다. 그럼 지금부터 이 차 받침대를 움직여 링 모양을 만들어 보세요. 단, 세 개만 움직일 수 있으며, 한 번에 하나씩만 움직여야 합니다.

Logical Math 081

A는 화원의 모든 네모 칸을 둘러보았습니다. 그런 다음 그림에 표시되어 있는 화살표 방향으로 나왔어요. 직각으로만 방향을 바꾸었으며, 모든 화원을 둘러보는 과정에서 방향을 총 스무 번 바꿨습니다. 그럼 지금부터 A에게 최소한 방향을 바꾸지 않고 모든 화원을 둘러 볼 수 있는 길을 찾아주세요. 출발점과 도착점은 같으며, 그림의 검은 표시가 되어 있는 칸은 수직으로 통과할 수 없습니다.

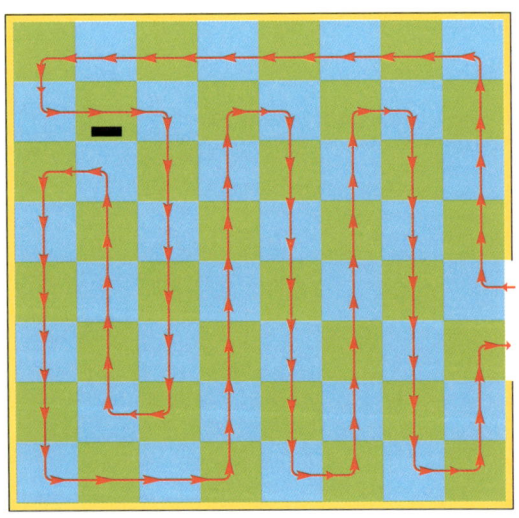

다음 중 나머지 그림과 다른 것은 무엇입니까?

A   B   C

D   F   F   G

네 개의 점을 이어 모두 몇 개의 정사각형을 만들 수 있을까요?
(주의할 점: 정사각형의 네 각은 반드시 점 위에 위치해야 합니
다.)

다음 그림의 시계를 자세히 관찰해보세요. 시곗바늘은 일정한 규칙에 따라 움직이고 있습니다. 그렇다면 아래 보기 중 네 번째 시계가 가리켜야 할 시간은 몇 시일까요?

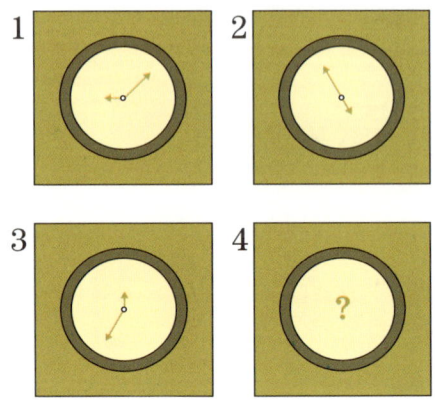

7:07   4:07   7:22   4:22   7:15   4:15

우선 아래에 있는 여섯 개의 도형을 두꺼운 종이에 그린 후, 가위로 잘라냅니다. 그리고 이 여섯 개의 도형을 맞추어 정삼각형을 만들어보세요.

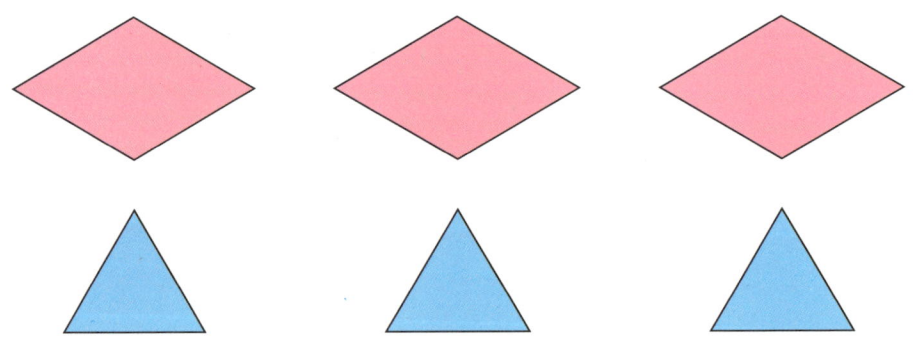

Logical Math **086**

곰곰이 살펴보세요. 다음 보기 중 빈 칸에 들어가야 할 것은 무엇일까요?

C	L	F	U	J	C	L	F	U	J
N	V	Q	R	A	N	V	Q	R	A
W	X	G	S	M	W	X	G	S	M
H	B	O	D			B	O	D	K
P	Y	I					I	T	E
C	L	F					F	U	J
N	V	Q	R			V	Q	R	A
W	X	G	S	M	W	X	G	S	M
H	B	O	D	K	H	B	O	D	K
P	Y	I	T	E	P	Y	I	T	E

	F	U	
V	Q	R	A
W	X	G	S
	B	O	

A

	K	H	
T	E	P	Y
U	J	C	L
	A	N	

B

	Y	I	
C	L	F	U
N	V	Q	R
	X	G	

C

	A	N	
S	M	W	X
D	K	H	B
	E	P	

D

	G	S	
B	O	D	K
I	T	E	P
	J	C	

E

Logical Math 087

단 한번 만에 아래 그림을 그려보세요. 단, 선이 겹쳐서는 안 됩니다. 아래 그림을 5분 안에 겹치지 않고 완성하면 당신은 이 분야에서 상당히 뛰어난 실력을 갖추었다고 볼 수 있습니다.

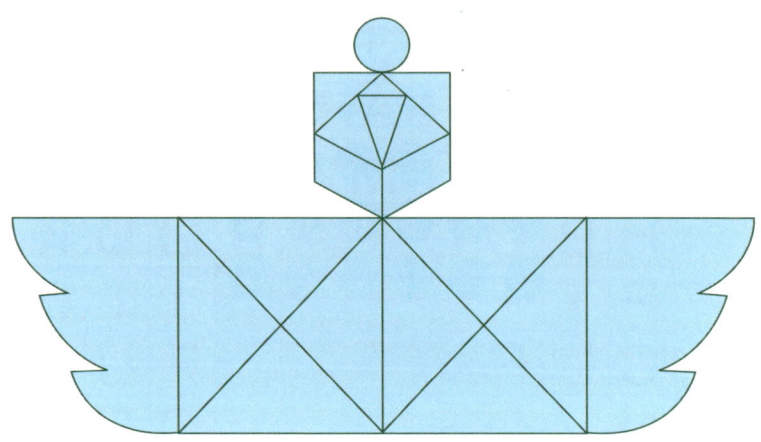

Logical Math 088

다음 도형 중 나머지 도형과 다른 하나는 무엇일까요?

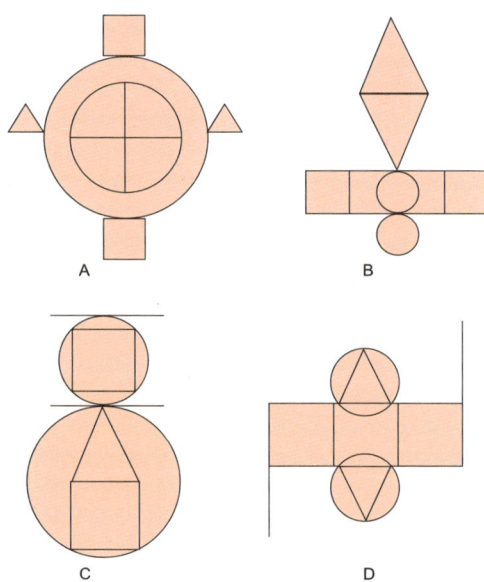

A

B

C

D

미로의 중앙까지 갈 수 있는 길을 찾아보세요.

곰곰이 생각해보세요. 다음 수수께끼를 완성하려면 물음표에 어떤 숫자가 들어가야 할까요?

4	2	8	7
6	3	6	6
5	1	5	3

1	0	8	8
7	1	4	2
8	7	2	9

3	2	4	8
2	1	8	9
7	4	9	7

3	0	6	2
4	1	6	4
6	3	?	5

마지막 시계의 분침은 몇 분을 가리켜야 할까요?

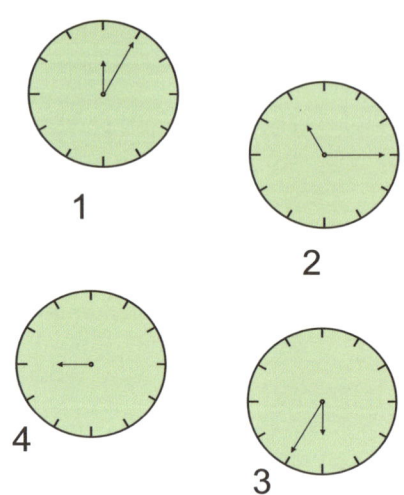

1

2

4

3

다음 중 나머지 숫자 조합과 다른 하나는 무엇일까요?

093 아래에 있는 다섯 개의 도형을 두꺼운 종이에 그린 후, 가위로 잘라냅니다. 그리고 이 다섯 개의 도형을 맞추어 '+'모형을 만들어보세요.

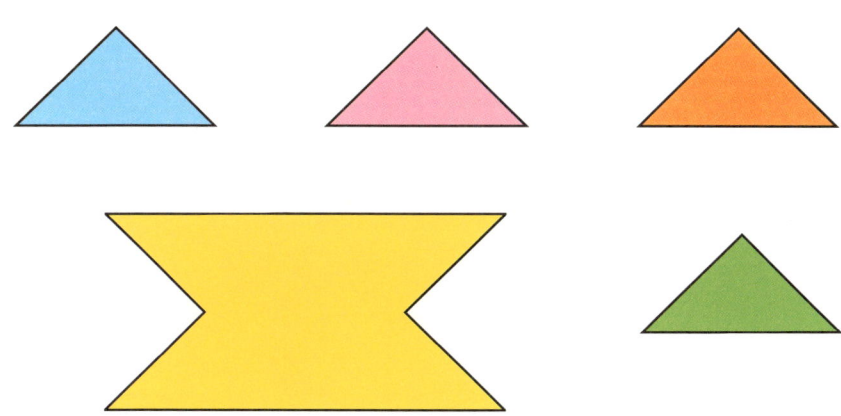

094 다음 물음표에 들어가야 할 알맞은 숫자는 무엇일까요?

보기 A, B, C, D 중 다음 정육면체를 완성할 수 있는 그림을 무엇입니까?

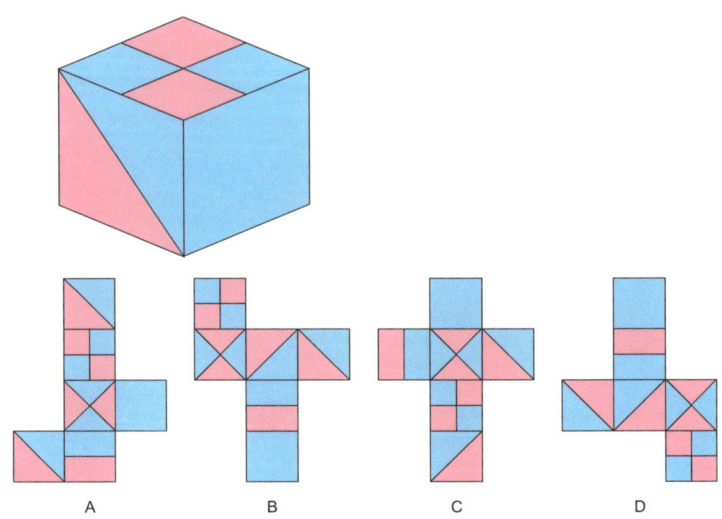

A   B   C   D

그림을 자세히 살펴보세요. 빈 칸에 들어가야 할 도미노는 무엇일까요?

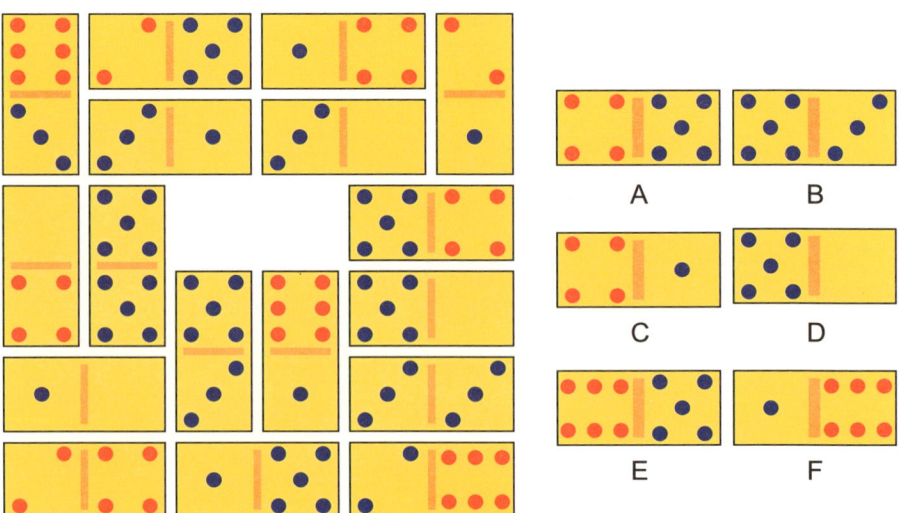

Logical Math 097 아래 두 그림 중 서로 다른 부분 다섯 곳을 찾아보세요.

Logical Math 098 문제1: 우선 가위를 이용하여 왼쪽 그림과 같은 도형을 만들어 보세요. 그리고 모양이 같은 두 부분으로 나누어 보세요.
문제2: 오른쪽 도형을 모양과 크기가 같은 네 부분으로 나누어 보세요. 단, 네 조각을 맞추어 정사각형을 만들 수 있어야 합니다.

문제1

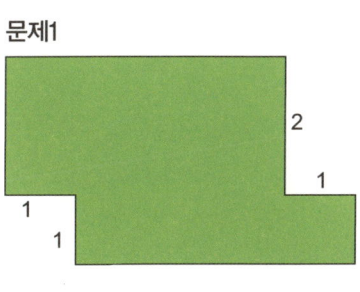

문제2

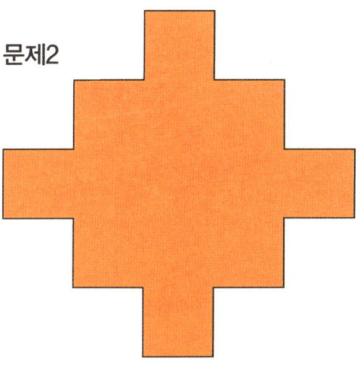

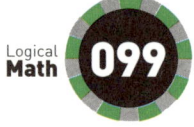

다음 큰 정사각형을 스물일곱 개의 작은 정사각형으로 나누어 보기 전에, 육 면을 파랑색으로 칠해주세요. 그리고 스물일곱 개의 작은 정사각형과 관련된 아래 질문에 답해보세요.

1. 삼 면이 파랑색인 정사각형은 몇 개입니까?
2. 두 면이 파랑색인 정사각형은 몇 개입니까?
3. 한 면이 파랑색인 정사각형은 몇 개입니까?
4. 무색인 정사각형은 몇 개입니까?

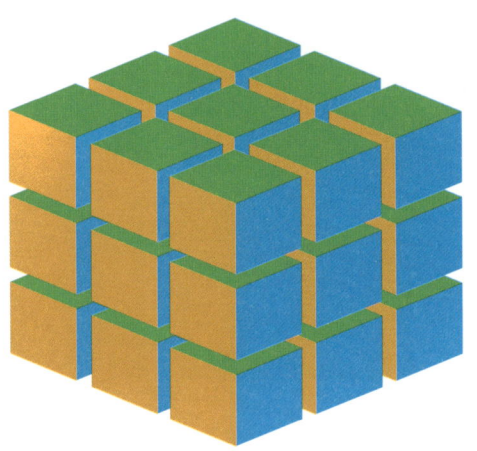

아래 그림을 자세히 살펴보세요. 모두 일정한 순서에 따라 나열된 것입니다. 그렇다면 다음 차례에 와야 할 그림은 어떤 모양일까요? 그려보세요.

Logical Math 101 다음 중 나머지 그림과 다른 하나는 무엇입니까?

Logical Math 102 아래의 정사각형 아홉 개를 빨강, 파랑, 초록색으로 칠하려고 합니다. 단, 각 항과 각 열에는 반드시 각각의 세 가지 색깔이 모두 들어가야 합니다. 그렇다면 이 조건에 부합하는 그림은 모두 몇 개일까요?

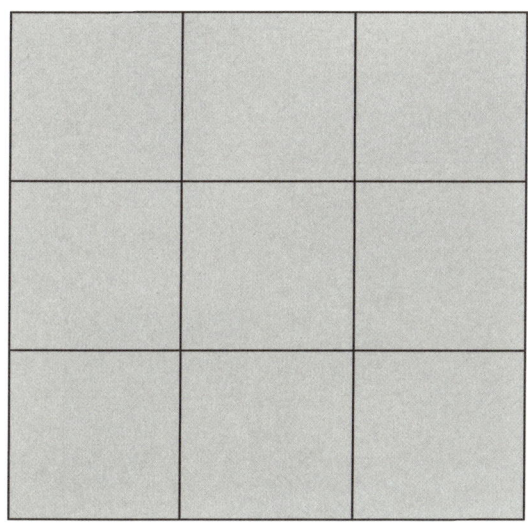

Logical Math 103

성 안의 화원에는 나무가 많이 심어져 있습니다. 그 중 오래된 '너도밤나무' 네 그루는 수영장을 둘러싸고 있습니다. 왕은 '너도밤나무' 네 그루를 베지 않고, 수영장을 두 배로 늘리려고 합니다. 어떻게 해야 할까요?

Logical Math 104

다음 그림을 맞추어 정사각형을 만들어보세요.

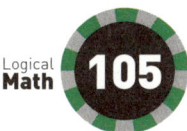

Logical Math **105** 보기 A, B, C, D 중 도형 4 뒤에 와야 할 그림은 무엇일까요?

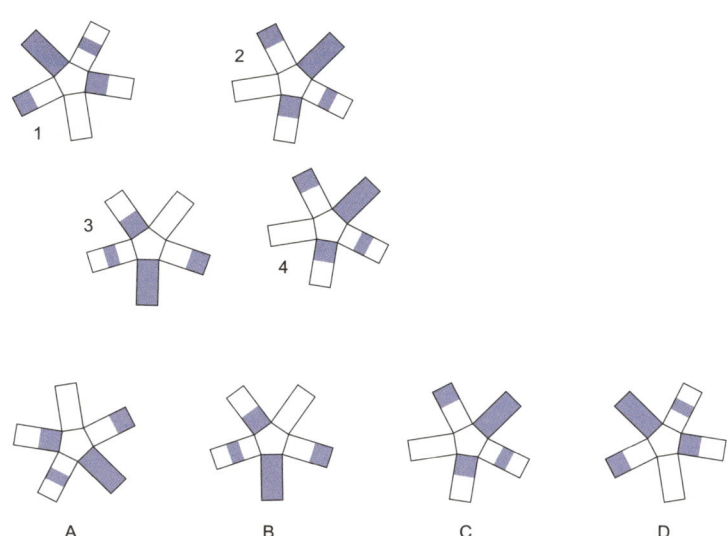

A   B   C   D

Logical Math **106** 물음표에 들어가야 할 알맞은 숫자를 맞혀보세요.

Logical Math **107** 아래의 표에서 좌표 역할을 하는 분홍색 '교점'의 값은 그 주위의 네 숫자를 합한 것입니다. 그렇다면 다음 문제에 답해보세요.

(1) 값이 100인 세 개의 교점은 어느 것입니까?

(2) 값이 92인 교점을 찾아보세요.

(3) 값이 100 미만인 교점은 모두 몇 개입니까?

(4) 교점의 가장 큰 값은 얼마입니까? 총 몇 개입니까?

(5) 값이 가장 작은 교점은 어느 것입니까?

(6) 값이 115인 교점을 찾아보세요.

(7) 값이 105인 교점은 모두 몇 개입니까?

(8) 값이 111인 교점은 모두 몇 개입니까?

	A	B	C	D	E	F	G
1	30	19	28	26	25	36	16	29
2	24	20	26	23	24	23	24	22
3	26	29	27	20	25	29	27	23
4	20	23	28	32	29	30	24	22
5	30	28	27	22	30	26	27	29
6	20	28	23	28	32	29	31	26
7	25	27	25	27	30	26	24	19
	26	26	29	23	24	28	24	28

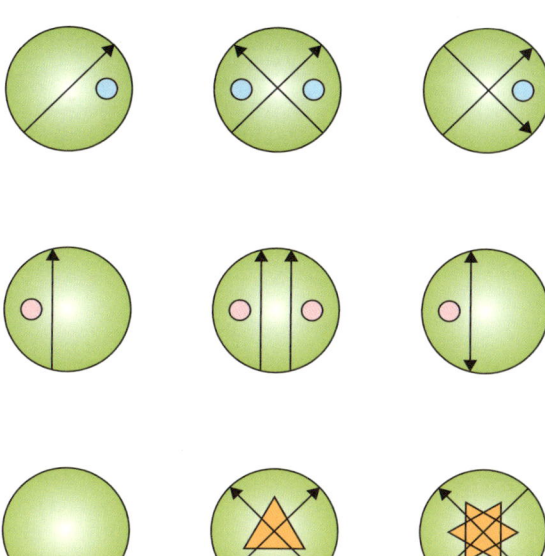

Logical
Math 108 빈 칸에 들어가야 할 알맞은 그림을 그려보세요.

Logical
Math 109 다음 보기 중 그림 A를 접어 완성할 수 있는 정육면체는 어떤 것일까요?

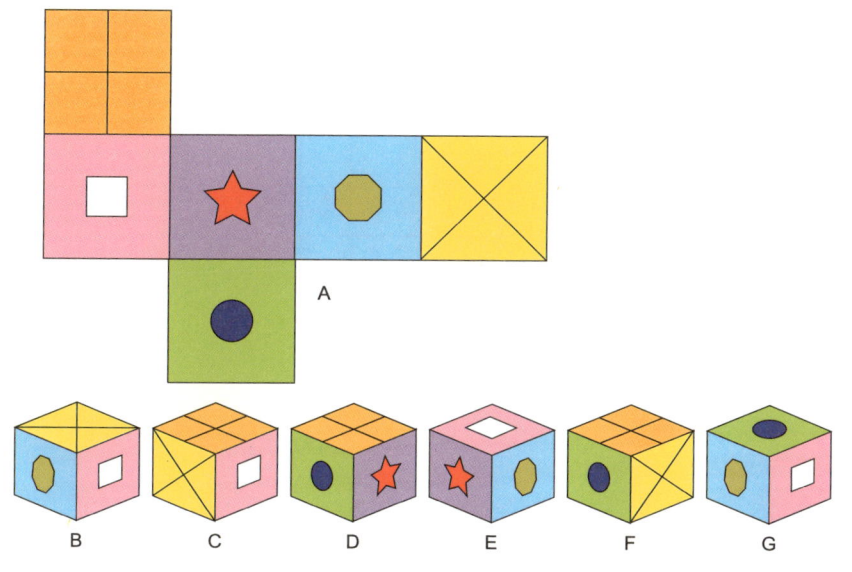

A

B   C   D   E   F   G

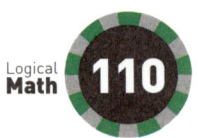

110 보기 A~J중 오른쪽 그림에 사용되지 않은 도형을 찾아보세요.

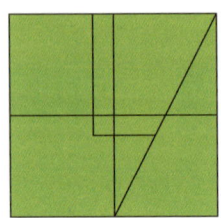

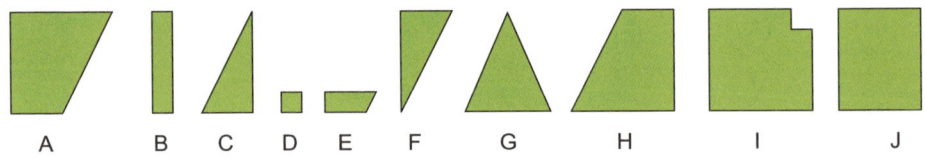

A   B   C   D   E   F   G   H   I   J

111 A와 B가 대표하는 값은 각각 10과 9입니다. 그렇다면 C의 값은 얼마일까요?

A   B   C

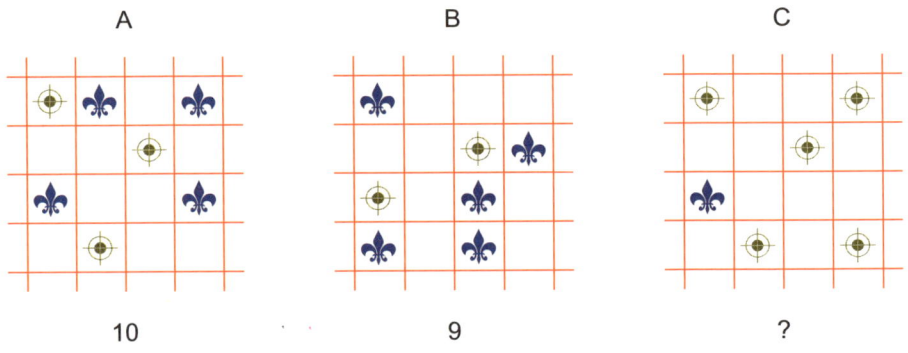

10   9   ?

Logical Math 112 보기 A, B, C, D 중 나머지 그림과 다른 하나는 무엇입니까?

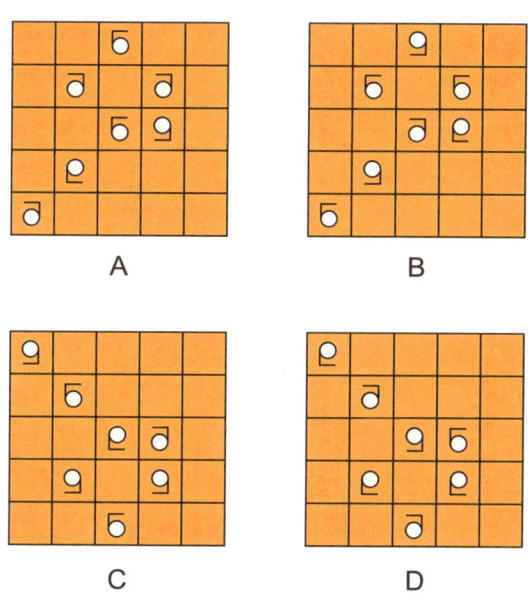

A   B

C   D

Logical Math 113 다섯 개의 보기 중 나머지 네 개와 다른 하나는 무엇입니까?

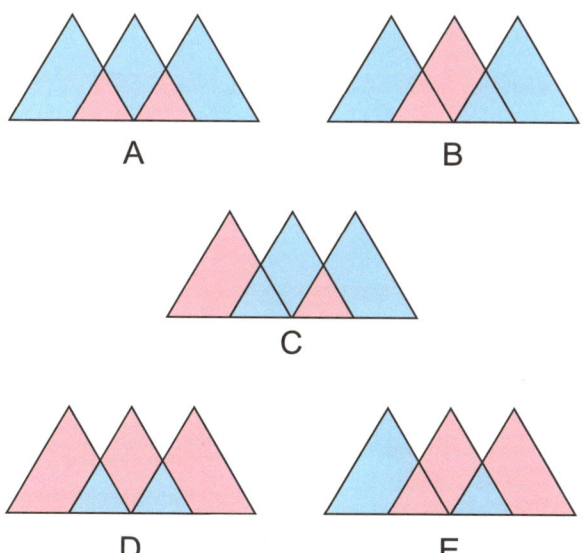

A   B

C

D   E

Logical Math **114** 빈 칸에 들어가야 할 주사위를 맞혀보세요.

Logical Math **115** 다음 저울이 수평을 이루기 위해서는 몇 개의 정사각형이 필요 할까요?

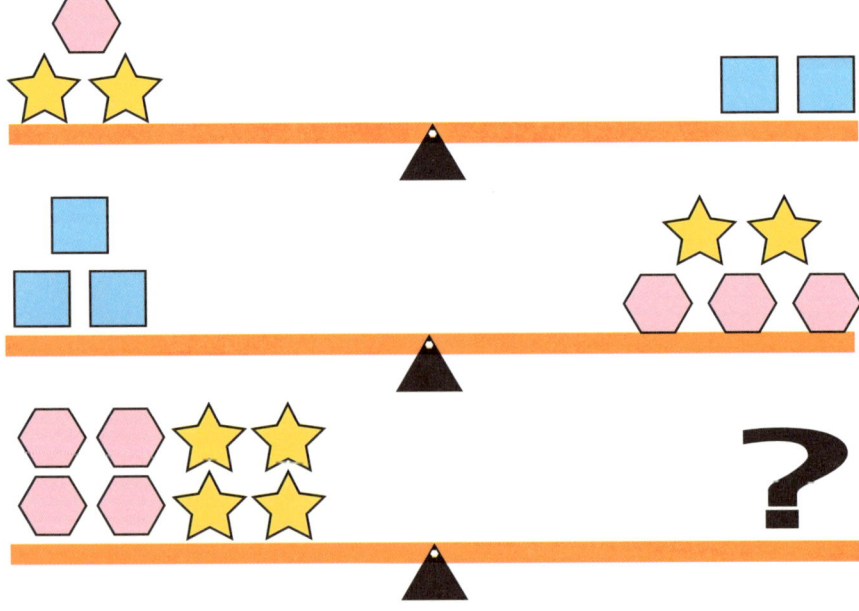

116 위 그림은 하나의 그림이 거울에 반사된 것입니다. 예를 참고하여, 아래 보기 중 틀린 그림 하나를 찾아보세요.

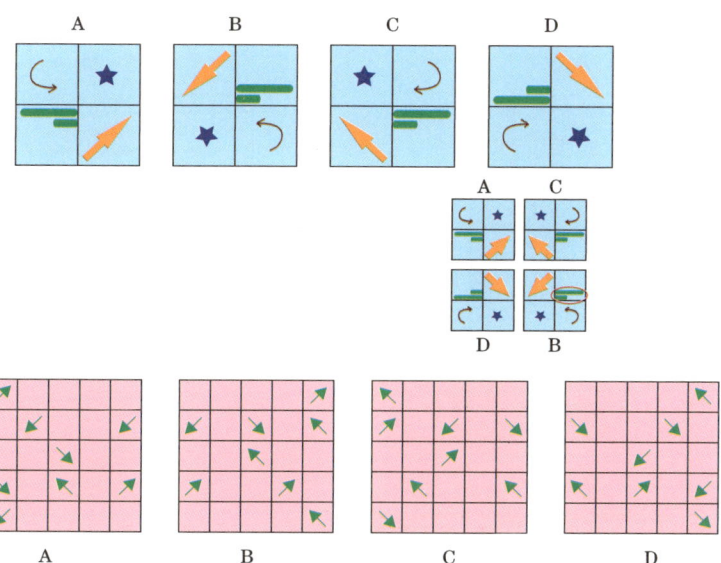

117 다음은 특수 제작된 금고입니다. 가장 가운데 버튼에는 'F'라고 적혀있는데요. 힌트를 보고 비밀번호 첫 번째 자리 수를 맞혀보세요. 예를 들면, 1i는 안으로 한 칸, 1o는 밖으로 한 칸 움직이며, 1c는 시계 방향으로 한 칸, 1a는 시계 반대 방향으로 한 칸씩 움직입니다(주의: 각 버튼은 단 한 번 씩만 누를 수 있습니다).

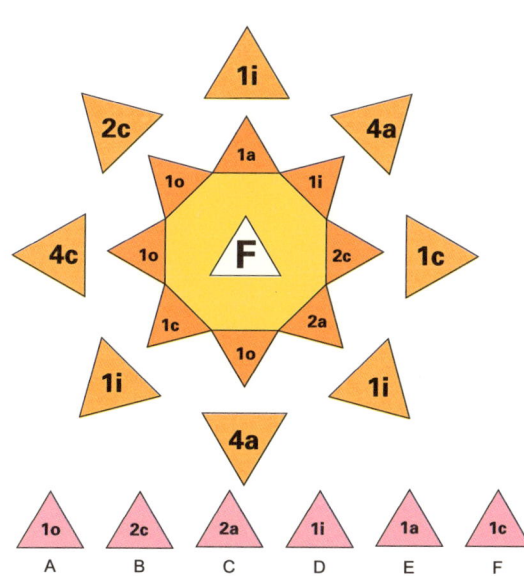

Logical Math **118**

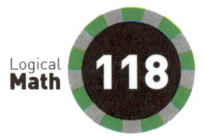

자세히 살펴보세요. 보기 중 잘 못 설치된 문은 어떤 것입니까?

A

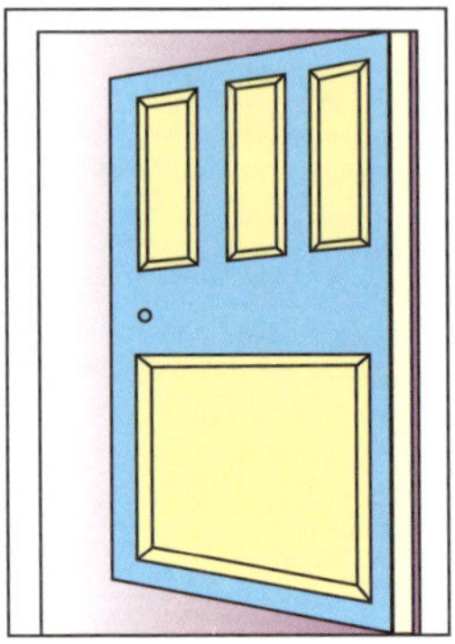

B

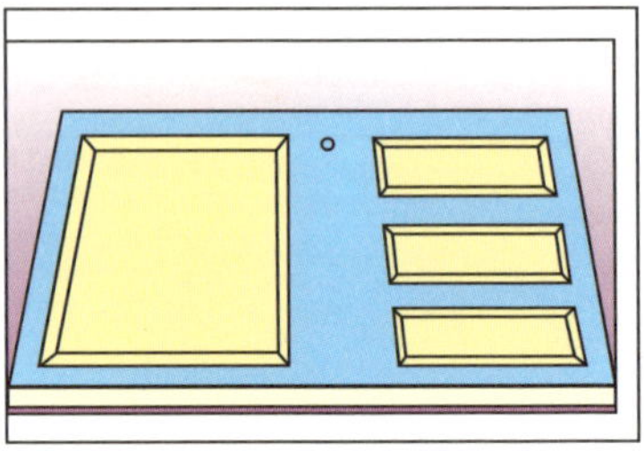

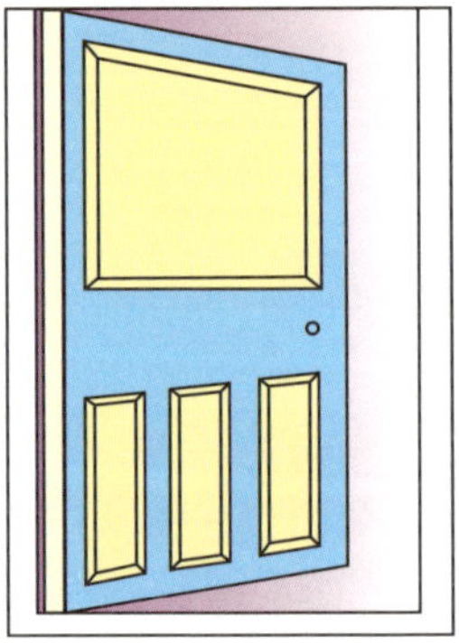

C

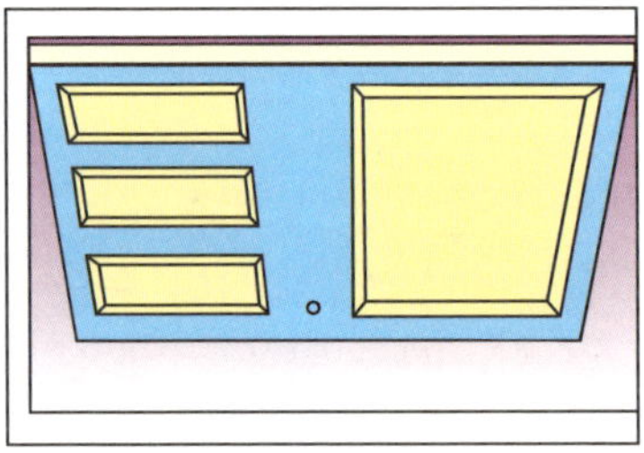

D

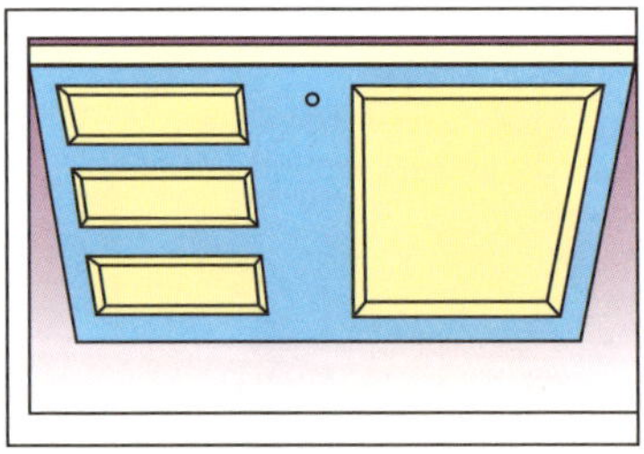

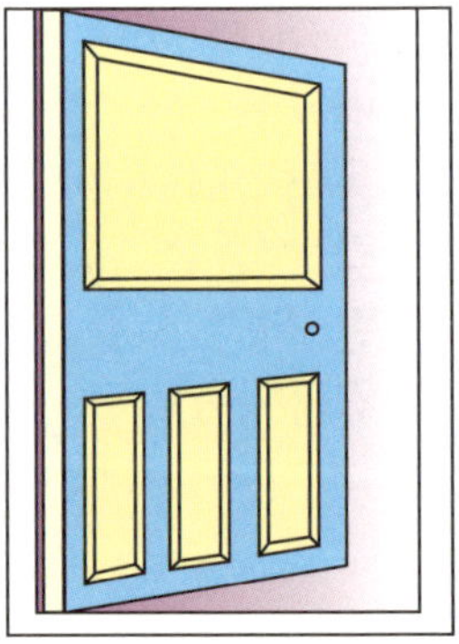

E

F

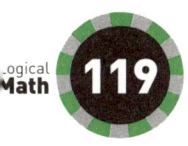

119 빈 칸에 들어가야 할 알맞은 숫자는 무엇일까요?

120 만약 두 명의 정비사가 세 시간 동안 여섯 대의 자동차를 수리할 수 있다면, 다섯 시간 내에 스물두 대의 자동차를 수리하려면 몇 명의 정비사가 필요할까요?

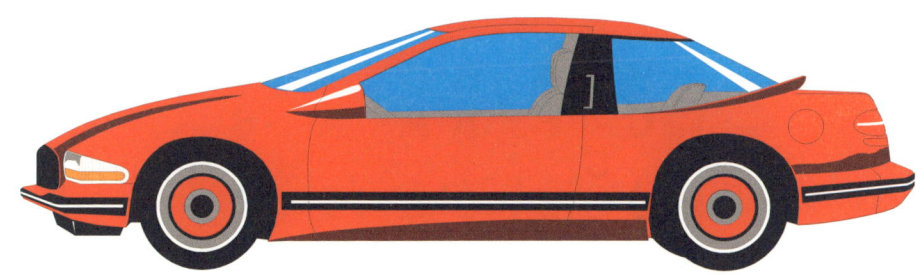

Logical Math 121 다음은 일정한 순서에 따라 나열된 것입니다. 그렇다면 보기 A~E 중 3 다음에 와야 할 그림은 무엇일까요?

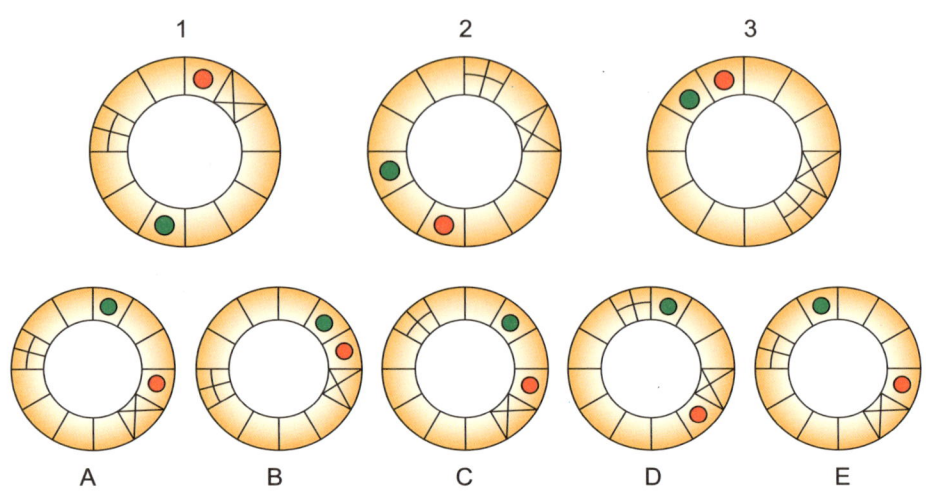

Logical Math 122 다음 중 같은 알파벳이 들어 있는 두 개의 상자는 무엇일까요? 가장 빠른 속도로 찾아보세요(알파벳의 위치는 달라도 상관없습니다).

	A	B	C	D
1	B B A	A B A C	A A A	B B A C
2	B B B	A A A B	C C B B	A C A C
3	C C C	B B C	A A C C	B B B C
4	B C C A	C A A C	A B B B	B C A C B

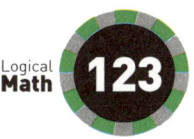 **123** 물음표에 들어가야 할 알맞은 수를 맞혀보세요.

$$\square + \square - \square = 6$$

$$\square - \square + \square = 3$$

$$\square \times \square \times \square = 140$$

$$\square + \square + \square = ?$$

 **124** 아주 멀리 떨어진 행성에는 A, B, C, D 네 종의 생명체가 살고 있습니다. 모든 A생명체는 B생명체이고, 일부 B생명체는 C생명체입니다. 또한, 모든 C생명체는 D생명체입니다. 그렇다면, 다음 중 올바른 것은 무엇입니까?

1. 일부 A생명체는 D생명체이다.
2. 일부 C생명체는 A생명체이다.
3. 모든 C생명체는 B생명체이다.
4. 일부 D생명체는 B생명체이다.
5. 모든 D생명체는 A생명체이다.
6. 일부 A생명체는 C생명체이다.

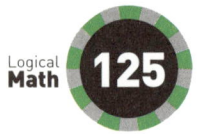

다음 도형을 맞추어 정사각형을 만들어보세요.

곰곰이 생각해보세요. X와 Y의 값은 각각 얼마입니까?

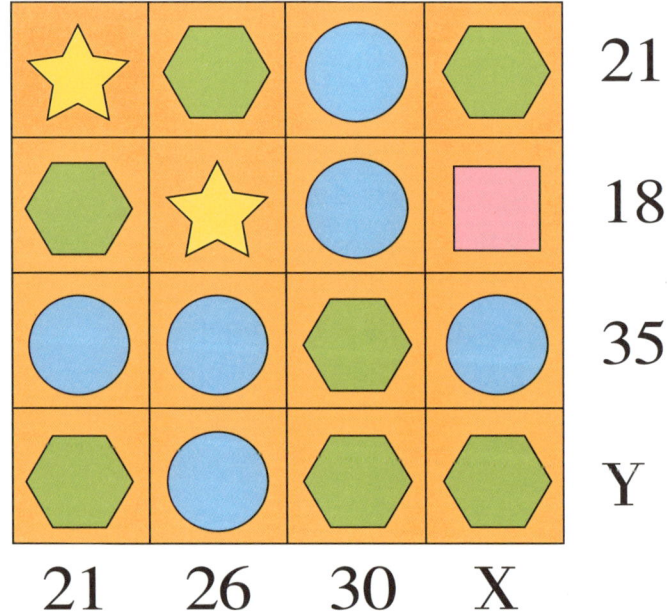

127 다음은 일정한 순서에 따라 나열된 것입니다. 그렇다면 보기 A~D중 다음 차례에 와야 할 그림은 무엇일까요?

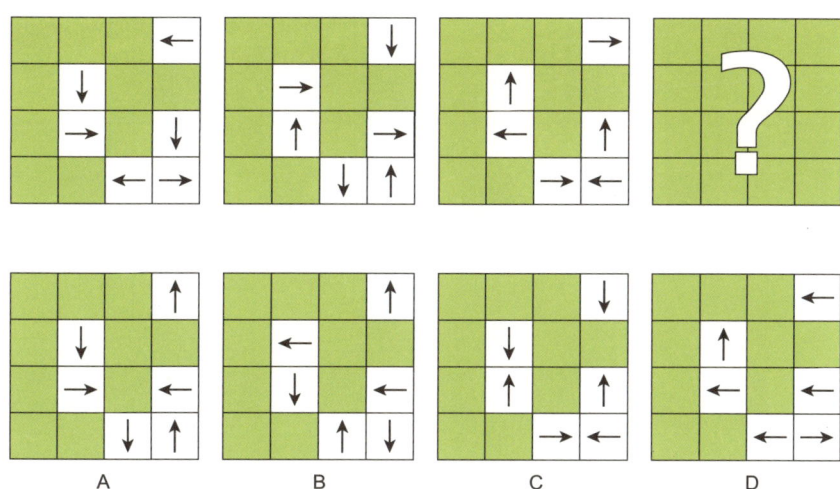

128 아래 그림 중 나머지 그림과 다른 하나는 무엇입니까?

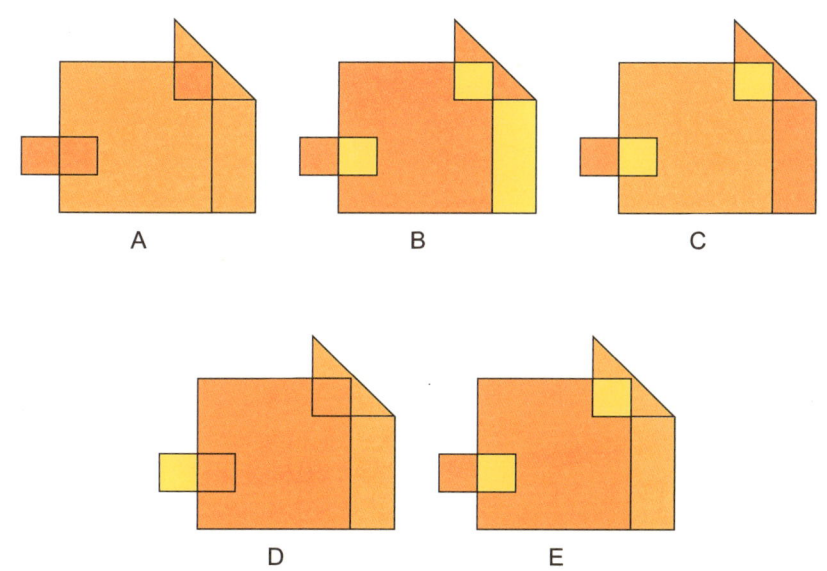

아래 제시된 숫자를 알맞은 칸에 써넣어보세요.

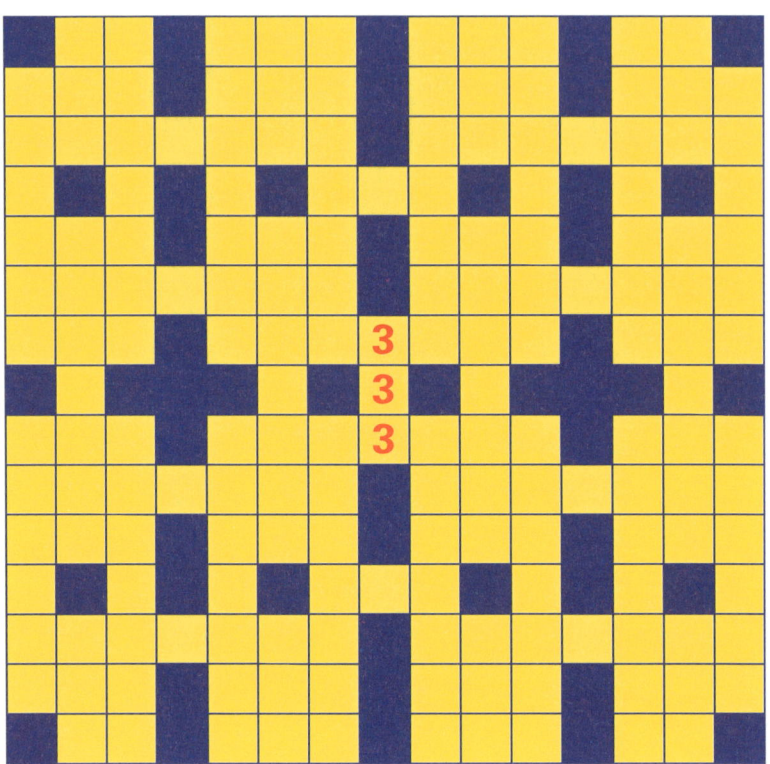

가로:

30 74 87 93 018 042 133 148 273 298 306 326 359 386 390 467
496 516 519 563 619 649 659 691 697 721 735 929 954 989
2768259 4346540 5783968 6281307 6445535 6490916 6906308
7590936 9473460 9798259

세로:

043 192 313 333 344 460 521 863 928 165263 320469 372108
697469 0840396 0929969 2369674 3268959 4906736
5176453 5364749
6089148 7485571 7533652 7934895 9219367 9452695 9497059
9687097 9759968

Logical Math 130 다음 보기 중 잘못된 회로를 찾아보세요.

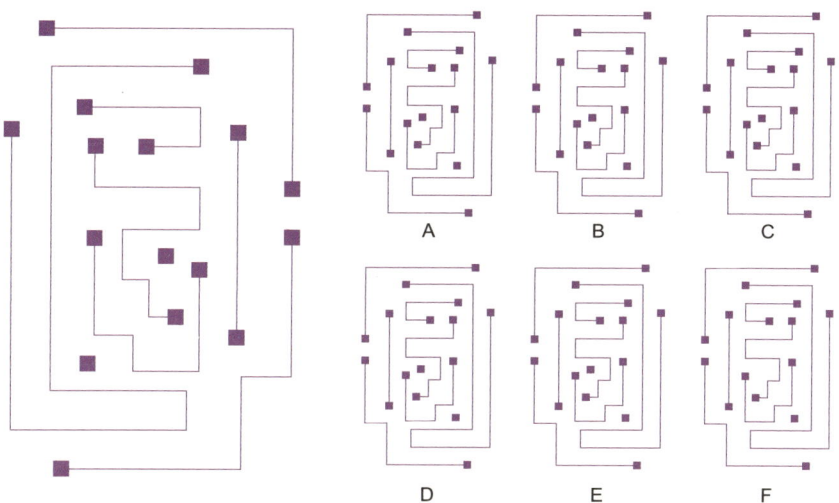

A   B   C

D   E   F

Logical Math 131 보기 A~E 중 물음표에 들어가야 할 알맞은 도형은 무엇입니까?

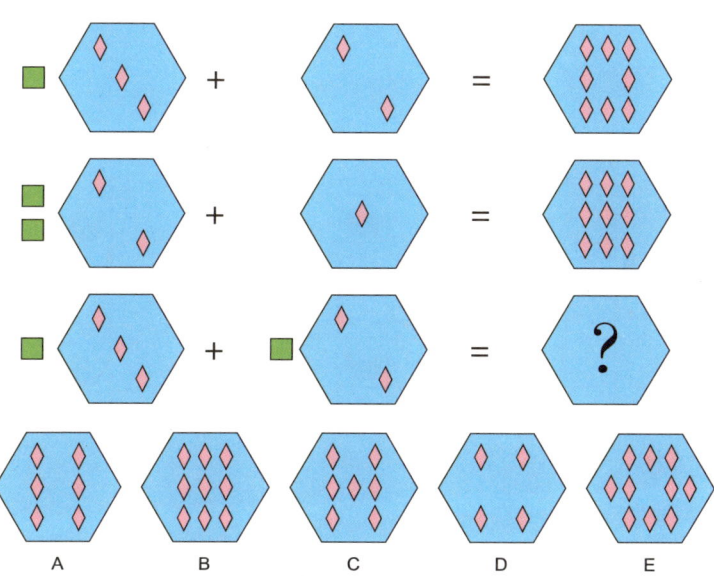

A   B   C   D   E

Logical Math 132

왼쪽 다이아몬드를 똑같은 네 부분으로 나눠보세요. 단, 각 부분에는 아래의 다섯 가지 부호가 모두 들어가 있어야 합니다.

Logical Math 133

표 A와 B가 대표하는 값은 각각 18과 44입니다. 그렇다면 표 C의 값은 얼마일까요?

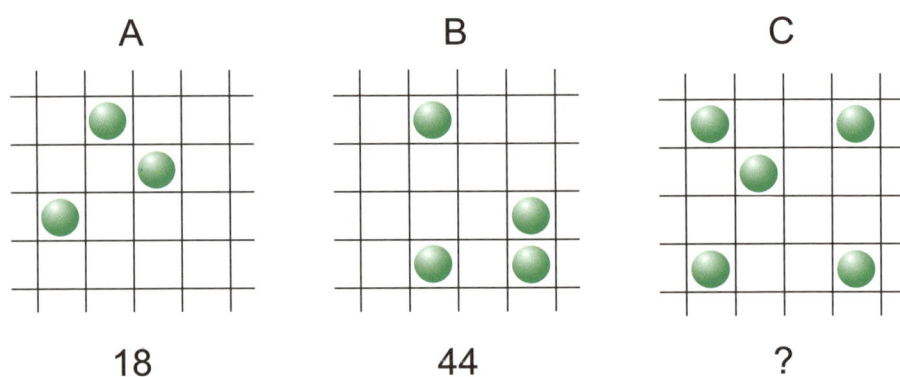

A	B	C
18	44	?

134 다음 그림의 모든 점을 지나는 네 개의 직선을 그려보세요. 단, 연필이 종이와 떨어져서는 안 되며, 한 번에 그려내야 합니다.

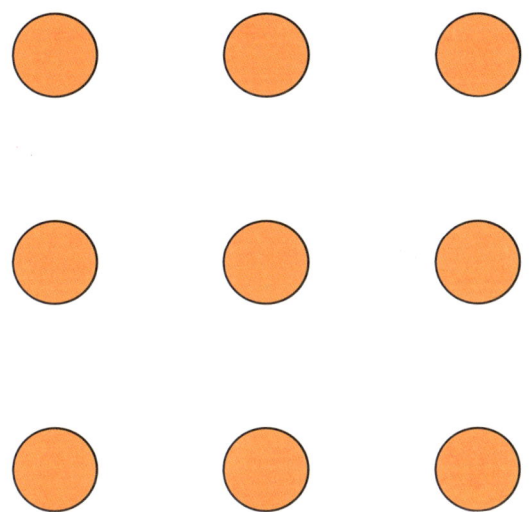

135 오른쪽의 도형 열두 개를 왼쪽 삼각형에 넣어보세요. 단, 도형을 회전하여 놓을 수는 없습니다.

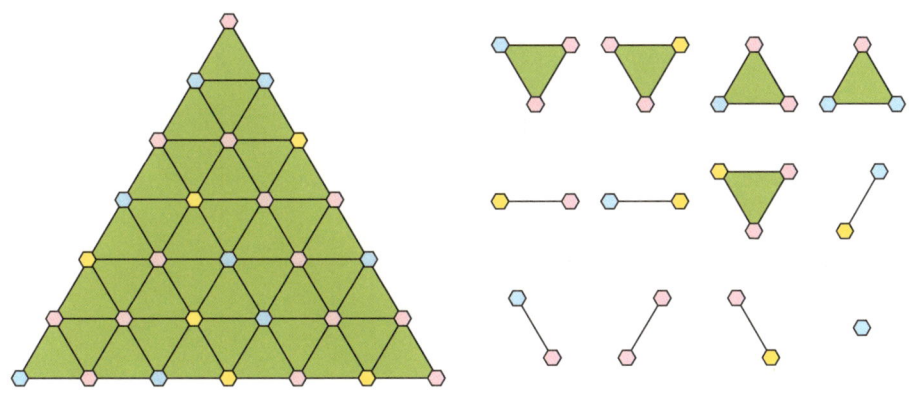

다음 그림은 어느 한 도시의 아파트를 대표하며, 각 동의 아파트를 알파벳으로 표시해 놓았습니다. 예를 들면, D동은 T동의 밑에, L동은 K동의 뒤에, Q동은 B동과 M동의 사이에 위치해 있습니다. 그렇다면 아래의 목격자들의 증언을 듣고, 도둑이 숨어 있는 아파트를 찾아보세요.

1. 도둑이 F동 뒤의 아파트에서 나오는 것을 보았습니다.

2. 도둑이 첫 번째 목격자가 말했던 그 아파트 두 번째 밑에 있는 아파트의 앞 동에서 나오는 것을 보았습니다.

3. 도둑이 두 번째 목격자가 말했던 그 아파트 윗동의 뒤에 있는 아파트에서 나오는 것을 보았습니다.

4. 아닙니다. 도둑은 세 번째 목격자가 말했던 아파트 밑동의 앞으로 두 번째에 위치한 아파트에서 나왔습니다.

그렇다면 도둑은 어느 동에 숨어있는 것일까요?

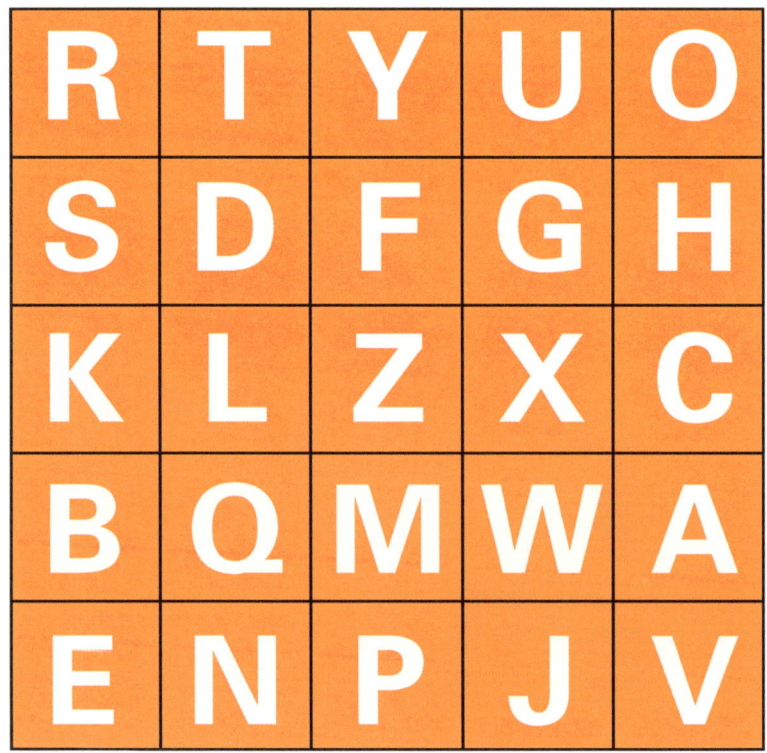

아래 그림 중 밖을 둘러싸고 있는 동그라미 안에는 각각 도형과 선이 그려져 있습니다. 아래 규칙에 따라 가운데 원 안으로 이동하게 됩니다. 밖을 둘러싸고 있는 동그라미 중,

어떤 도형 혹은 선이 하나 일 경우, 이동합니다.

어떤 도형 혹은 선이 두 개일 경우, 이동할 수도 있습니다.

어떤 도형 혹은 선이 세 개일 경우, 이동합니다.

어떤 도형 혹은 선이 네 개일 경우, 이동할 수 없습니다.

그렇다면 보기 A, B, C, D, E 중 가운데 들어가야 할 그림은 무엇일까요?

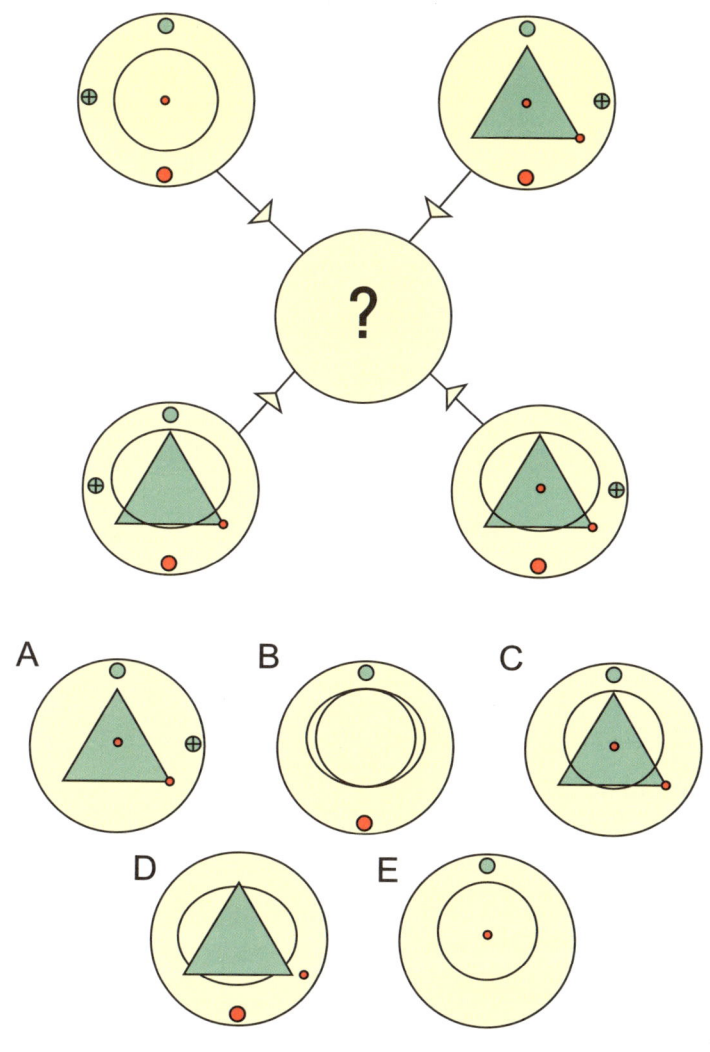

Logical Math 138

보기 A, B, C, D는 한 장의 그림을 나누어 놓은 것입니다. 잘못된 그림은 무엇일까요?

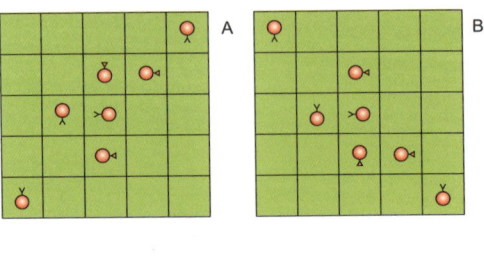

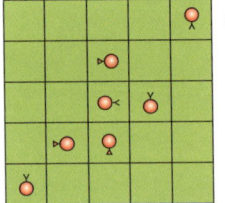

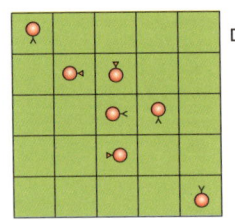

Logical Math 139

각각의 도형은 서로 다른 수를 대표합니다. 물음표에 들어가야 할 알맞은 보기를 찾아 저울의 수평을 맞춰보세요.

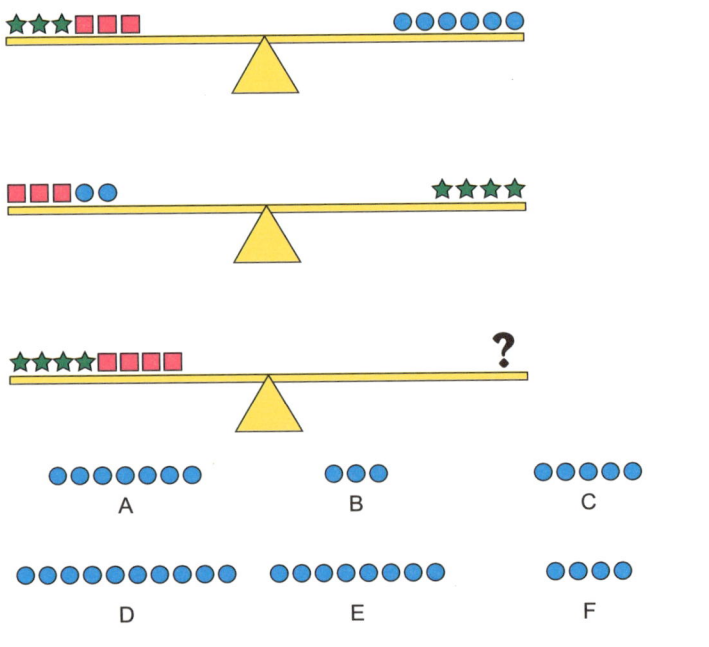

그림 A와 B의 관계를 자세히 살펴보세요. 그림 C와 맞는 그림은 어떤 것일까요?

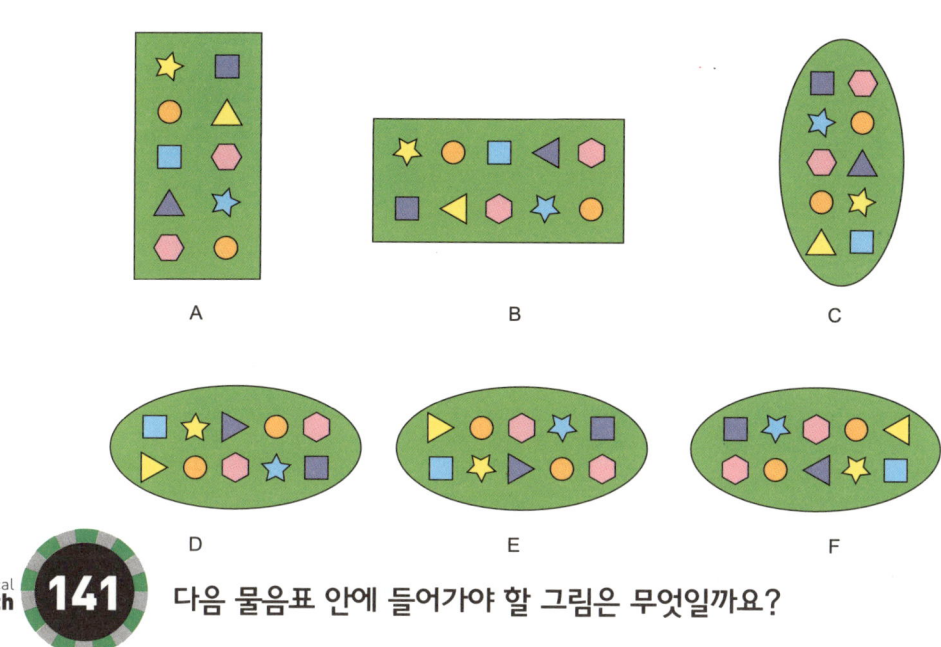

A

B

C

D

E

F

다음 물음표 안에 들어가야 할 그림은 무엇일까요?

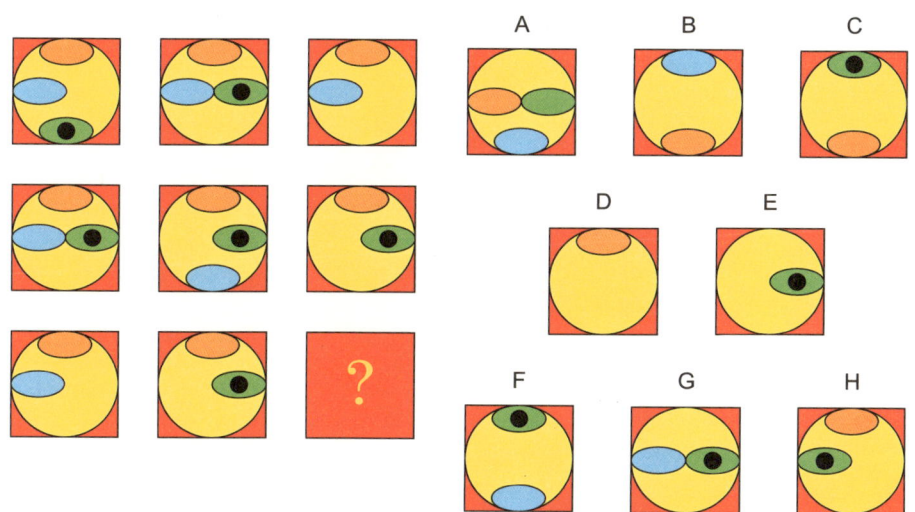

A

B

C

D

E

F

G

H

Logical Math 142

다음 표에서 '8283531' 이 수를 찾아보세요. 가로, 세로 혹은 대각선에 있을 수 있으며, 숫자의 순서가 차례대로 혹은 반대로 적혀 있을 수도 있습니다. 10초 내에 찾아보세요.

8	1	1	3	5	3	2	8	8	1	3	1
8	2	3	5	3	1	8	2	2	8	5	3
2	8	5	2	8	5	2	8	3	8	2	5
8	3	2	3	8	2	8	3	2	2	2	3
3	5	8	8	5	2	3	8	8	1	8	5
5	3	3	2	3	5	3	1	5	5	2	2
1	1	5	8	8	5	1	8	8	3	5	8
1	3	3	5	3	8	2	2	8	5	3	8
2	5	1	1	2	8	3	1	5	3	1	3
8	2	8	3	5	2	1	2	3	1	2	5
8	3	2	8	1	2	5	3	8	2	8	3
1	8	1	3	8	3	5	2	8	8	5	1

Logical Math 143

그림에서 초록색 부분과 파란색 부분이 차지하는 비율은 각각 얼마입니까?

Logical Math 144 보기 1~5 중 파란색 조각에 맞출 수 있는 조각은 어떤 것일까요?

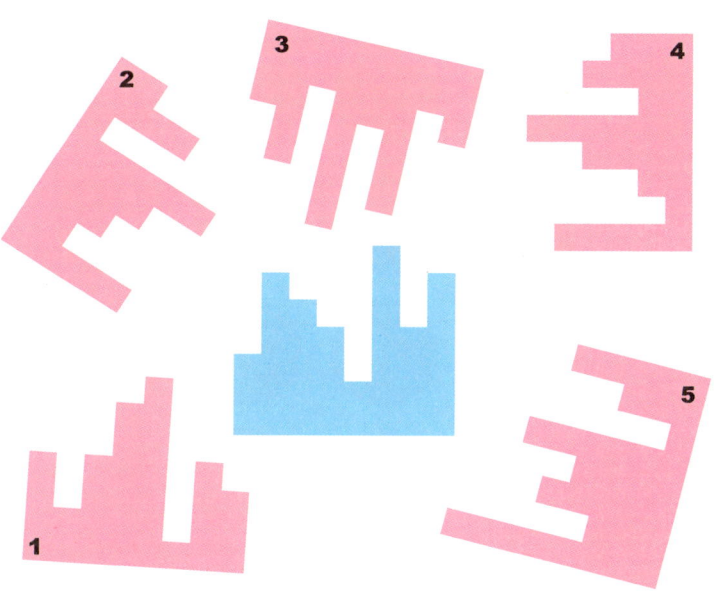

Logical Math 145 안에 있는 파란 동그라미 중 더 큰 것은 무엇입니까?

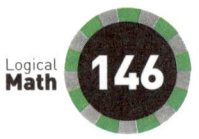

Logical Math 146 정사각형은 숫자 6을 대표합니다. 그렇다면 나머지 도형은 각각 어떤 숫자를 대표할까요?

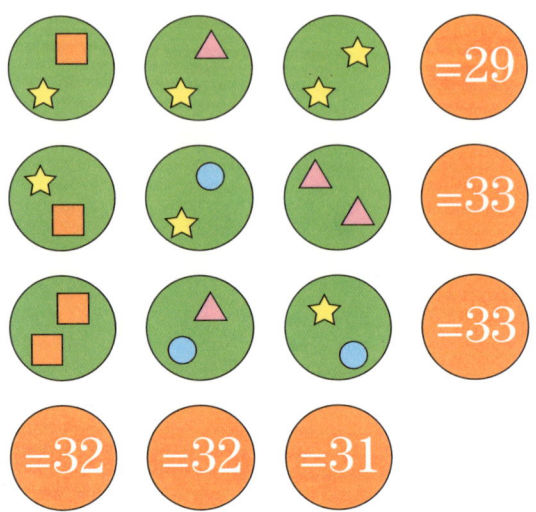

Logical Math 147 보기 중 빈 칸에 들어가야 할 알맞은 그림은 무엇입니까?

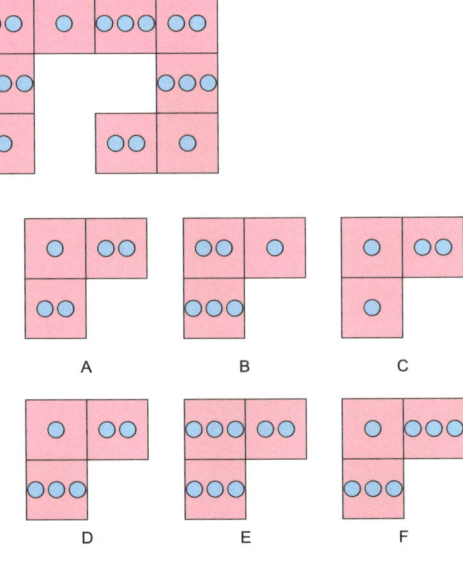

다음 그림에서 동그라미는 모두 몇 개일까요? 하나하나 세어보지 말고, 추정해보세요(주의: 반원은 포함되지 않습니다).

보기 A~E 중 다음 차례에 와야 할 도형은 무엇일까요?

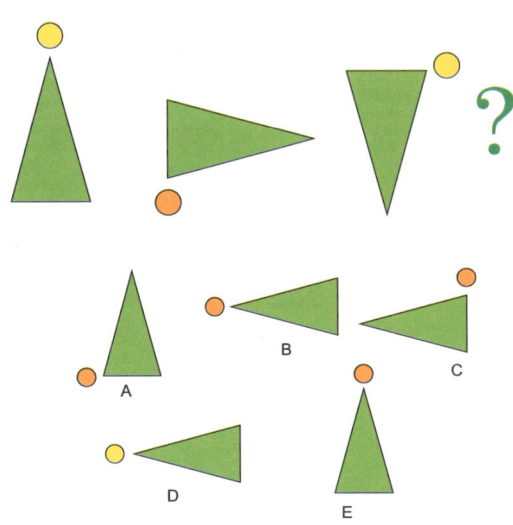

다음 물음표 안에 들어가야 할 도형은 무엇입니까?

151 보기 A, B, C, D, E 중 다음 차례에 와야 할 그림은 무엇일까요?

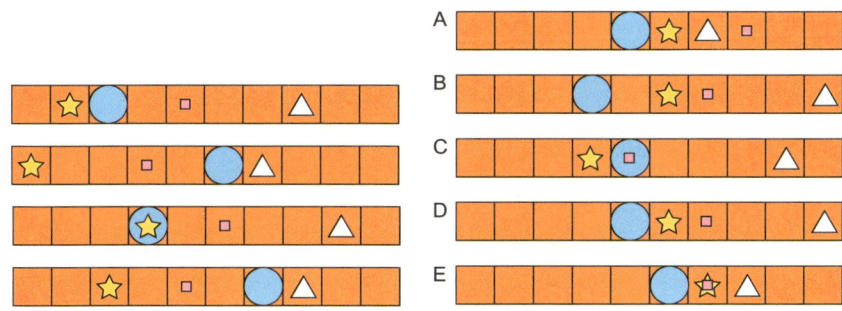

152 물음표 안에 들어가야 할 알맞은 도형은 무엇입니까?

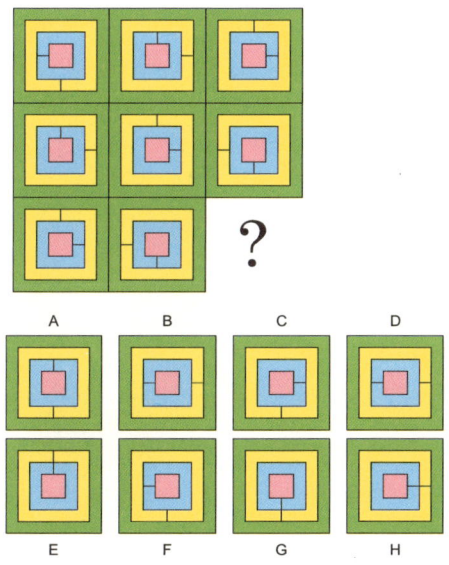

보기 A, B, C, D, E 중 물음표 안에 들어가야 할 도형은 무엇일까요?

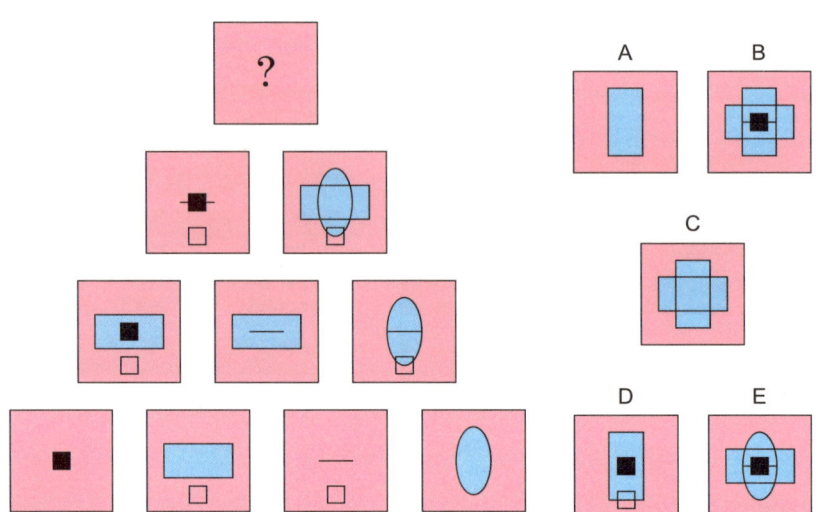

보기 A, B, C, D, E 중 빈 칸에 들어가야 할 알맞은 도형을 찾아보세요.

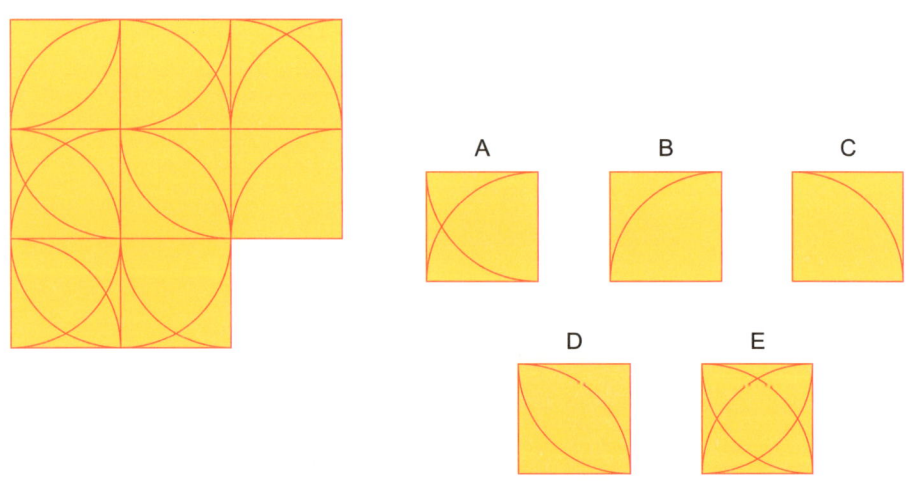

Logical Math 155 성냥개비 여섯 개를 이용하여 육각형을 만들어 놓았습니다. 성냥개비 하나를 추가하고, 단 두 개의 성냥개비를 움직여 똑같은 모양의 마름모 두 개를 만들어보세요.

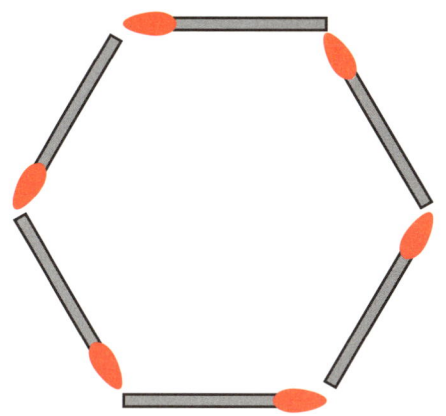

Logical Math 156 저울이 수평을 이루게 하려면, 네 번째 저울 위에 어떤 도형을 올려놓아야 할까요?

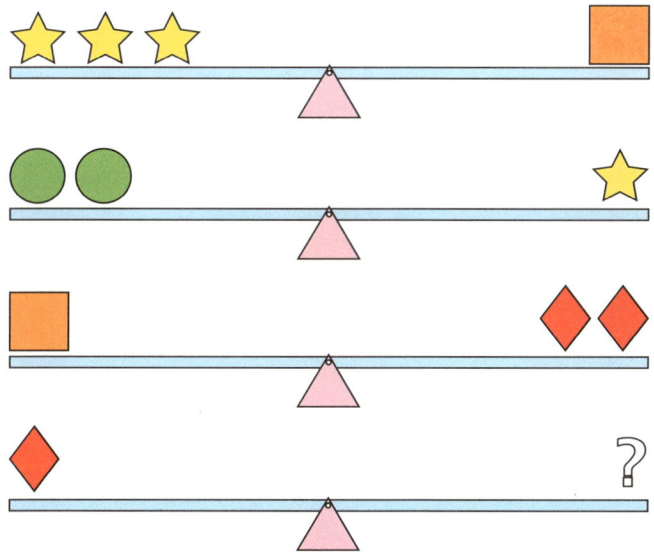

다음은 모두 같은 모양의 상자를 전시해 놓은 것입니다. 그렇다면 마지막 상자의 윗면은 어떤 무늬일까요?

다음 문제를 완성하려면, 물음표 안에 어떤 숫자가 들어가야 할까요?

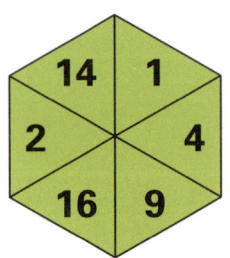

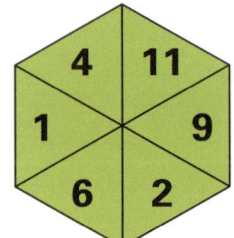

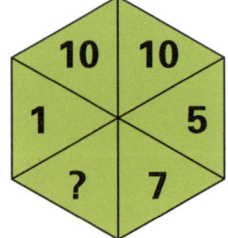

다음은 '좌석표'입니다. 그림에는 모두 열 명의 친구들이 모여 앉아 식사를 하고 있는데요. 5 분 동안 그림을 관찰한 후, 그림을 가리고 문제에 답해보세요.

1. '안'의 옆자리는 누구입니까?
2. '비'는 무엇을 먹고 있습니까?
3. '리'의 맞은편에 앉아 있는 사람은 누구입니까?
4. '걸'과 '론'은 옆자리입니까?
5. 물만두를 먹고 있는 사람은 누구입니까?
6. 완두콩을 먹고 있는 사람은 누구입니까?
7. '나'의 맞은편에 앉은 사람은 무엇을 먹고 있습니까?
8. 배추를 먹고 있는 사람은 누구입니까?

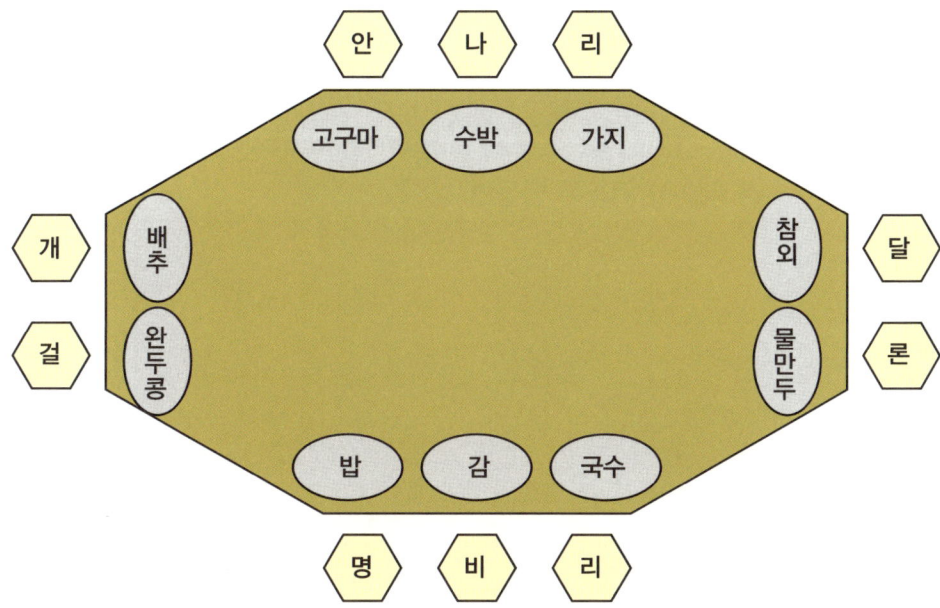

Logical Math 160 그림의 왼쪽 직선의 끝에서 위로 향하는 직선을 이어서 그리면 A가 될까요? 아니면 B가 될까요?

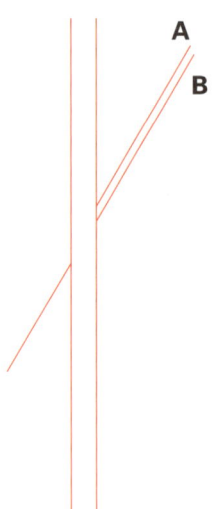

A

B

Logical Math 161 다음 그림에 별 다섯 개를 넣어, 각 항과 각 열에 있는 별의 수가 짝수가 되도록 만들어보세요.

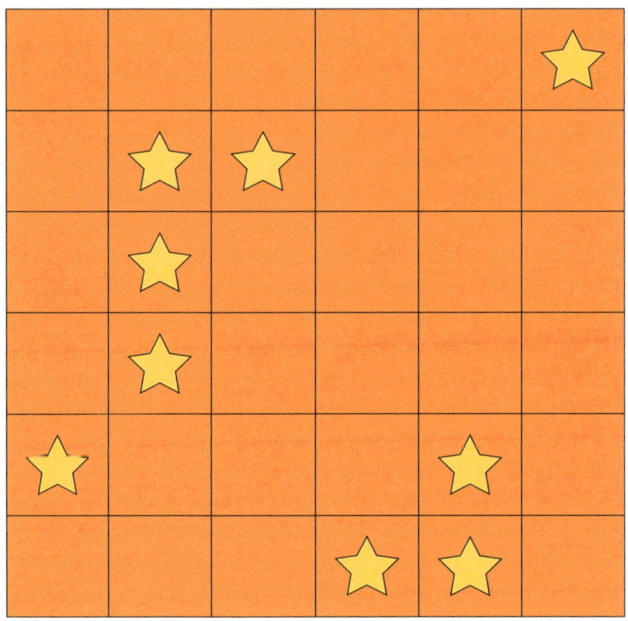

단, 세 개의 선을 그려, 다음 육각형을 정육면체로 만들어보세요.

다음 네 개의 정사각형을 이용하여 모두 몇 개의 서로 다른 모양을 만들 수 있을까요?

 다음 물음표 안에 들어가야 할 알맞은 그림을 그려 넣어보세요.

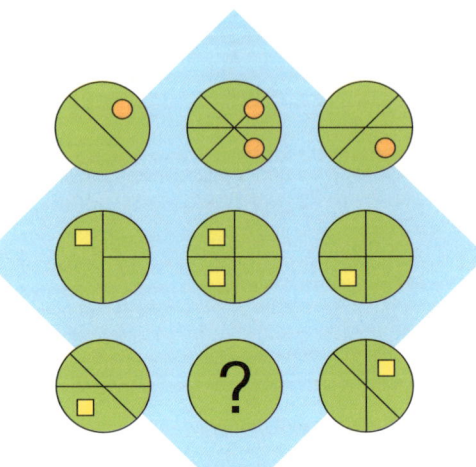

 다음 수수께끼를 완성하려면, 물음표 안에 어떤 숫자가 들어가야 할까요?

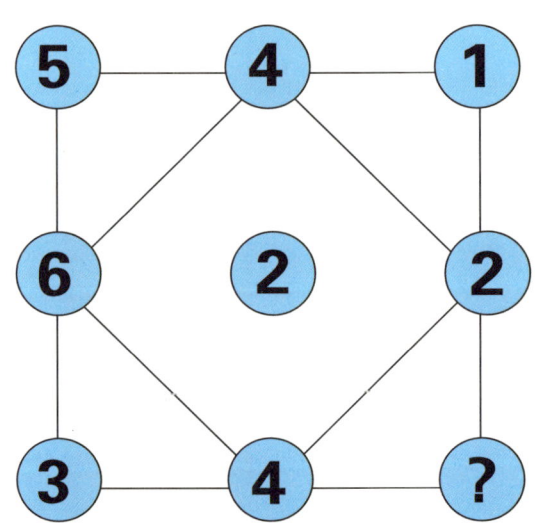

Logical Math 166

보기 A~D 중 다음 빈 칸에 들어가야 할 알맞은 그림은 무엇입니까?

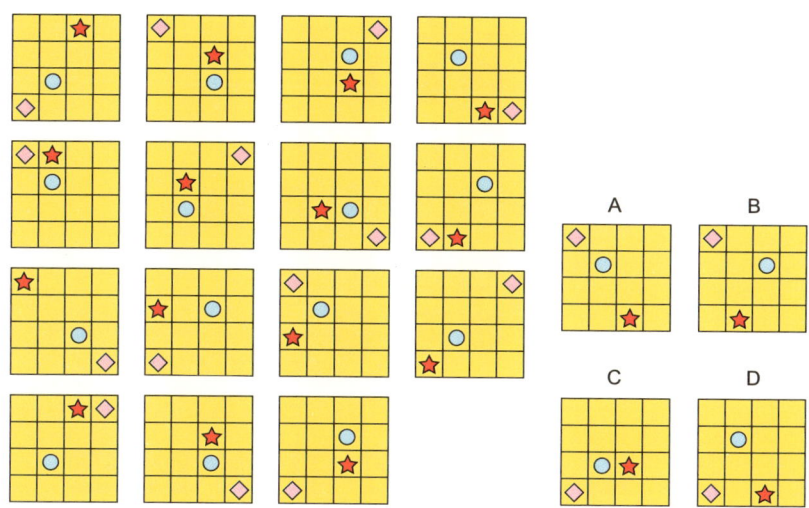

Logical Math 167

빈 칸에 들어가야 할 알맞은 그림을 골라보세요.

Logical Math 168

정중앙에 있는 네모 칸에 들어가야 할 숫자는 무엇일까요?

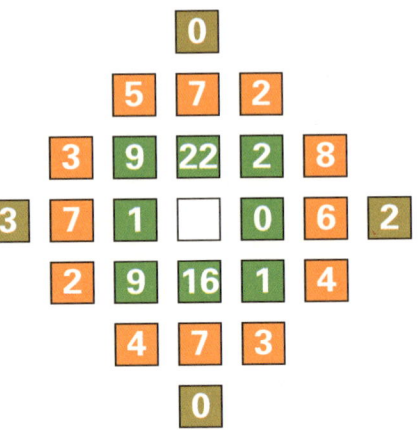

```
            0
        5   7   2
    3   9  22   2   8
3   7   1       0   6   2
    2   9  16   1   4
        4   7   3
            0
```

13 15 17 19 21 23 25 27

Logical Math 169

만약 그림 1과 그림 2가 대응한다면, 그림 3과 대응하는 것은 무엇입니까?

1   2   3

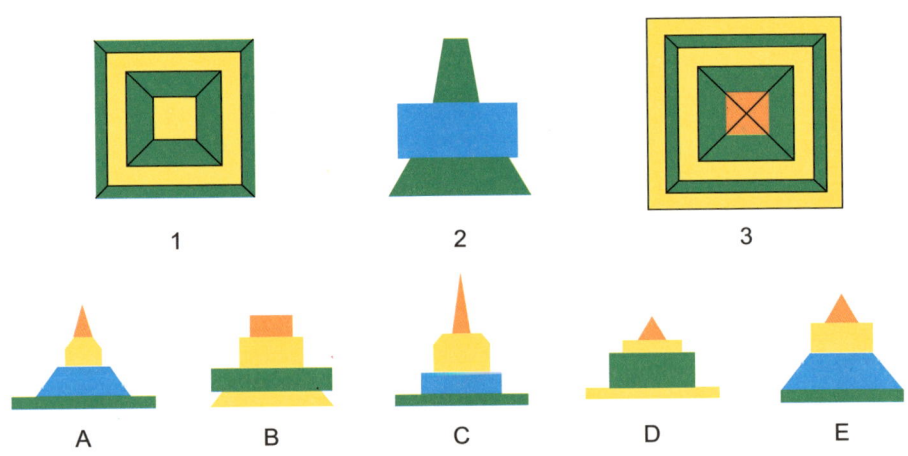

A   B   C   D   E

Logical Math 170 3초 안에 말해보세요. 동그라미는 모두 몇 개입니까?

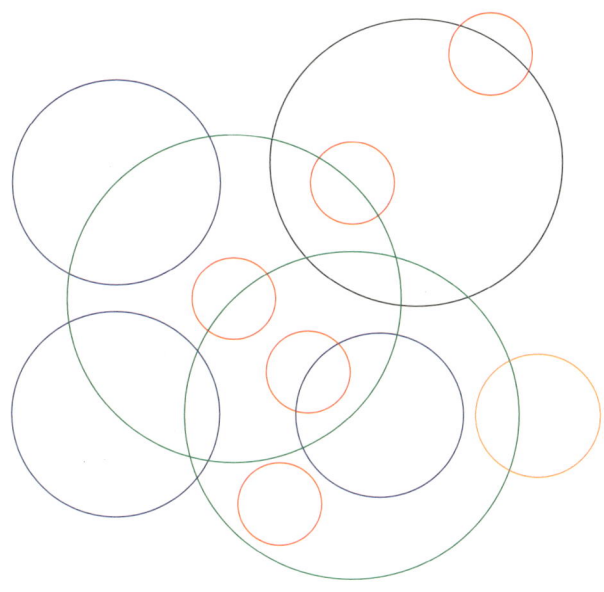

Logical Math 171 정사각형 위에 동그라미 네 개를 놓았습니다. 왼쪽 상단의 동그라미에서 시작하는 직선 세 개를 그려보세요. 단, 세 개의 직선 모두 기점과 종점이 같아야 하며, 각 직선은 하나 혹은 여러 개의 동그라미를 지날 수 있습니다. 또한 동그라미 네 개를 모두 지나야 합니다.

아래 그림 위에 직선 세 개를 그려, 각각의 꽃이 한 부분에 하나 씩 들어가도록 만들어보세요.

숫자 1~8의 숫자를 네모 칸 안에 넣어보세요. 단, 연속되는 두 개의 숫자가 가로, 세로 혹은 대각선에서 서로 만나서는 안 됩니다.

Logical Math 174 그림 A와 B의 관계를 자세히 살펴보세요. 그림 C와 맞는 그림은 어떤 것일까요?

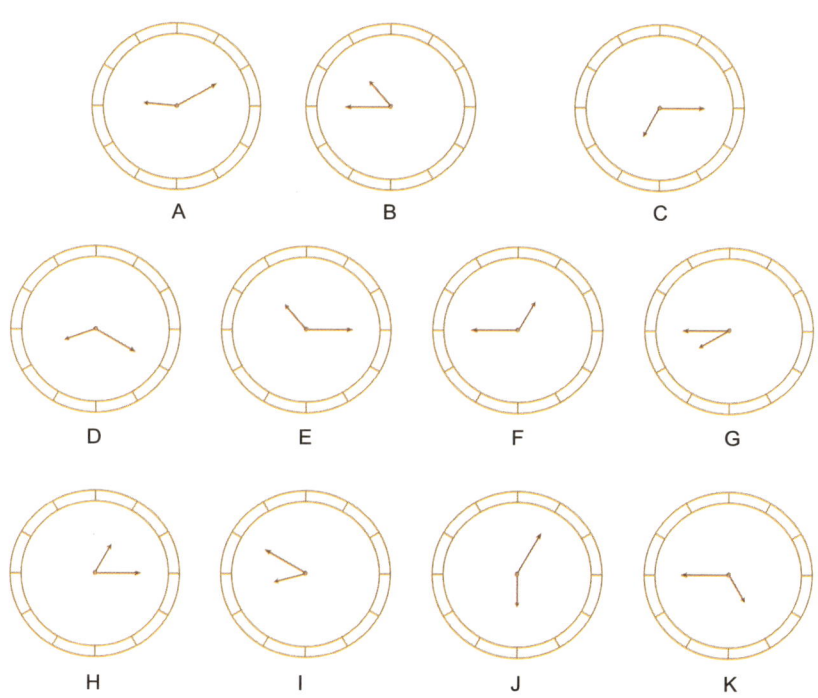

A   B   C

D   E   F   G

H   I   J   K

Logical Math 175 다음 수수께끼를 완성하려면, 세 번째 오각형의 물음표 안에 어떤 숫자가 들어가야 할까요?

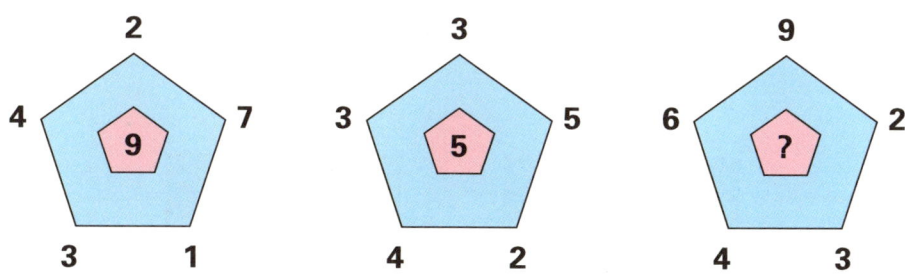

다음 중 빈 칸에 들어가야 할 알맞은 그림은 무엇입니까?

5	3	6	4	8	1	9	7	2	0
5	1	0	2	9	4	7	3	8	6
3	8	1	6	0	2	9	5	7	4
6	7	3	9			8	0	1	5
3	7	4				8	2	9	
2	9	1				4	6	3	
0	8	3	7		5	1	6	4	
7	0	2	4	1	6	3	9	8	5
0	8	1	5	2	4	3	7	9	6
2	6	8	1	3	5	0	9	4	7

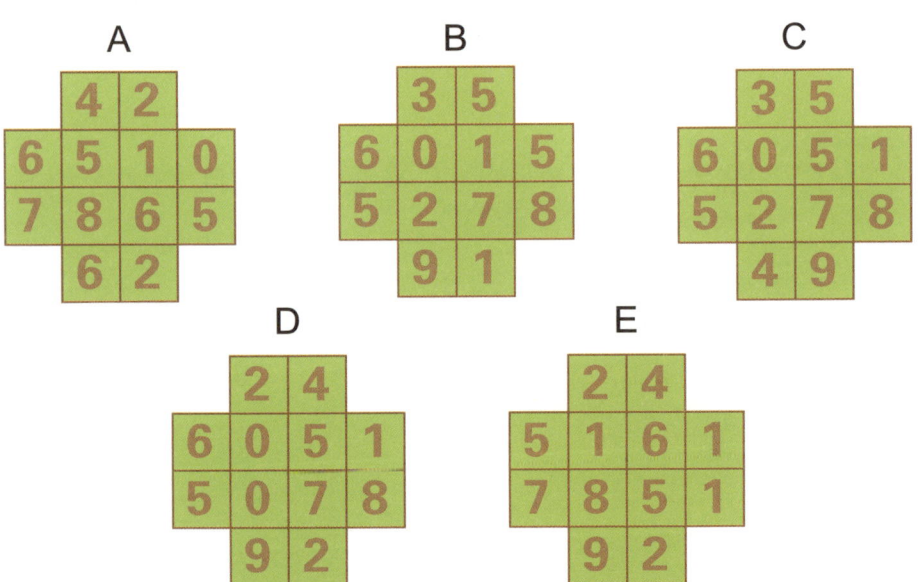

A
	4	2	
6	5	1	0
7	8	6	5
	6	2	

B
	3	5	
6	0	1	5
5	2	7	8
	9	1	

C
	3	5	
6	0	5	1
5	2	7	8
	4	9	

D
	2	4	
6	0	5	1
5	0	7	8
	9	2	

E
	2	4	
5	1	6	1
7	8	5	1
	9	2	

아래 숫자를 알맞은 노랑색 칸 안에 써넣어보세요.

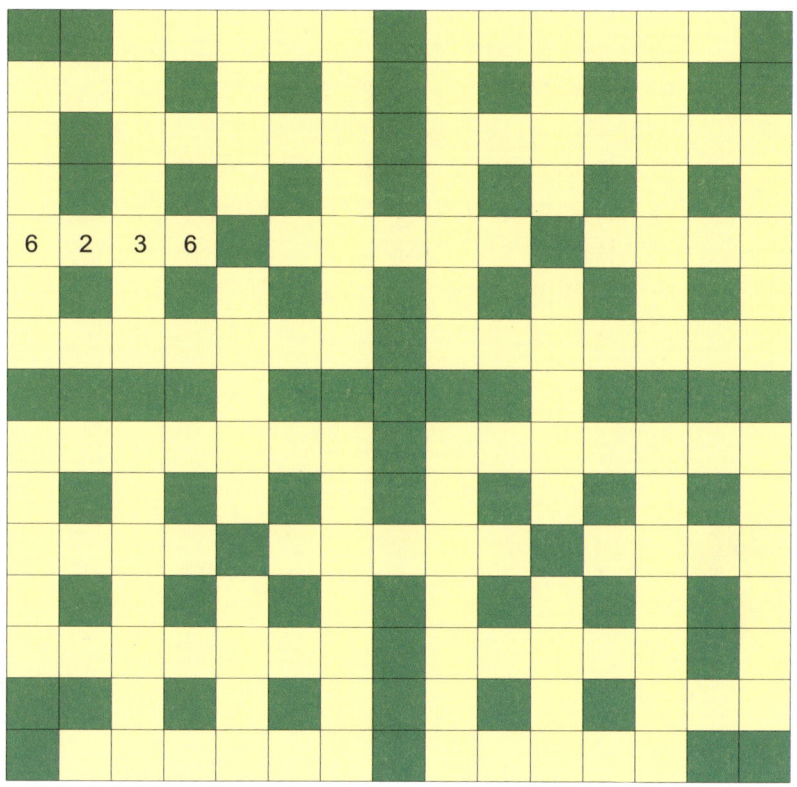

789 966 1464 1772 3039 4398 4960 8287

9832 12089 13246 36975 37270 38943 44198

44925 53720 74084 91131 165889 780664

398713 834046 1704417 1984916 2839056 3420719

3909375 3967984 4075787 4739679 5444495

6580871 6843548 6920783 9041529 9953337

샤오졘은 지금 굉장히 속상합니다. 엄마가 직접 만들어서 보내주신 달콤한 쿠키를 오늘 아침에 전해 받았는데, 포장을 열려고 하는 순간 그녀의 친구 네 명이 우르르 몰려든 것이었어요. 예전에 친구들의 쿠키를 나눠 먹었으니 샤오졘도 쿠키를 나누어 주어야 했지요. 샤오졘은 어쩔 수 없이 엄마가 보내주신 쿠키의 절반과 쿠키 반 조각을 리나에게 주었어요. 그리고 남은 쿠키의 절반과 쿠키 반 조각을 메이에게, 또 남은 쿠키의 절반과 쿠키 반 조각을 아이샤에게 나눠주었어요. 그리고 마지막으로 남아있는 쿠키의 절반과 쿠키 반 조각을 베이베이에게 주었습니다. 이렇게 나눠주고 나니 상자에는 한 조각의 쿠키도 남아있지 않았어요. 그렇다면, 상자 안에는 모두 몇 개의 쿠키가 들어 있었을까요?

Logical Math **179** 다음 차례에 와야 할 도형은 무엇입니까?

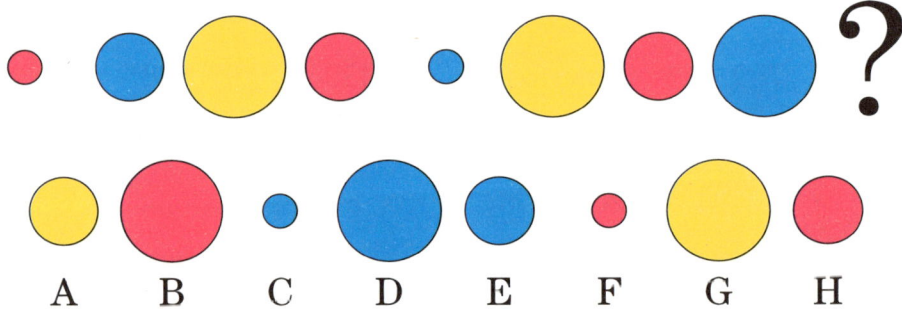

Logical Math 180

다음 정사각형의 4분의 1을 잘라낸 후, 남은 부분을 이용하여 크기와 모양이 같은 네 개의 도형을 만들어보세요.

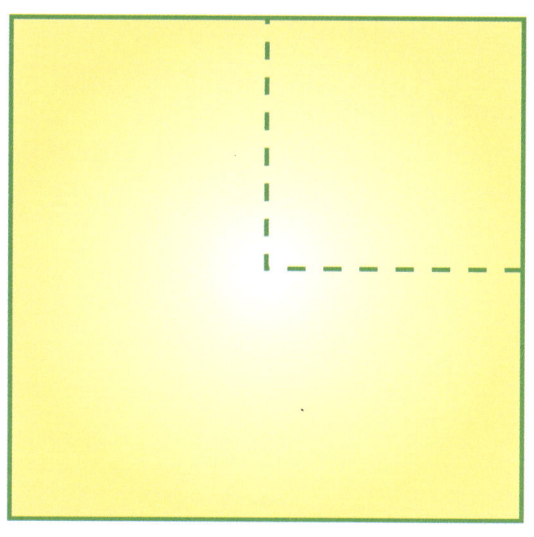

Logical Math 181

네 번째 시계의 분침은 몇 분을 가리켜야 할까요?

아래 그림 중 물음표를 둘러싸고 있는 동그라미 안에는 각각 도형과 선이 그려져 있으며, 다음 규칙에 따라 가운데 원 안으로 이동할 수 있습니다. 밖을 둘러싸고 있는 동그라미 중,

어떤 도형 혹은 선이 한 개일 경우, 이동합니다.

어떤 도형 혹은 선이 두 개일 경우, 이동할 수도 있습니다.

어떤 도형 혹은 선이 세 개일 경우, 이동합니다.

어떤 도형 혹은 선이 네 개일 경우, 이동할 수 없습니다.

그렇다면 보기 A, B, C, D, E 중 가운데 들어가야 할 그림은 무엇일까요?

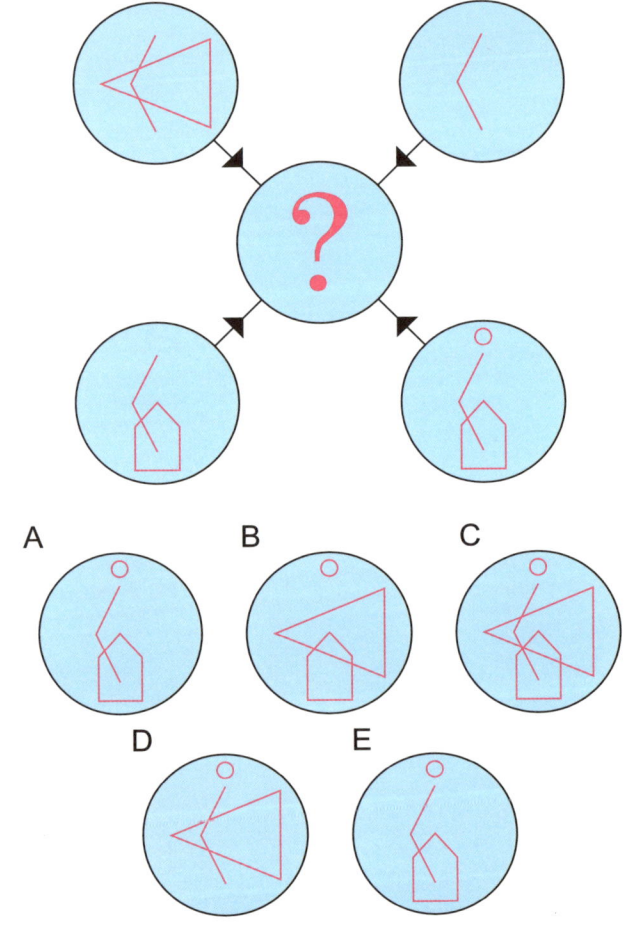

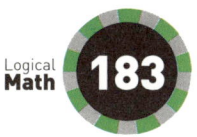

183 아래 도형 중 삼각형은 모두 몇 개입니까?

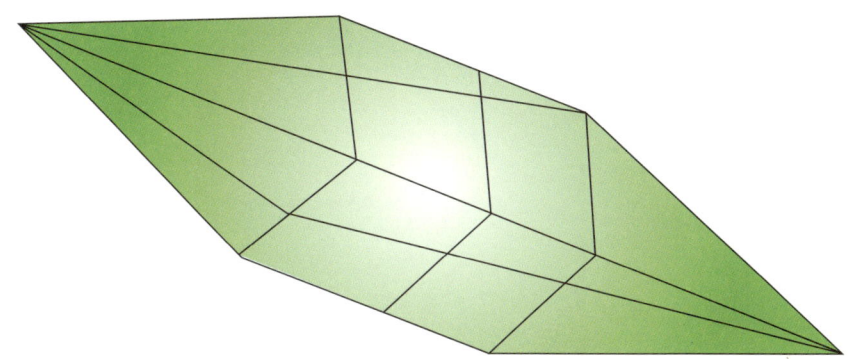

184 다음 차례에 와야 할 그림은 무엇일까요?

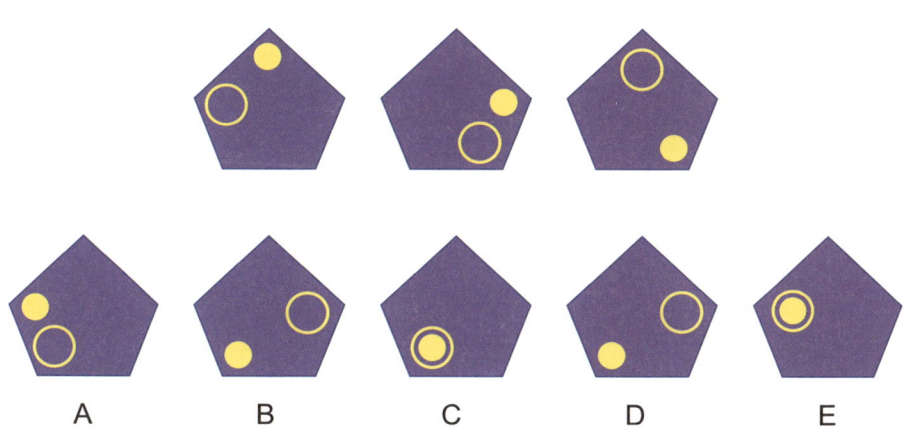

A   B   C   D   E

Logical Math 185 다음 사다리꼴을 잘라 같은 모양의 작은 사다리꼴 네 개를 만들어보세요.

Logical Math 186 보기 중 두 개의 그림을 맞추어 동그라미를 만들 수 있습니다. 무엇과 무엇일까요?

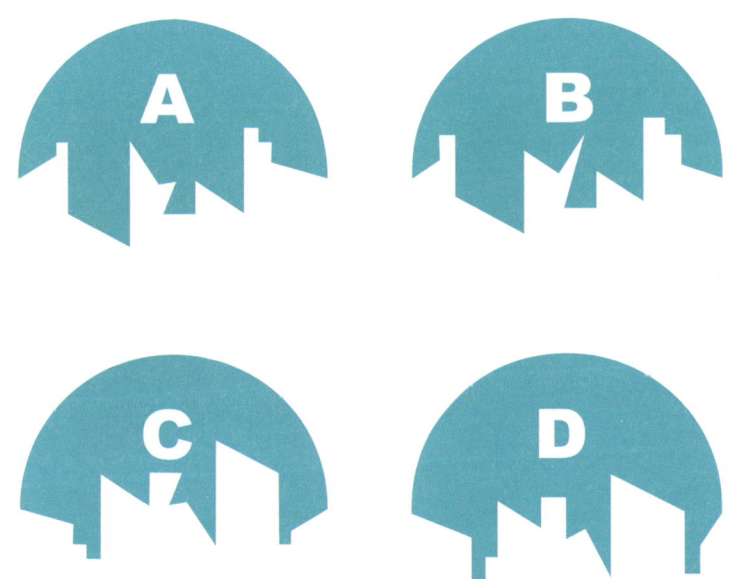

Logical Math **187** 빈 칸에 들어가야 할 알맞은 그림은 무엇입니까?

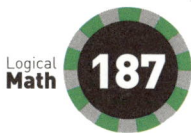

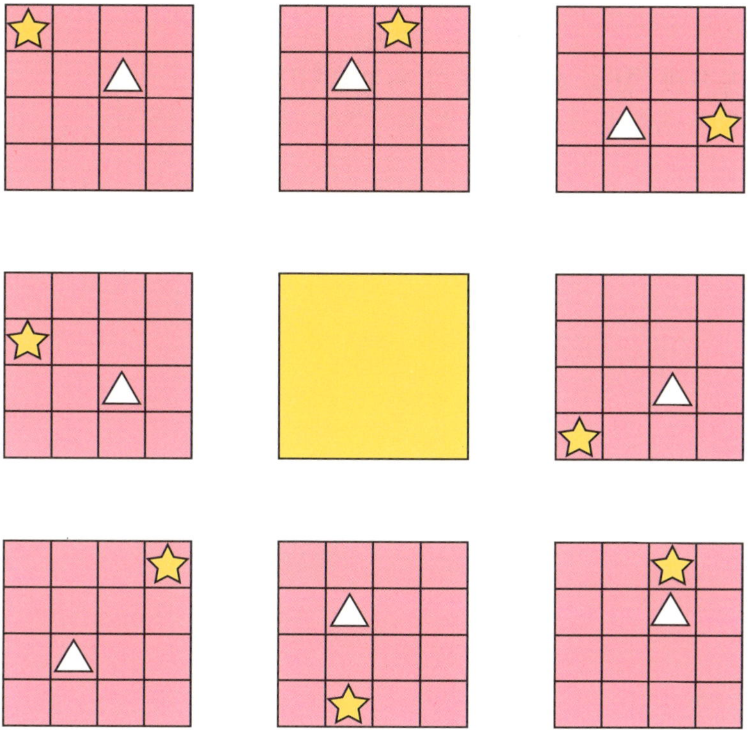

A B C

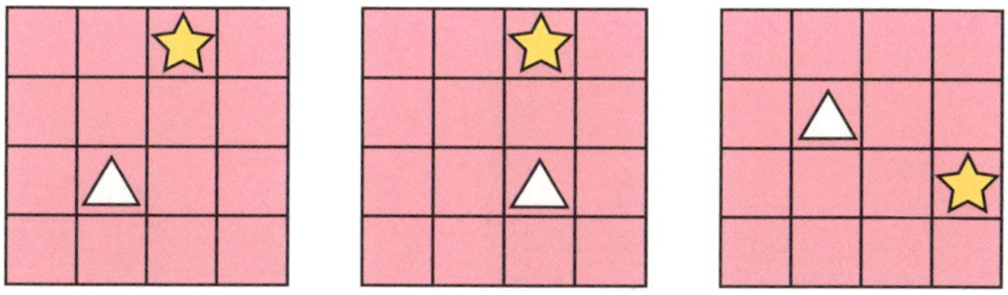

D E F

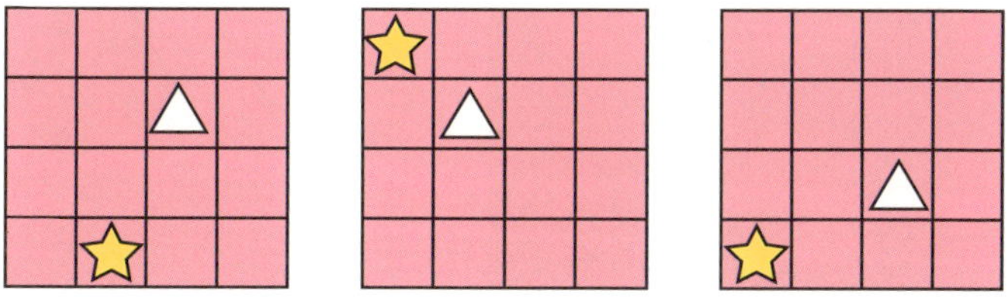

Logical Math **188** 다음은 일본의 유명한 '창고정리 게임'입니다. 이 게임에서는 당신이 창고관리원이 되어야 합니다. 일단, 그림의 모든 '짐'을 출구를 통해 옮겨주세요. 게임 규칙은 다음과 같습니다.

1. 가로 혹은 세로로 움직일 수 있습니다.
2. 두개의 '짐'을 동시에 옮길 수 없습니다.
3. 뒤로 움직일 수 없으며, X 표시에서 시작해야 합니다.

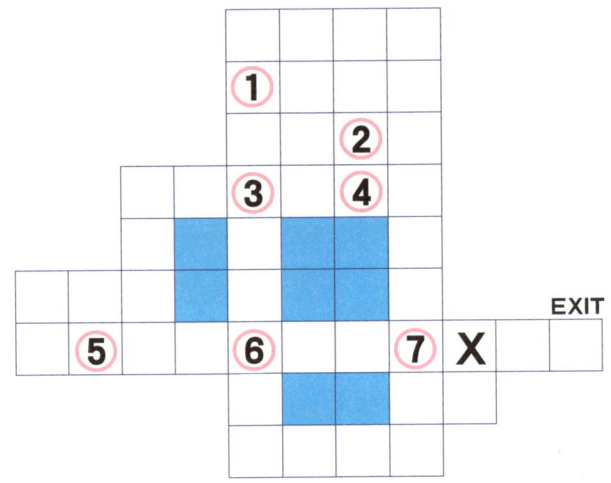

Logical Math **189** 보기 A~F 중 다음 빈 칸에 들어가야 할 알맞은 육각형은 무엇일까요?

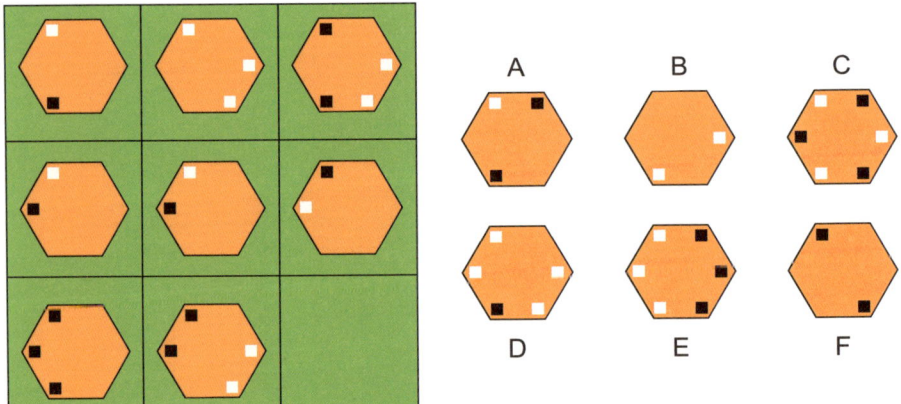

190

열여섯 개의 성냥개비를 이용하여 크기와 모양이 같은 여덟 개의 삼각형을 만들어 놓았습니다. 성냥개비 네 개를 빼내어 네 개의 삼각형을 만들어보세요. 단, 각각의 삼각형이 따로 놓여 있어야 합니다.

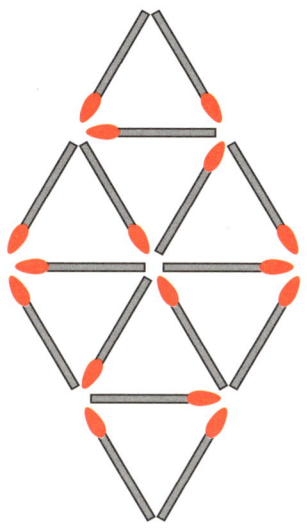

191

보기 B, C, D, E 중 A를 접어 완성할 수 있는 정육면체는 무엇입니까?

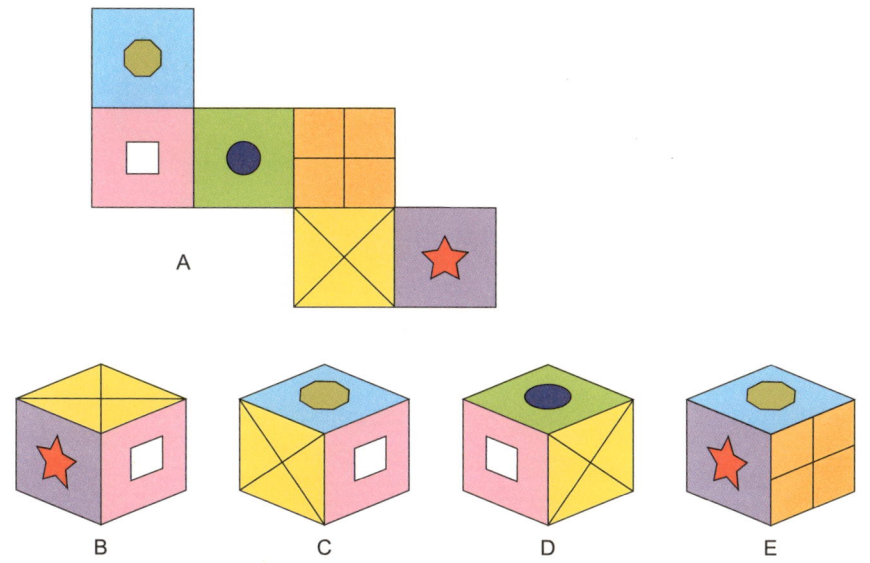

A

B   C   D   E

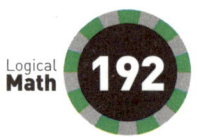

Logical Math **192** 아래 게임 판에 바둑돌이 다른 바둑돌과 같은 직선 위에 놓이지 않도록 일곱 개의 바둑돌을 놓아보세요.

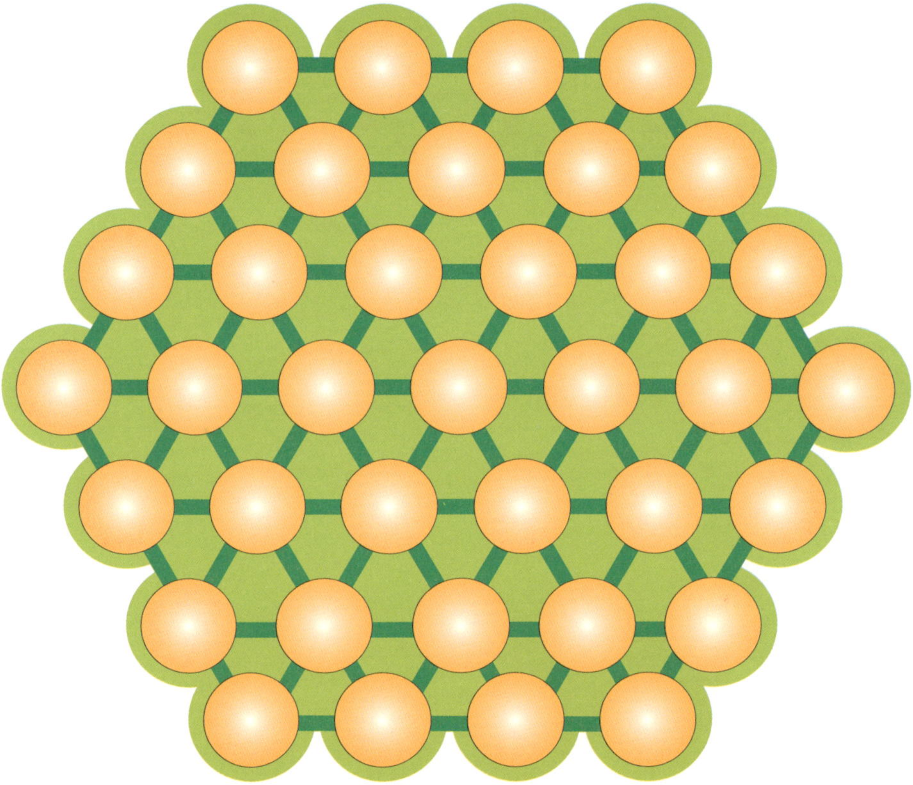

193 만약 그림 1과 그림 2가 대응한다면, 그림 3과 대응하는 것은 무엇일까요?

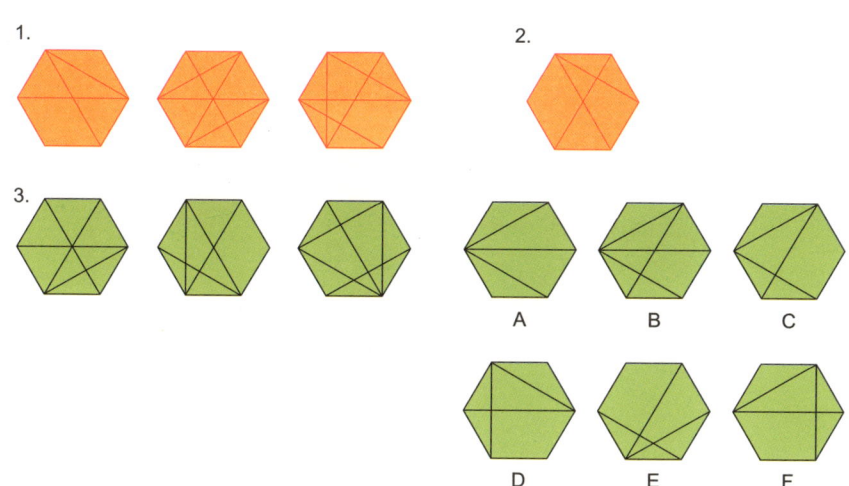

194 다음 물음표 안에 들어가야 할 알맞은 수를 넣어보세요.

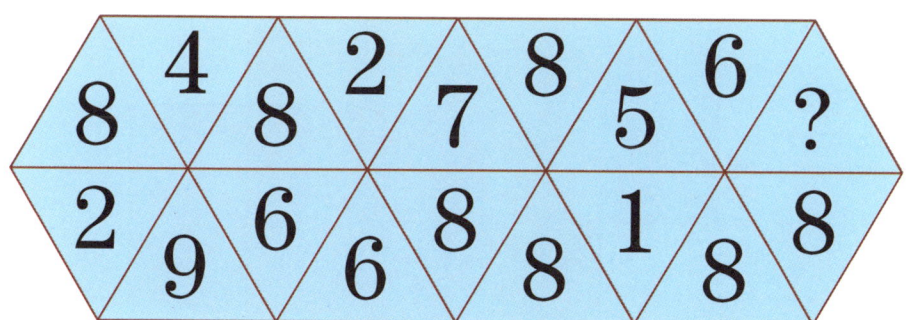

Logical Math 195

아래에서 오른쪽으로만 갈 수 있으며, 후퇴는 할 수 없습니다.
'갈림길'에서는 위쪽, 아래쪽, 혹은 앞으로 전진할 수 있습니다.
출발점에서 도착점까지 갈 수 있는 길은 모두 몇 개일까요?

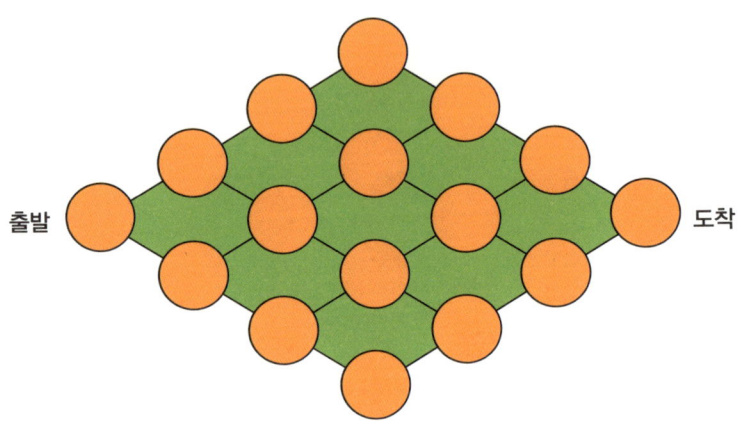

출발   도착

Logical Math 196

단 한 번에 아래의 그림을 그려보세요. 연필이 종이와 떨어져서
는 안 되며, 선이 중복되어서도 안 됩니다.

197 아래 그림은 일정한 순서에 따라 나열된 것입니다. 그렇다면, 보기 A~E 중 다음 차례에 와야 할 그림은 무엇일까요?

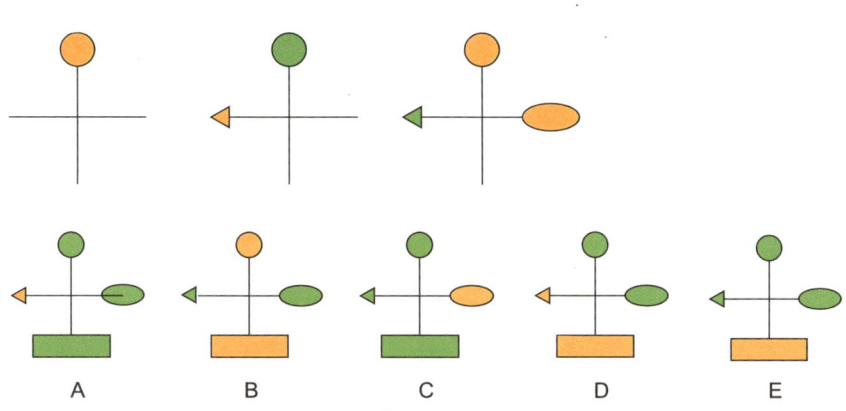

198 보기 A, B, C, D, E 중 다음 차례에 와야 할 그림은 어느 것입니까?

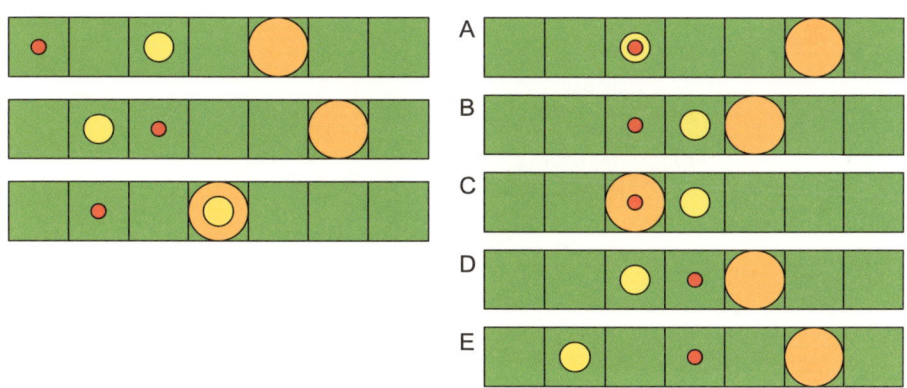

Logical Math **199**

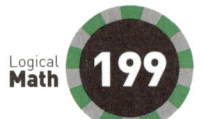

문제1: 다음 그림을 자세히 관찰해보세요. 완전한 정육면체를 만들려면, 빈 칸에 모두 몇 개의 블록이 들어가야 할까요?

문제2: 다음 그림 중 눈에 보이지 않는 블록은 모두 몇 개일까요?

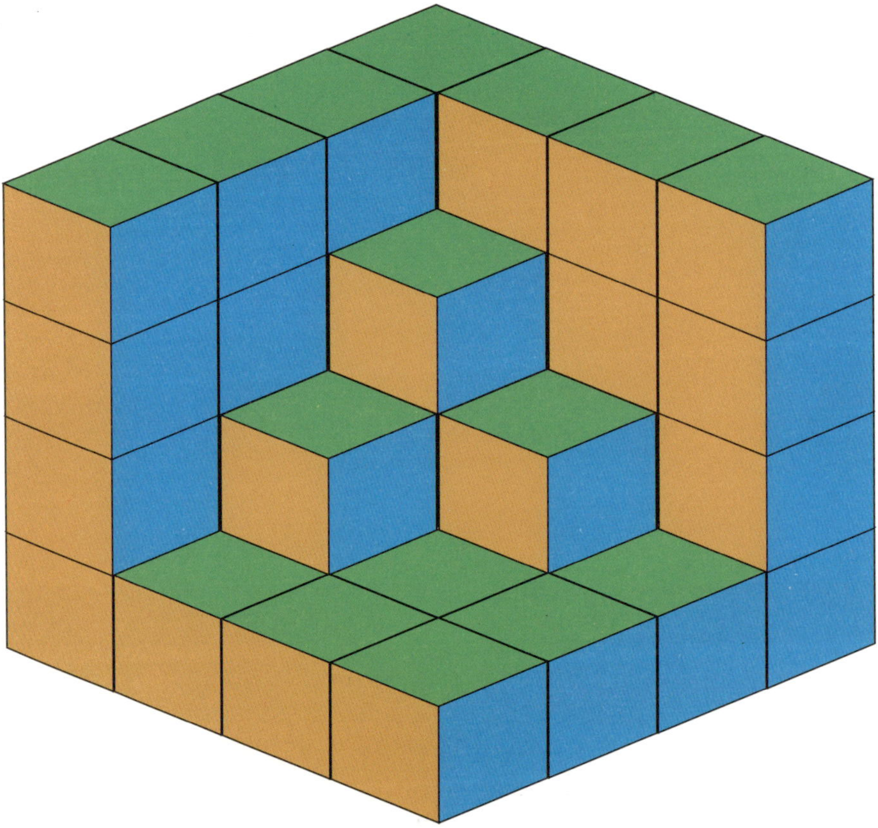

Logical Math 200 아래 여섯 개의 그림은 5X5의 국제 표준 바둑판을 나누어 놓은 것입니다. 다시 맞추어 원래의 모양으로 만들어 주세요.

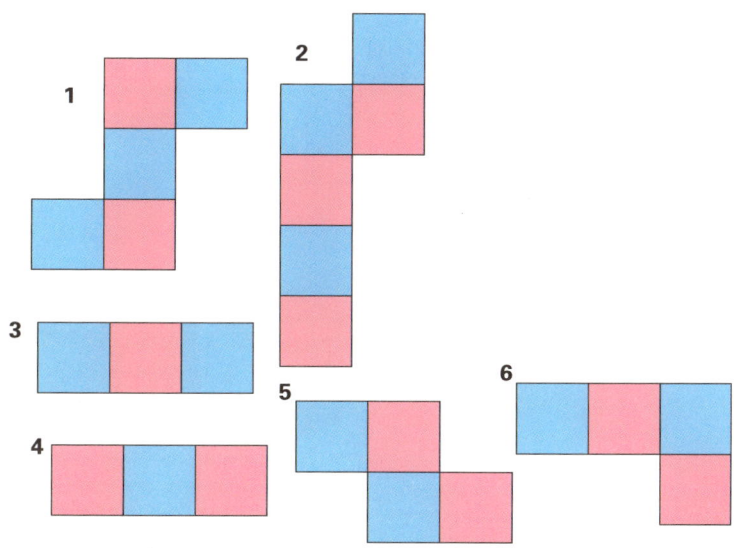

Logical Math 201 가장 마지막 원의 물음표 안에 들어가야 할 숫자를 맞혀보세요.

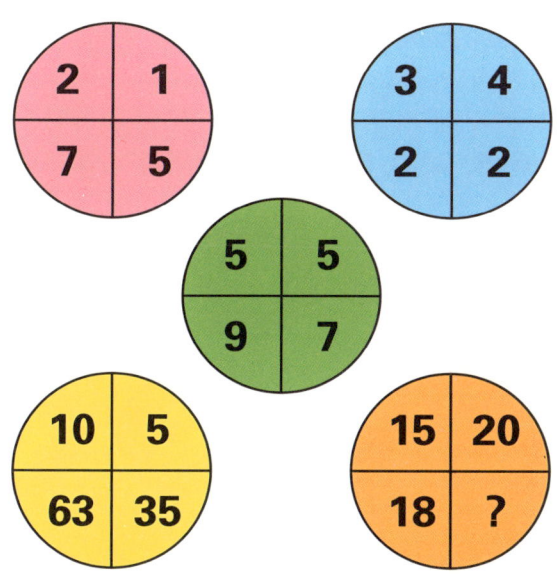

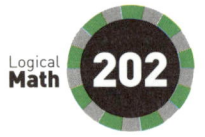

Logical Math 202

보기 B, C, D, E, F, 다섯 개의 보기 중 A를 접어 완성할 수 있는 정육면체는 무엇입니까?

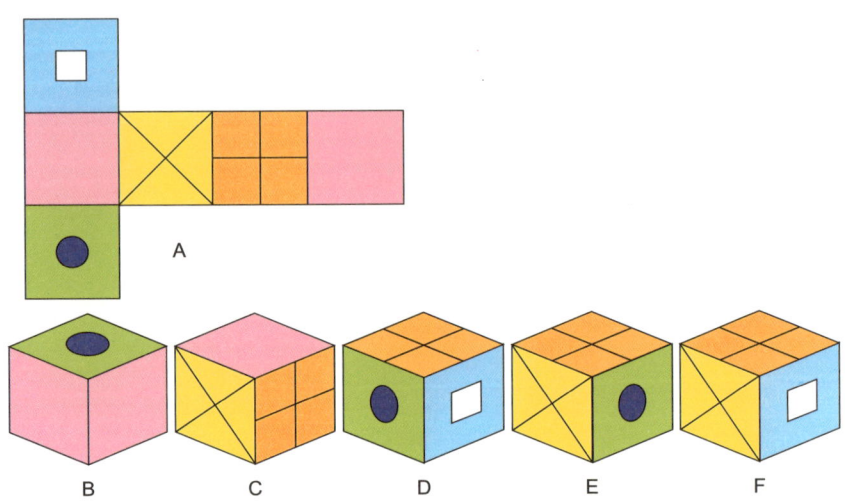

A

B   C   D   E   F

Logical Math 203

아래 그림 중 물음표를 둘러싸고 있는 동그라미 안에는 각각 도형과 선이 그려져 있으며, 다음 규칙에 따라 가운데 원 안으로 이동할 수 있습니다. 밖을 둘러싸고 있는 동그라미 중,
어떤 도형 혹은 선이 하나 일 경우, 이동합니다.
어떤 도형 혹은 선이 두 개일 경우, 이동할 수도 있습니다.
어떤 도형 혹은 선이 세 개일 경우, 이동합니다.
어떤 도형 혹은 선이 네 개일 경우, 이동할 수 없습니다.
그렇다면 보기 A, B, C, D, E 중 가운데 들어가야 할 그림은 무엇일까요?

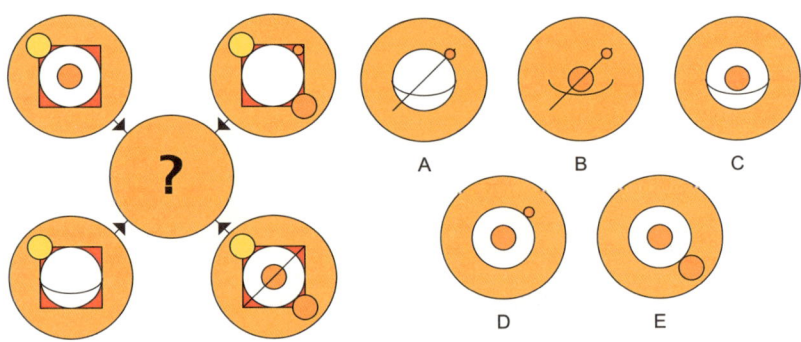

A   B   C

D   E

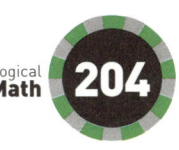

다음 보기 중 물음표 안에 들어가야 할 그림은 무엇일까요?

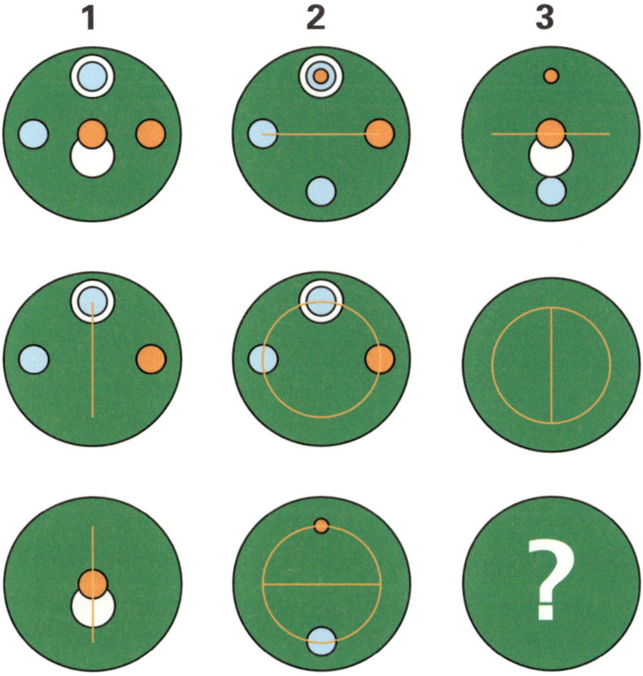

1   **2**   **3**

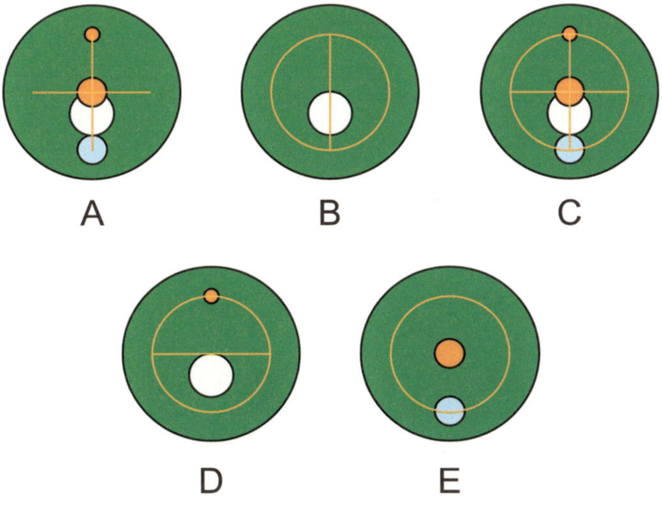

A   **B**   **C**

D   **E**

205 보기 A~E 중 빈 칸에 들어가야 할 그림은 무엇입니까?

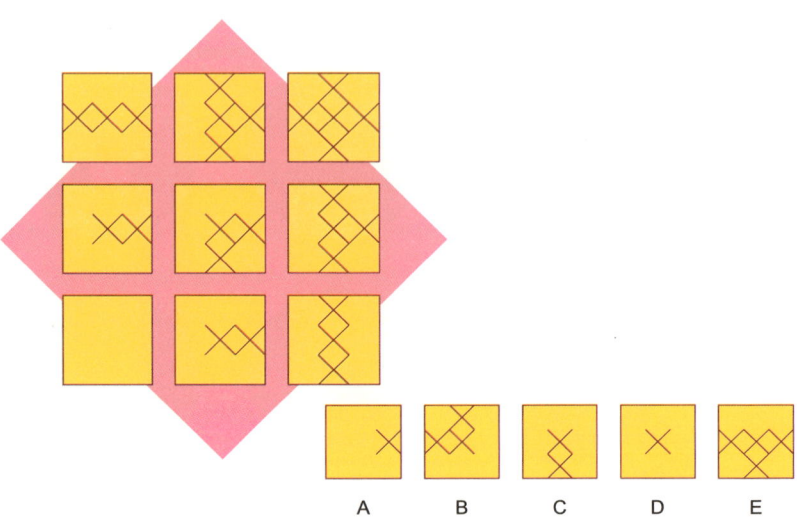

206 우산을 위에서 내려 본다면 어떤 모양일까요?

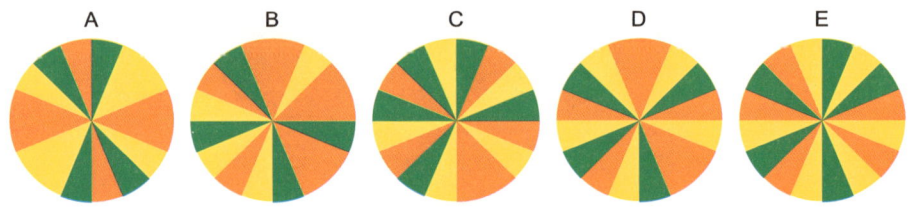

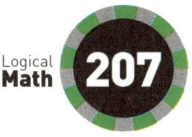

다음 보기 중 아래의 도형을 이용하여 완성할 수 있는 천막은 무엇일까요?

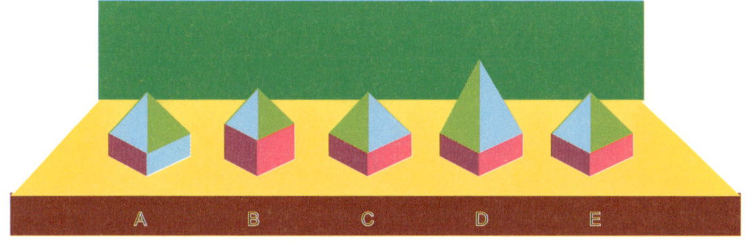

보기 A~E 중 빈 칸에 들어가야 할 알맞은 무늬를 골라보세요.

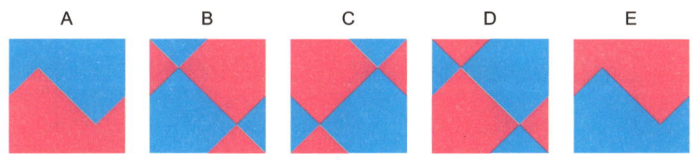

Logical Math **209**

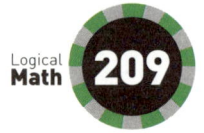

다음 정육면체 안에 숫자 0~15를 써넣어주세요. 단, 아래에 표시되어 있는 그림 여덟 개의 동그라미 안의 숫자 합은 각각 60이 되어야 합니다.

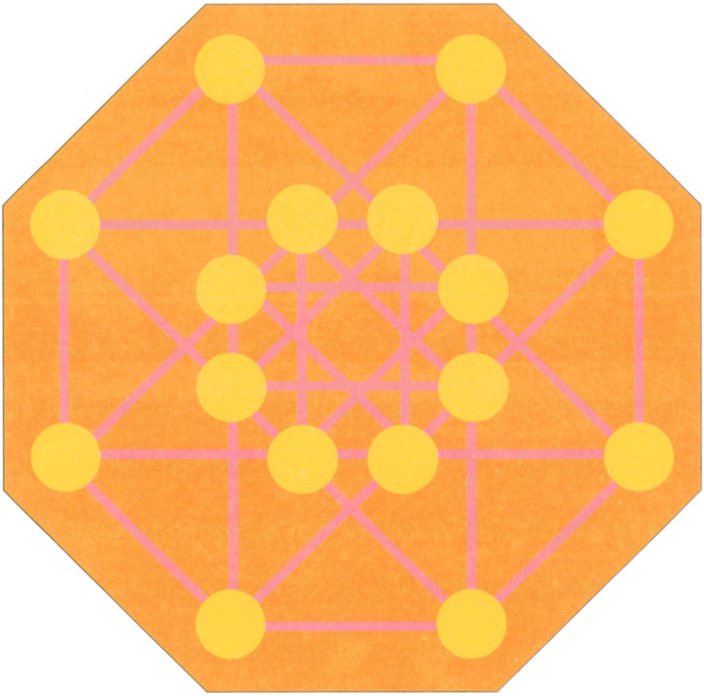

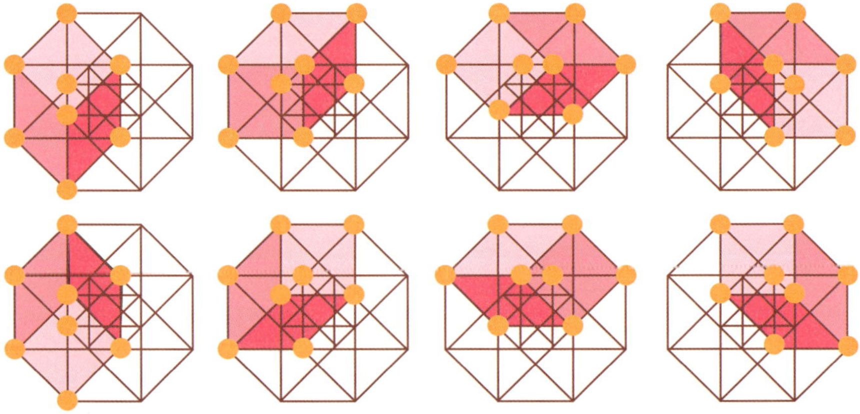

210 다음 보기 중 빈 칸에 들어가야 할 알맞은 정사각형은 무엇입니까?

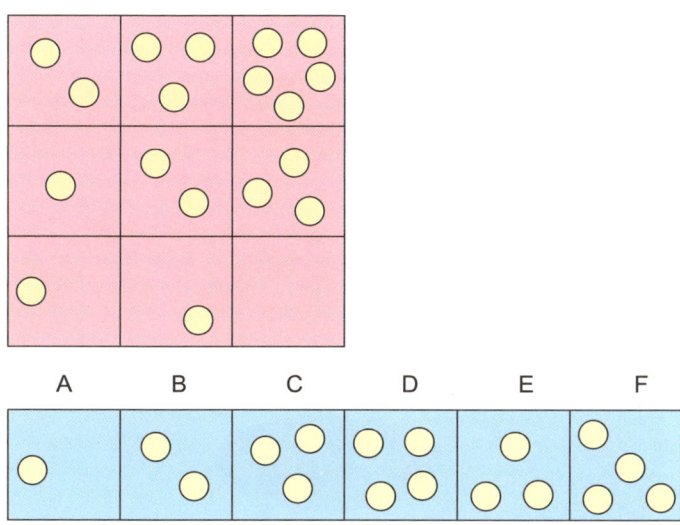

211 보기 A~E 중 다음 물음표 안에 들어가야 할 육각형을 찾아보세요.

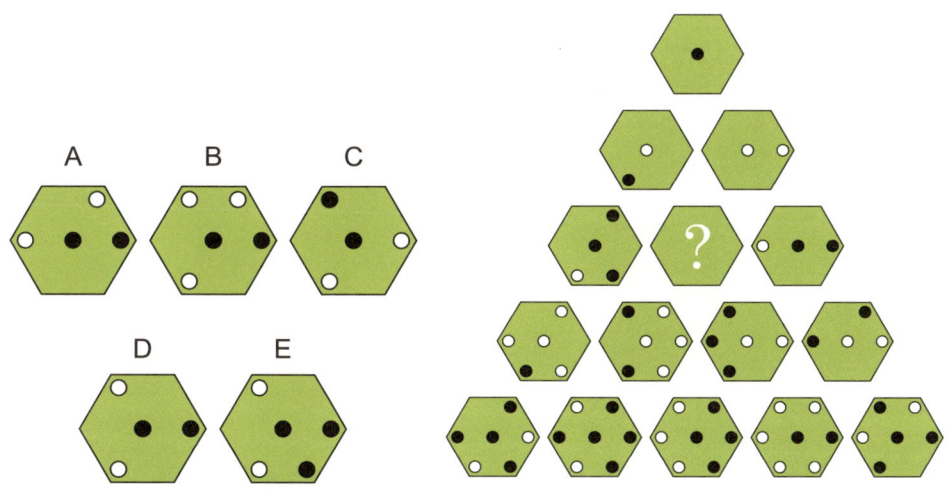

다음 중 나머지 그림과 다른 하나는 무엇일까요?

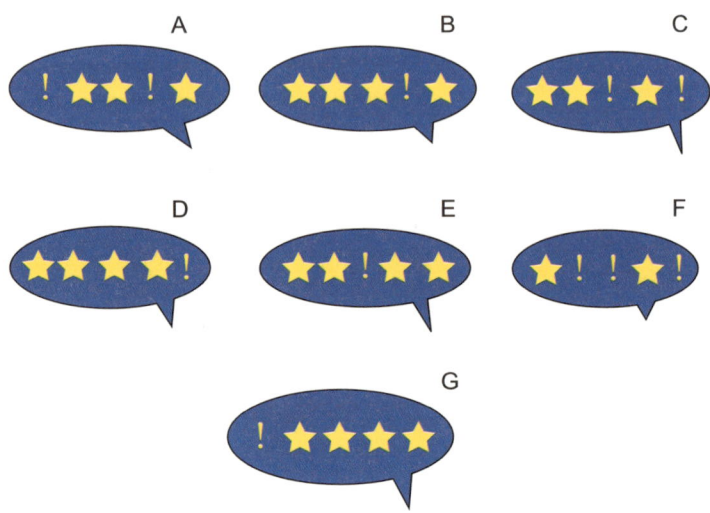

아래 그림은 일정한 순서에 따라 나열된 것입니다. 다음 차례에
와야 할 그림은 무엇일까요?

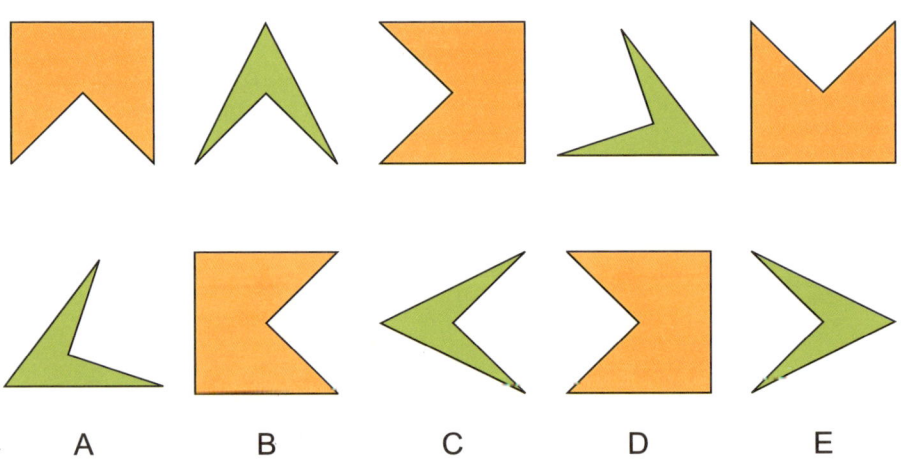

아래 케이크를 그림과 같이 세 번 잘랐습니다. 그렇다면 케이크 가 총 몇 조각이나 나올까요?

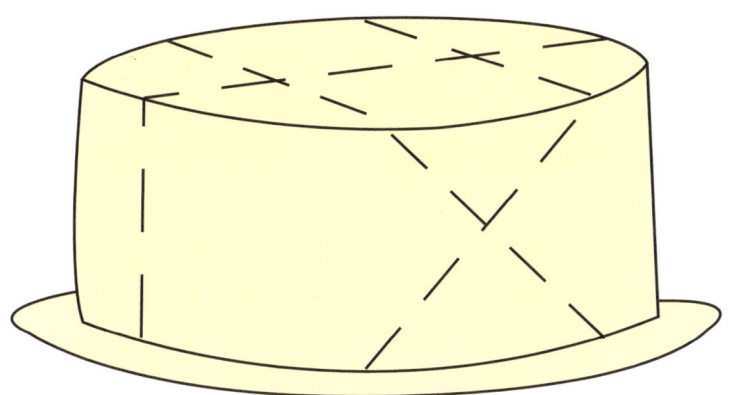

세 개의 성냥개비를 빼내어 정사각형 세 개로 만들어보세요.

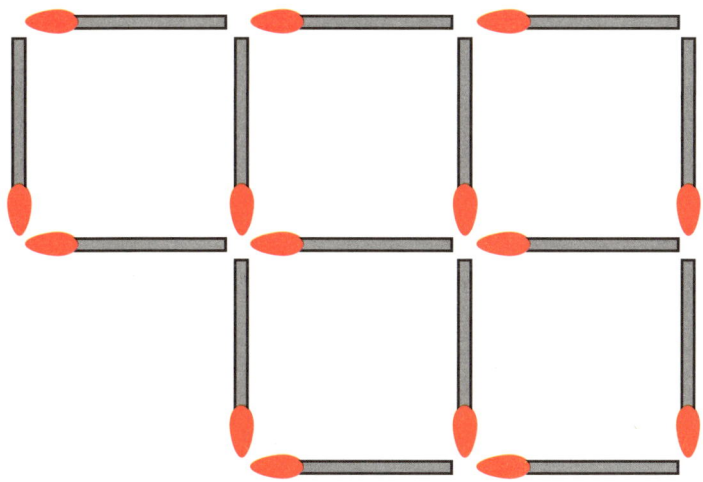

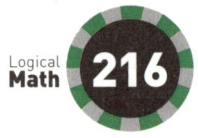
마지막 도미노의 윗부분에는 몇 개의 점이 찍혀있어야 할까요?

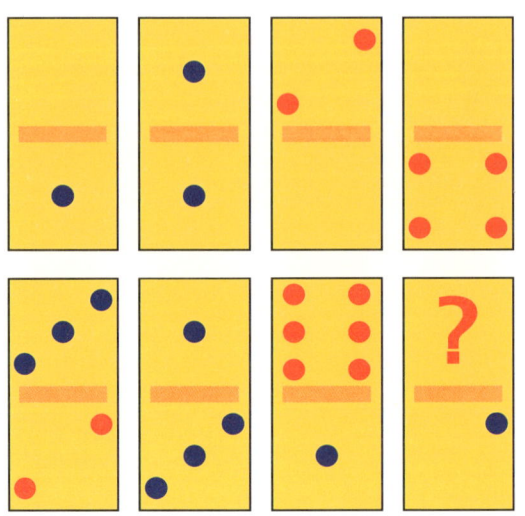

이 수수께끼를 완성하려면 다음 물음표 안에 어떤 숫자가 들어가야 할까요?

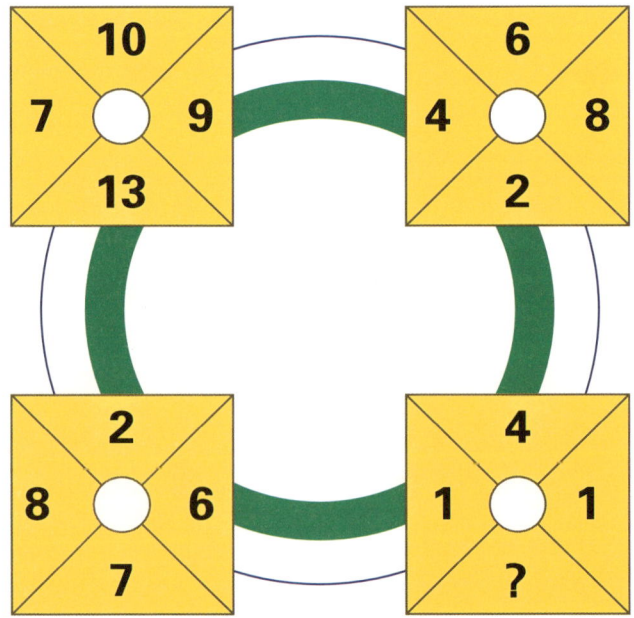

Logical Math **218**

보기 A~D 중 그림이 같은 한 쌍은 어떤 것일까요?

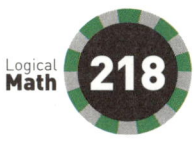

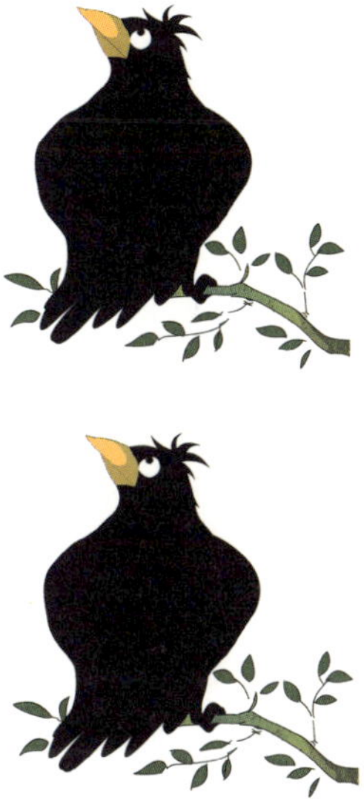

A

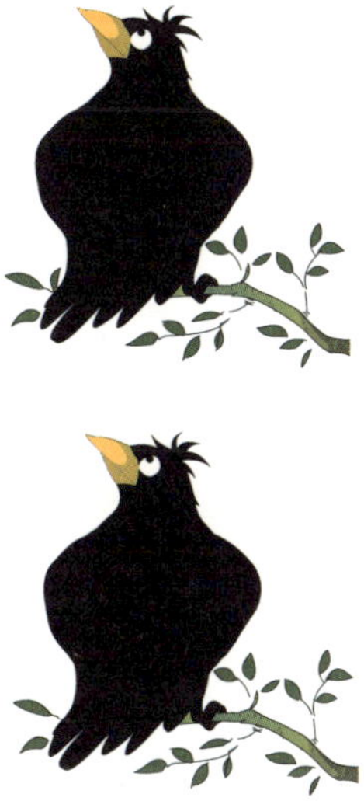

B

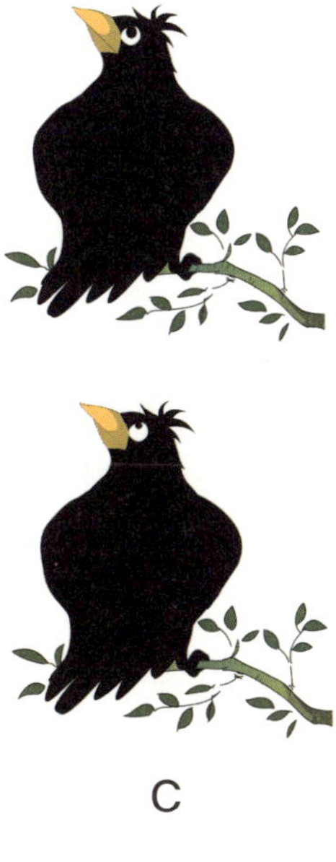

C

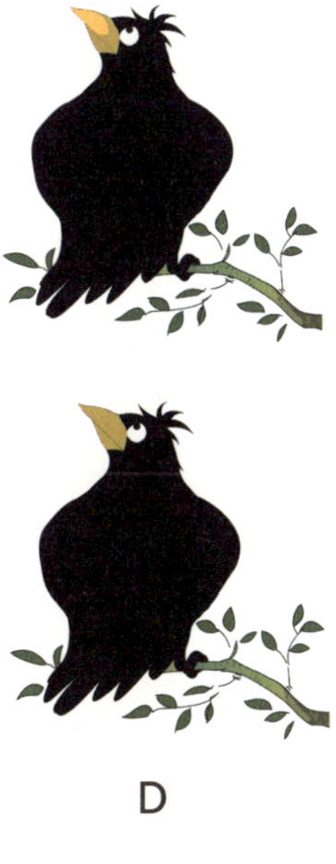

D

다음 물음표에 들어가야 할 알맞은 도형을 맞혀보세요.

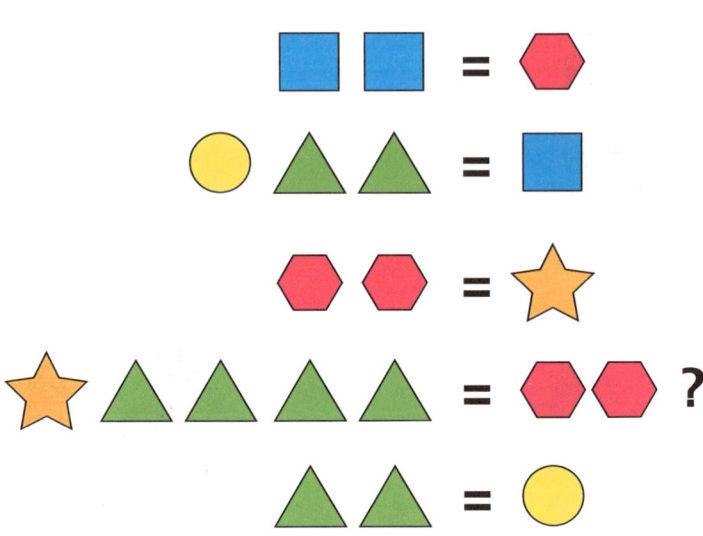

빈 칸에 알맞은 그림을 그려 넣어 수수께끼를 완성해보세요.

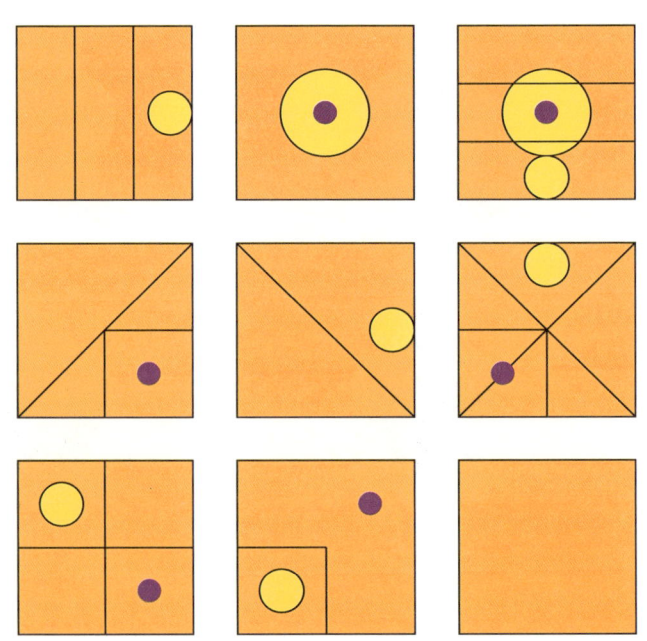

221 아래의 퍼즐 조각을 맞추면 과연 어떤 숫자가 완성될까요?

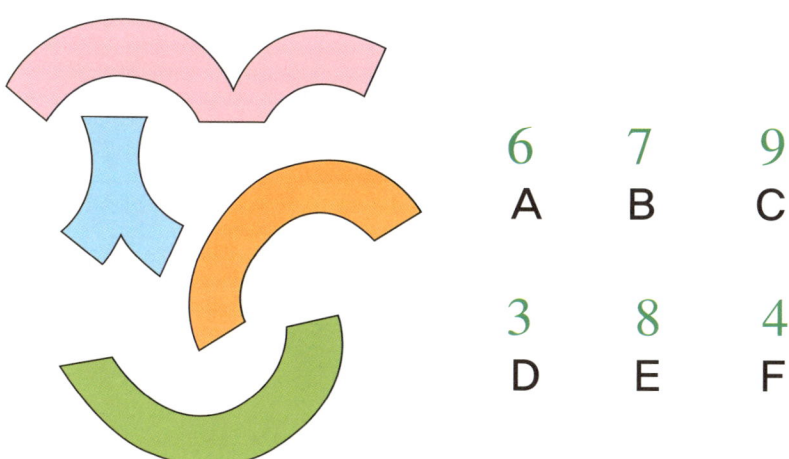

6	7	9
A	B	C

3	8	4
D	E	F

222 빈 칸에 들어가야 할 알맞은 숫자는 무엇입니까?

59	64	3	2	81	70
2	19	80	37	6	45
40	5	12	69	37	8
18		56	40	2	39
67	38	49	1	50	2
3	20	7	58	49	16

보기 A~E 중 다음 빈 칸에 들어가야 할 그림은 무엇입니까?

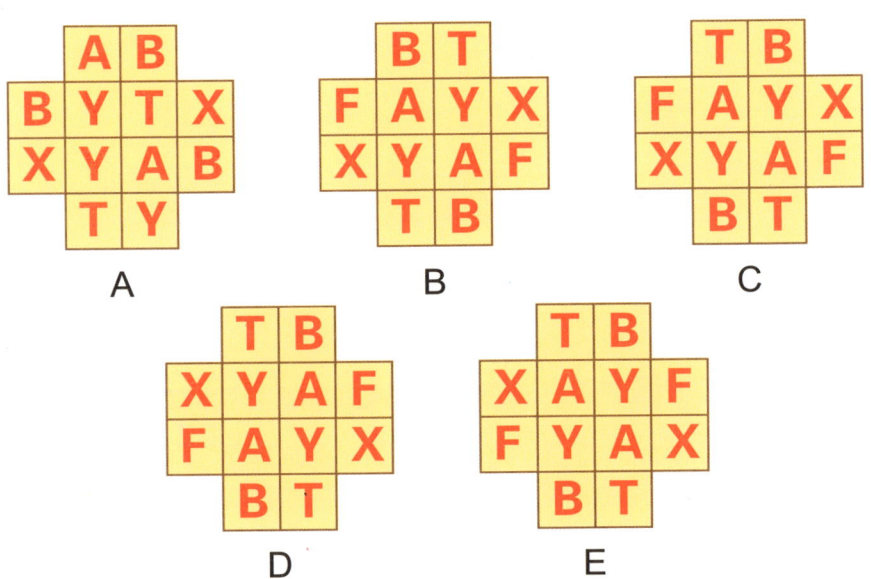

A	B	C	D	E	E	J	O	T	Y
F	G	H	I	J	D	I	N	S	X
K	L	M	N	O	C	H	M	R	W
P	Q	R	S				G	L	Q	V
U	V	W					K	P	U
U	P	K					W	V	U
V	Q	L	G			S	R	Q	P
W	R	M	H	C	O	N	M	L	K
X	S	N	I	D	J	I	H	G	F
Y	T	O	J	E	E	D	C	B	A

A

	A	B	
B	Y	T	X
X	Y	A	B
	T	Y	

B

	B	T	
F	A	Y	X
X	Y	A	F
	T	B	

C

	T	B	
F	A	Y	X
X	Y	A	F
	B	T	

D

	T	B	
X	Y	A	F
F	A	Y	X
	B	T	

E

	T	B	
X	A	Y	F
F	Y	A	X
	B	T	

다음 중 나머지 그림과
서로 다른 하나는 무엇입
니까?

물음표 안에 들
어가야 할 알맞
은 숫자를 맞혀
보세요.

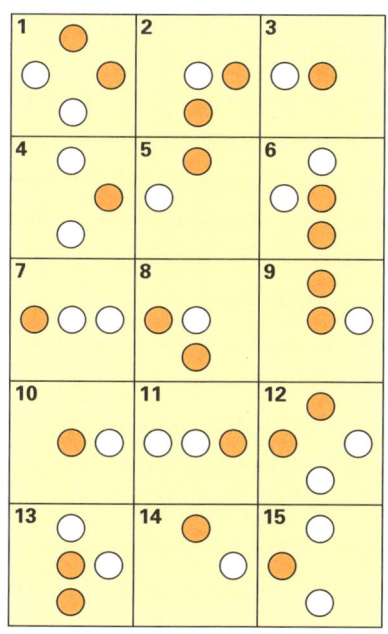

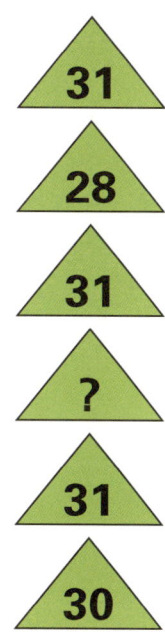

 다음 차례에 와야 할 그림은 무엇입니까?

A   B   C   D   E

아래의 조각 여덟 개를 그림과 같이 다음 빈 칸에 넣어주세요.

조건:

1. 첫 번째 항의 수는 첫 번째 열의 수와 같아야 하며, 두 번째 항의 수는 두 번째 열의 수와 같아야 합니다. 세 번째, 네 번째 , 다섯 번째, 여섯 번째 역시 같습니다.

2. 각 항과 각 열에는 같은 색의 네모 칸이 두 개 있어야 합니다.

3. 각 항과 각 열에는 같은 숫자가 두 개 있어야 합니다.

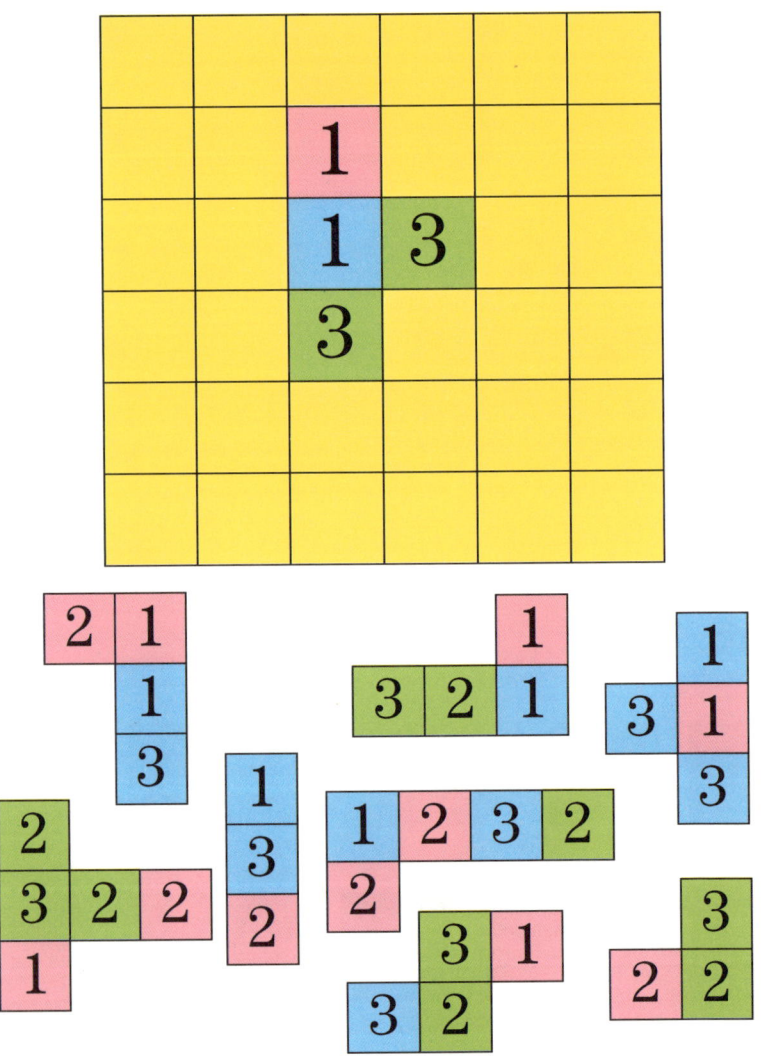

다음 수학식 열세 개의 값을 아래의 표에서 찾아 표시해보세요.
위에서 아래로, 혹은 아래에서 위로, 가로나 세로, 대각선 모두
가능합니다. 계산기의 도움을 받는 것도 좋습니다.

1. 1111×9 2. 20×20×20 3. 88×88 4. 22×222 5. 1776÷4
6. 3×3030 7. 1010÷5 8. (3×3×3)×(4×4×4) 9. 23624×5
10. (5×5)×(5×5×5) 11. 7×200 12. 4994×2 13. 66000÷3

5	2	1	3	2	0
4	4	7	7	0	2
8	8	9	9	2	1
8	0	9	0	4	8
4	9	0	0	4	1
9	0	9	0	4	1

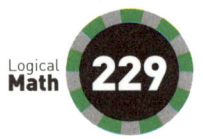

아래의 표에 숨겨져 있는 "SARAH"를 찾아보세요. 가로 혹은 세로, 대각선 모두 가능합니다.

S	A	H	A	H	A	R	S	A	R
A	S	A	R	H	R	A	H	A	S
R	A	S	R	S	S	H	A	S	R
H	A	S	R	S	A	H	A	R	A
A	S	A	H	R	A	R	A	A	S
S	H	A	R	A	S	A	R	A	R
A	S	A	R	H	R	S	A	H	A
R	A	H	S	A	S	R	A	H	A
A	S	A	R	R	H	H	S	A	S
H	A	R	A	H	A	S	A	R	A

다음 두 물음표 안에 들어가야 할 숫자를 맞혀보세요.

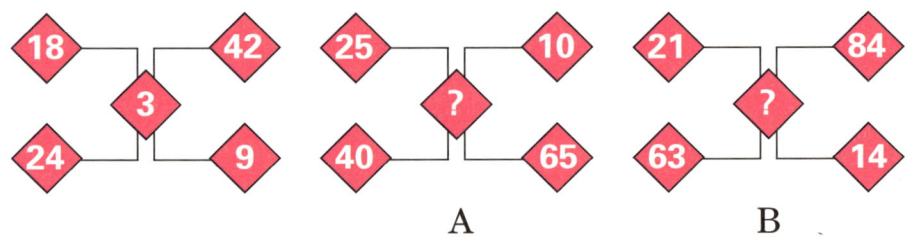

A   B

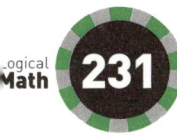

이 수수께끼를 완성하려면 물음표 안에 어떤 숫자가 들어가야 할까요?

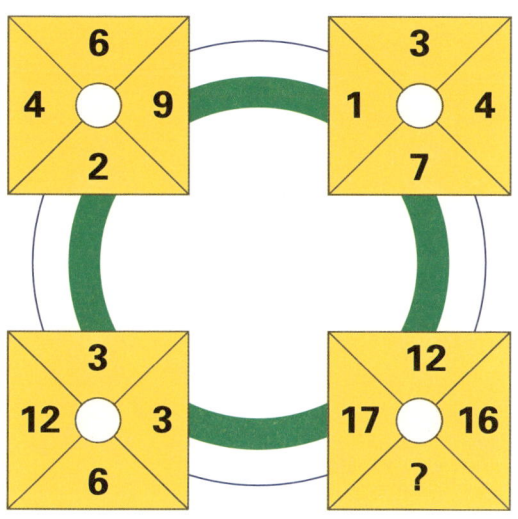

232 그림의 물음표 안에 들어가야 할 도형은 무엇입니까?

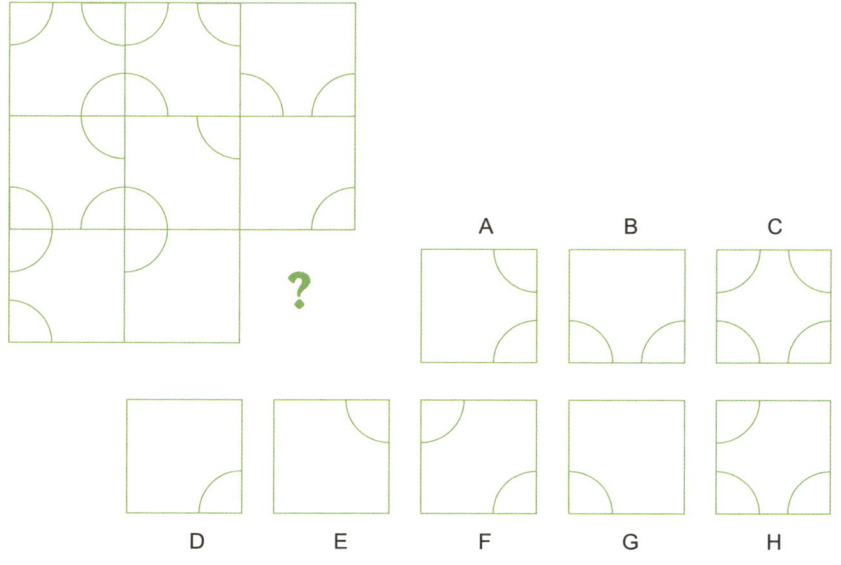

Logical Math **233**

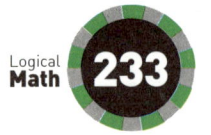

1A~3C 블록에 그려져 있는 도형은 각각 1, 2, 3과 A, B, C, 두 개의 블록이 겹쳐져 완성된 것입니다. 1A~3C 블록 중 이 규칙에 어긋나는 도형이 있습니다. 무엇일까요?

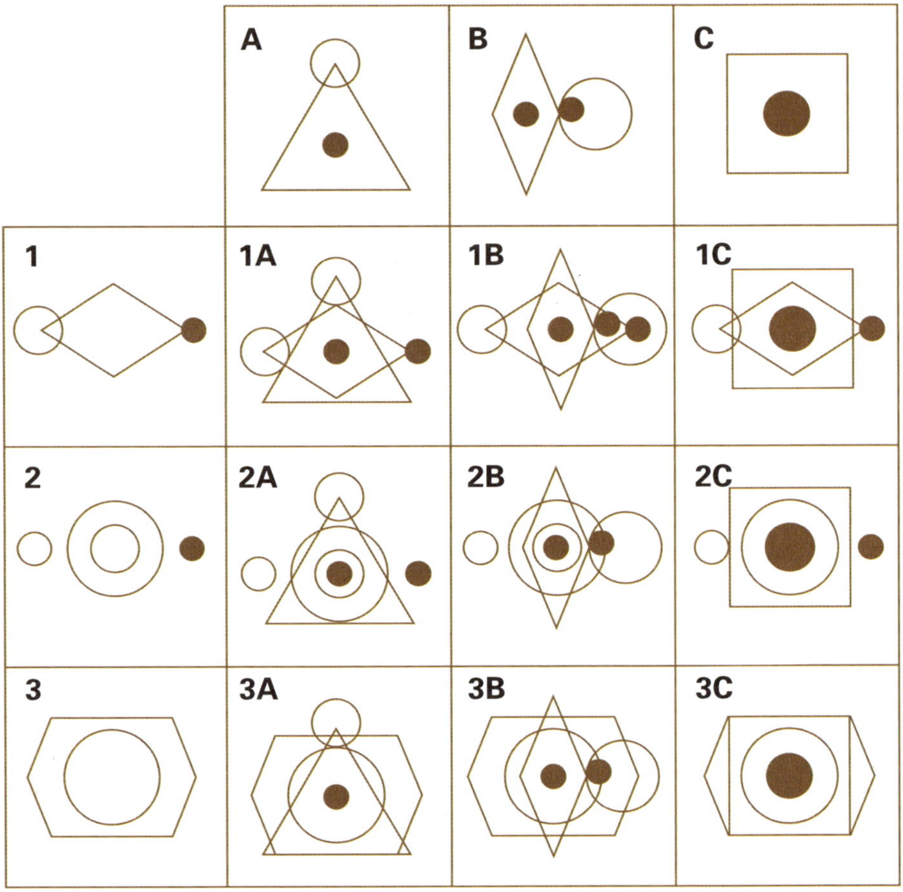

234 세 번째 저울이 수평을 이루기 위해서는 물음표에 어떤 도형이 들어가야 할까요?

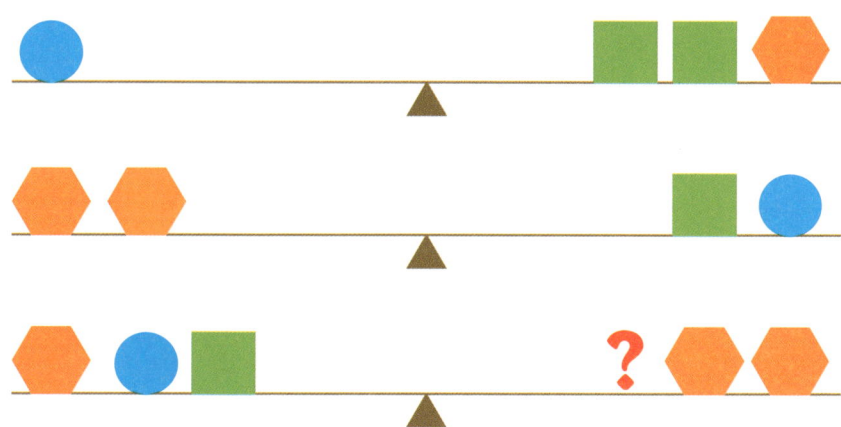

235 다음 빈 칸에 들어가야 할 그림은 무엇입니까?

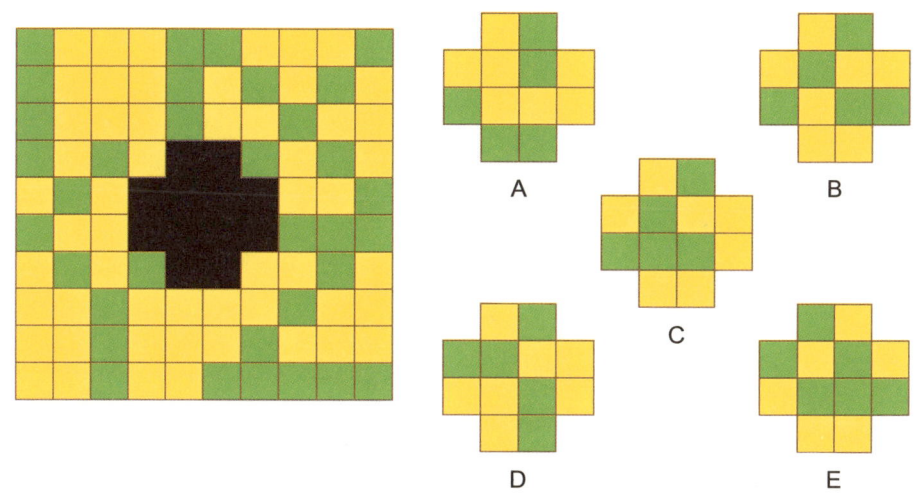

Logical Math 236 다음 게임의 목표는 '정확성'입니다. 그림을 자세히 관찰해보세요. 시간제한은 없습니다. 모든 방법을 동원하여 그림을 외운 후, 기억에 의지하여 그려보세요.

Logical Math 237 보기 A~F 중 물음표 안에 들어가야 할 그림은 무엇입니까?

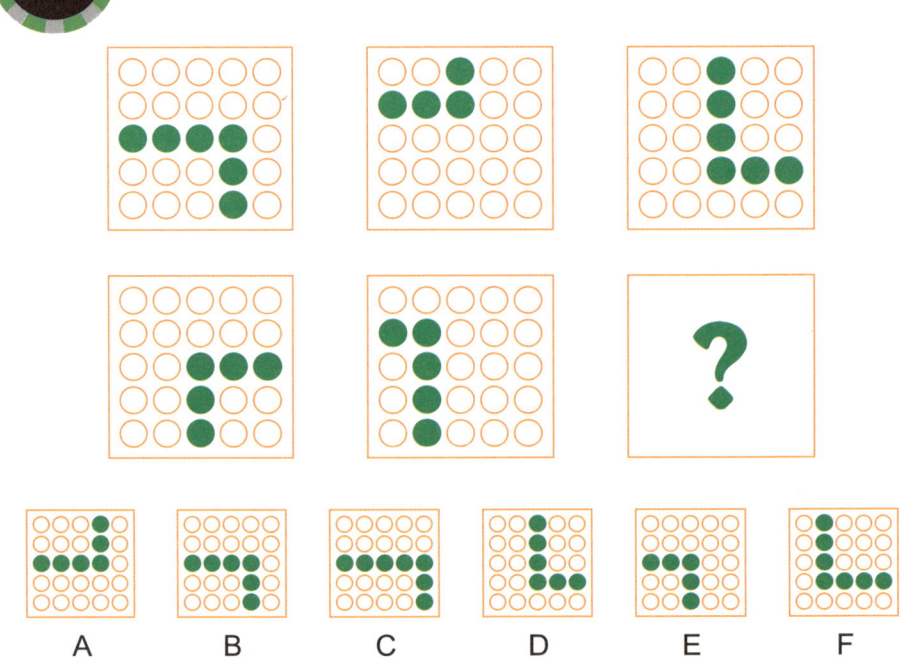

A   B   C   D   E   F

238 다음 물음표 안에 들어가야 할 알맞은 숫자는 무엇입니까?

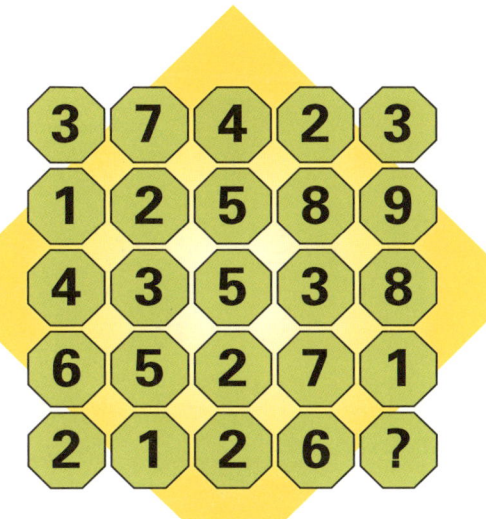

239 마지막 칸에 들어가야 할 숫자는 무엇일까요?

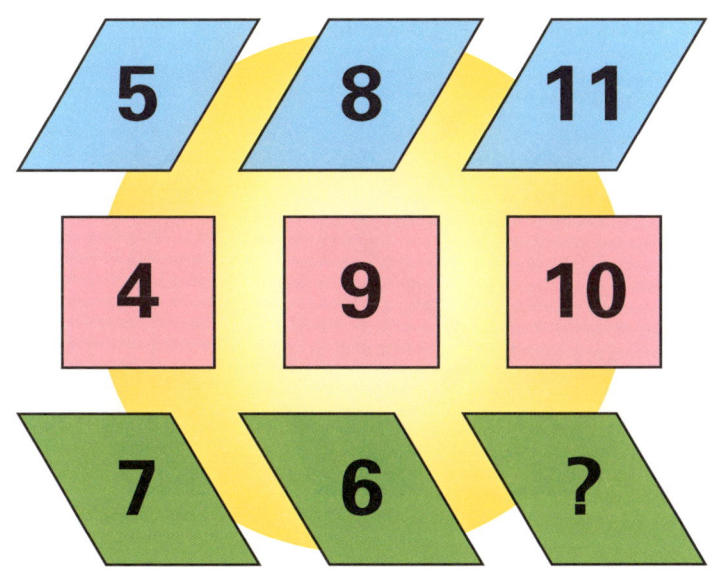

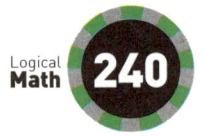

보기 B, C, D, E, F, 중 A를 접어 완성할 수 있는 정육면체는
무엇일까요?

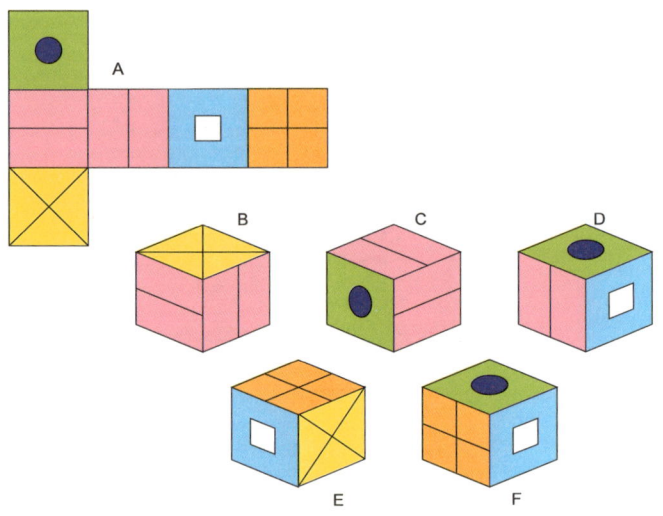

성냥개비 세 개와 물고기의 눈을 옮겨, 아래의 물고기가 반대 방
향으로 헤엄칠 수 있도록 해주세요.

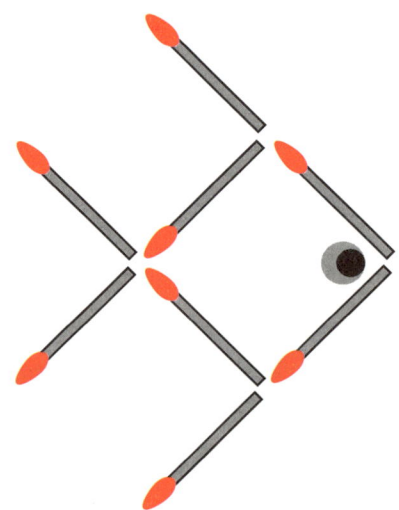

Logical Math 242

문제1: 1번 그림의 네 번째 정육면체는 아랫부분에 감춰져 있습니다. 만약 왼쪽 도형을 들어 모든 각도에서 관찰해 본다면 모두 몇 개의 정육면체 면을 볼 수 있을까요?

문제2: 2번 그림은 정육면체 여섯 개로 구성된 것입니다. 여섯 번째 정육면체는 가운데 층의 뒤쪽에 감춰져 있는데요. 만약 오른쪽 도형을 모든 각도에서 관찰해 본다면 모두 몇 개의 정육면체 면을 볼 수 있을까요?

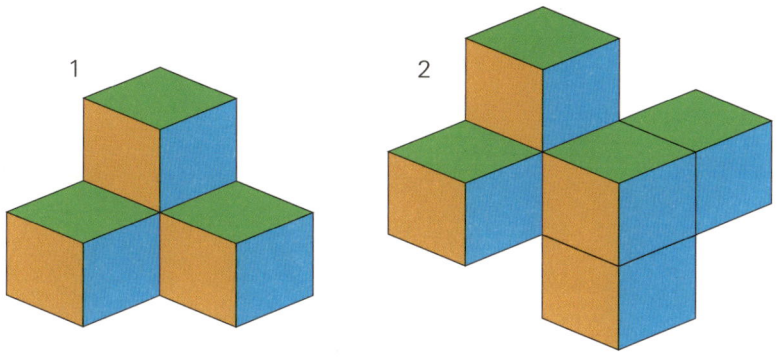

Logical Math 243

빠른 시간 내에 오른쪽 그림 중 숨겨진 별 모양을 찾아보세요.

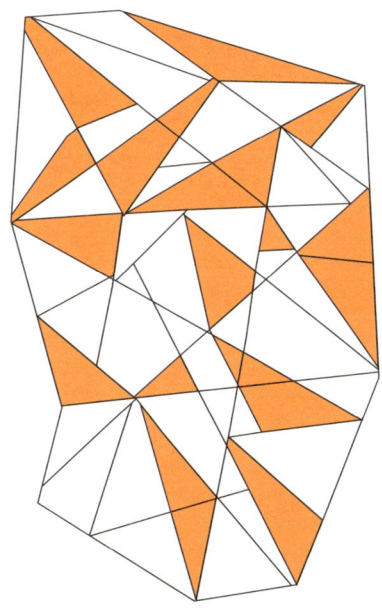

아래 그림 중 나머지 그림과 다른 하나는 무엇입니까?

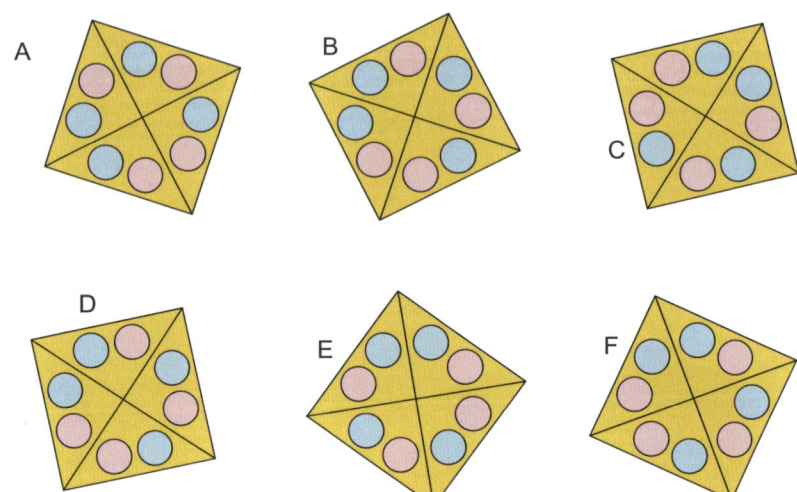

빈 칸에 들어가야 할 알맞은 숫자는 무엇일까요?

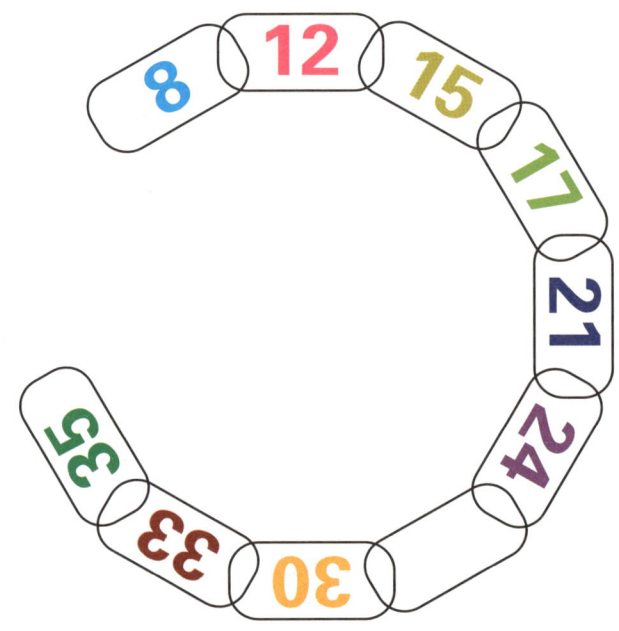

보기 A~E 중 빈 칸에 들어가야 할 시계는 무엇입니까?

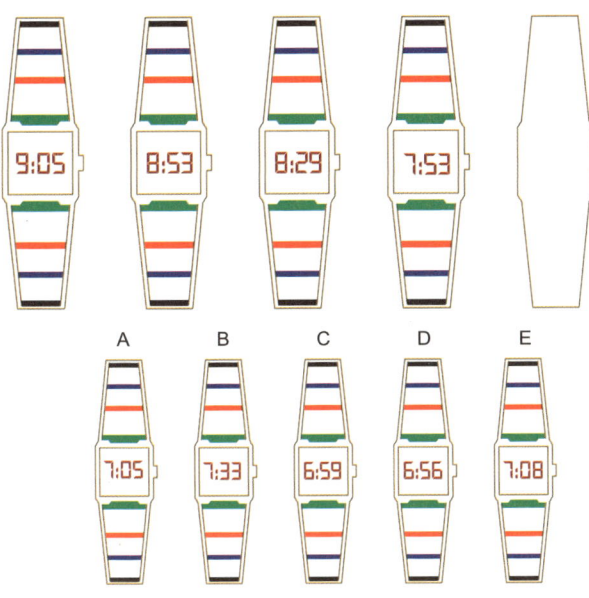

아래 조각을 맞추어 원을 만들어보세요. 원 안의 검정색 선은 어떤 도형일까요?

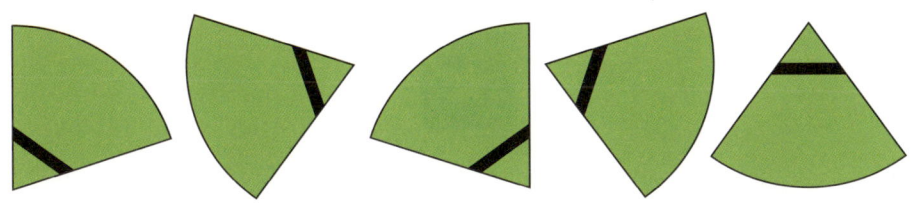

다음은 4 X 4 SIZE의 정사각형을 나누어 놓은 것입니다. 다음 조각을 맞추어 완전한 정사각형을 만들어주세요. 단, 가로와 세로, 대각선에 놓인 수의 합은 모두 같아야 합니다.

9	14	3	1	15
2	5	12	8	10
7	4	13	11	6	16

Logical Math 249

문제1: 한 시계가 4시 20분을 가리키고 있습니다. 다음 중 이 시계가 거울에 비친 영상은 어떤 것일까요?

문제2: 한 시계가 2시 40분을 가리키고 있는데, 이 시계를 거꾸로 놓아두었습니다. 그렇다면 다음 중 이 시계가 거울에 비친 영상은 어떤 것일까요?

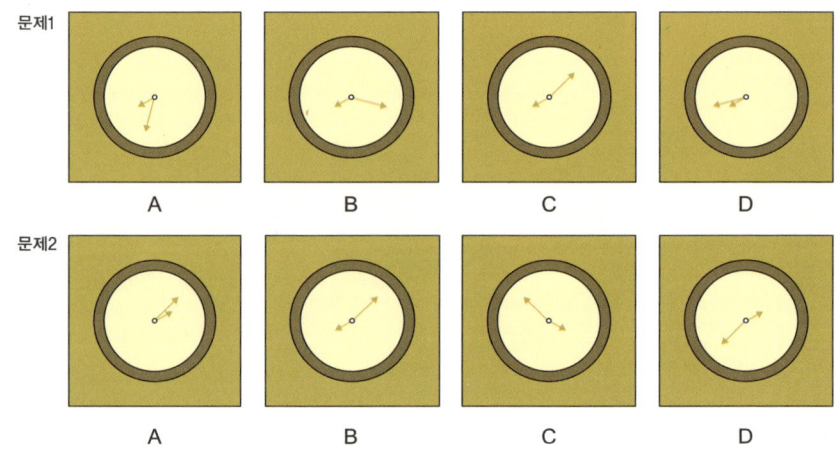

문제1
A   B   C   D

문제2
A   B   C   D

250 아래의 규칙에 따라 다음 칸에 알맞은 알파벳을 넣어주세요.
1. 알파벳 B, E, H는 같은 열에 놓여 있습니다.
2. F는 B의 왼쪽, 그리고 D의 위쪽에 놓여 있습니다.
3. G는 E의 오른쪽, 그리고 I의 위쪽에 놓여 있습니다.
4. D는 H의 왼쪽, 그리고 A와 같은 열에 놓여 있습니다.

251 보기 A~E 중 정육면체를 완성할 수 없는 것은 무엇일까요?

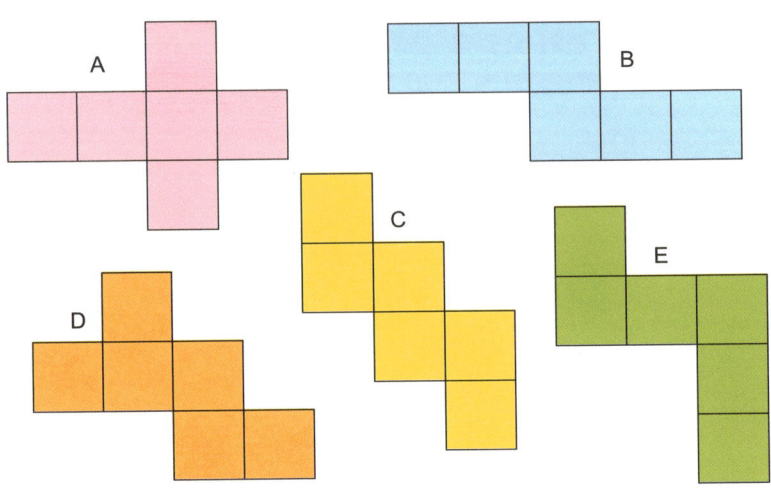

252 그림을 접었을 경우, 나머지 모양과 다른 하나는 무엇일까요?

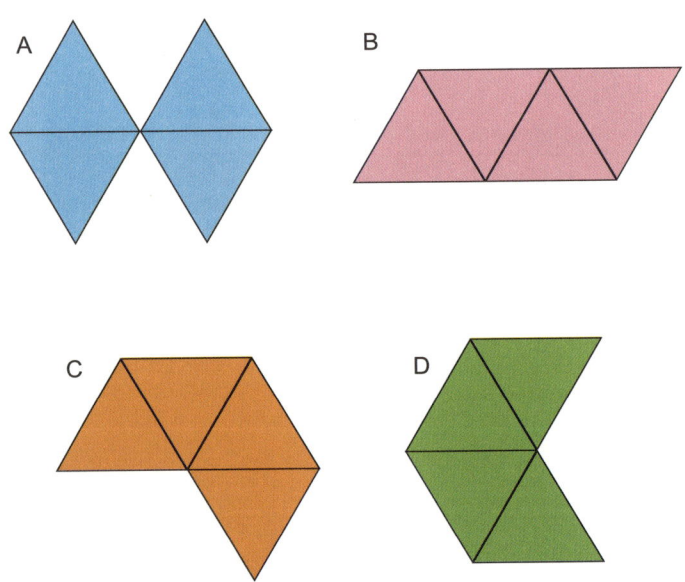

253 아래 여섯 개의 그림을 자세히 관찰해보세요. 그 중 하나는 소용돌이의 방향이 나머지 그림과 다릅니다. 무엇일까요?

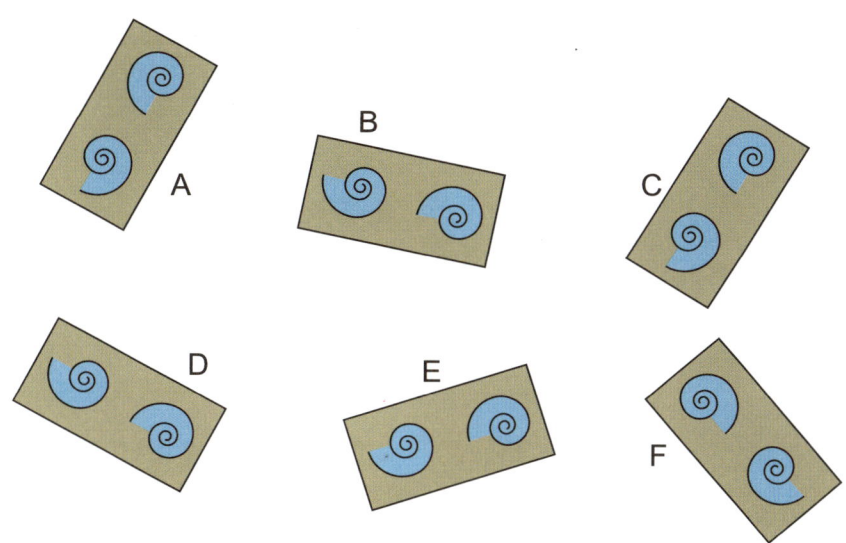

254 다음 물음표 안에 들어가야 할 알맞은 숫자를 맞혀보세요.

3		9
7	2	2
4		1

1		6
5	7	3
4		8

9		8
2	1	7
6		3

4		5
8	?	1
2		3

곰곰이 생각해보세요. 다음 물음표 안에 들어가야 할 그림은 무엇입니까?

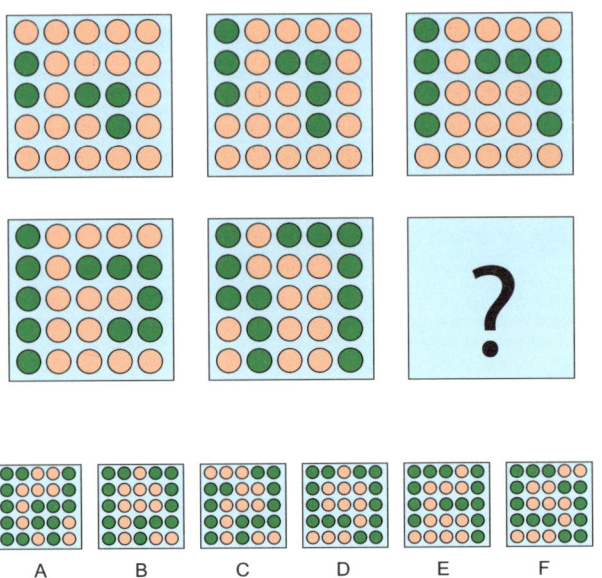

다음 수수께끼를 완성하려면 물음표 안에 어떤 숫자가 들어가야 할까요?

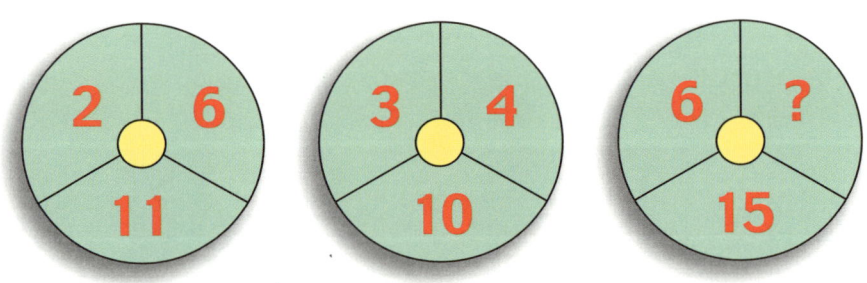

257 다음 수수께끼를 완성하려면 물음표 안에 어떤 숫자의 카드가 들어가야 할까요?

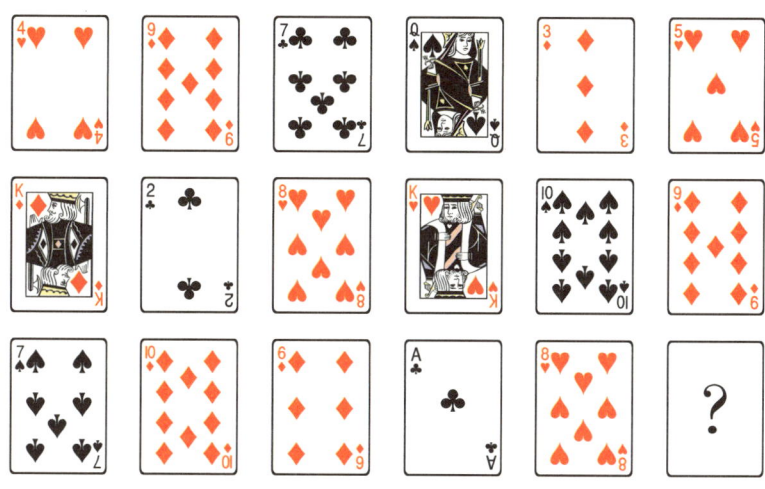

258 알파벳은 각각 서로 다른 숫자를 대표하고 있습니다. 각 알파벳이 대표하는 숫자를 맞춰보세요.

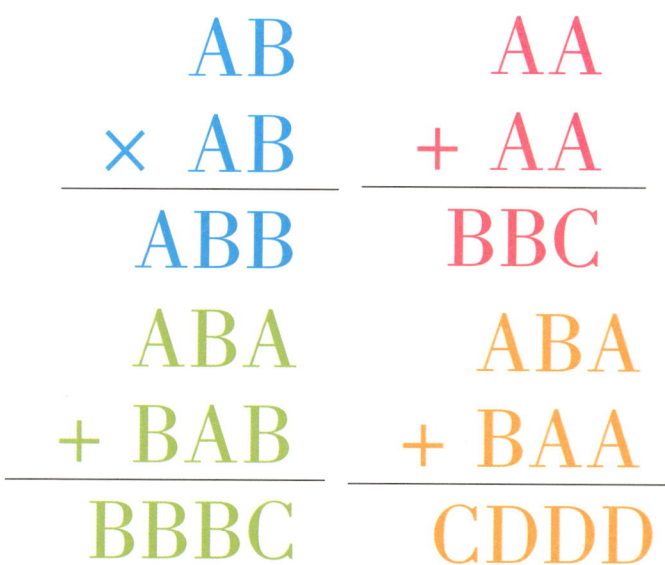

$$\begin{array}{r} AB \\ \times\ AB \\ \hline ABB \end{array} \qquad \begin{array}{r} AA \\ +\ AA \\ \hline BBC \end{array}$$

$$\begin{array}{r} ABA \\ +\ BAB \\ \hline BBBC \end{array} \qquad \begin{array}{r} ABA \\ +\ BAA \\ \hline CDDD \end{array}$$

아래의 정사각형과 삼각형은 모두 같은 크기의 네 부분으로 나누어져 있습니다. 또한, 네 부분의 모형은 원래 도형의 모형과 같습니다. 그렇다면, 맨 오른쪽에 있는 불규칙도형을 같은 크기의 네 부분으로 나누어보세요. 단, 네 부분의 모형은 원래 도형의 모형과 같아야 합니다.

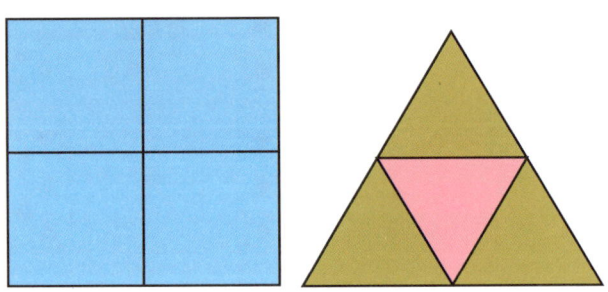

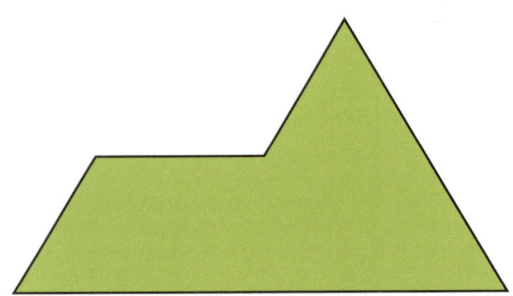

Logical Math **260**

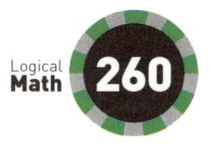

먼저 아래의 도형을 종이에 똑같이 그린 후, 가위를 이용하여 잘라주세요. 그리고 이 조각을 이용하여 정삼각형을 만들어 보세요.

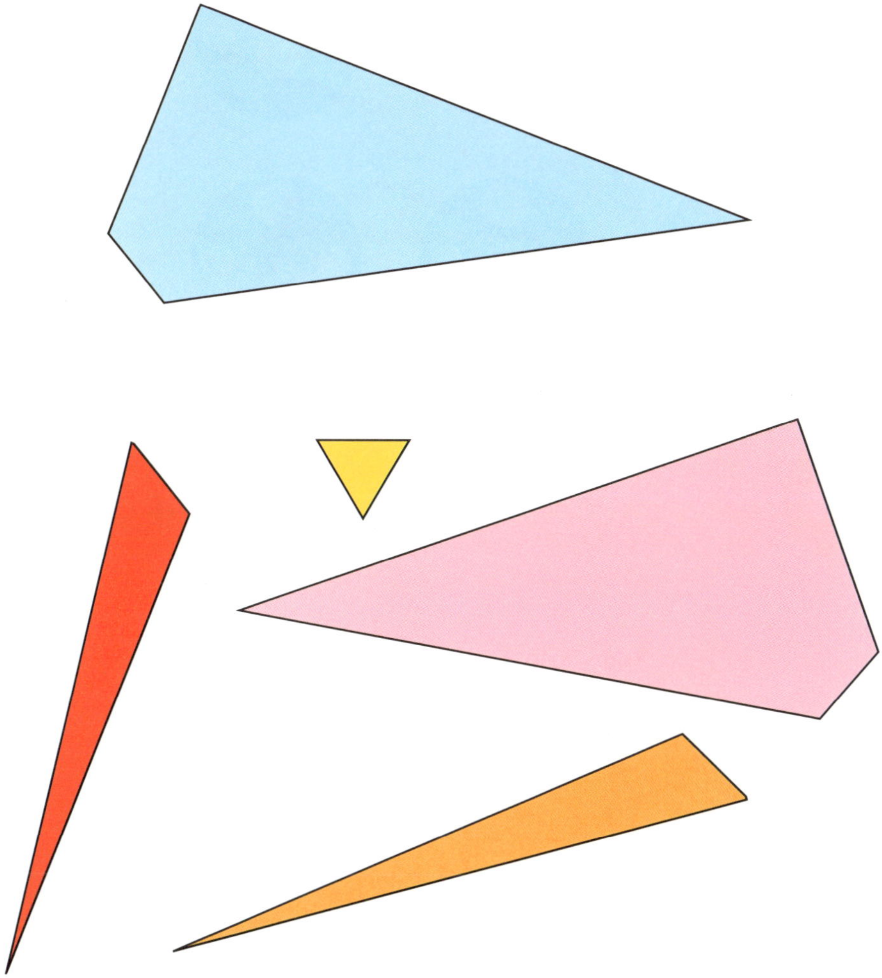

다음 그림 중 나머지 그림과 다른 하나는 무엇입니까?

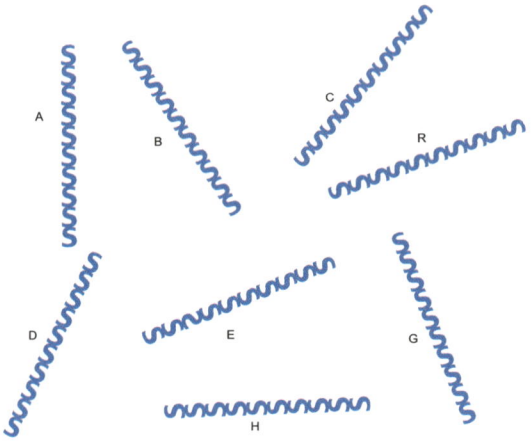

다음 물음표 안에 알맞은 숫자를 넣어, 수수께끼를 완성해보세요.

9			
3	4		
1	5	16	
?	14	7	23

263 빠른 시간 내에 나머지 그림과 다른 하나를 찾아보세요.

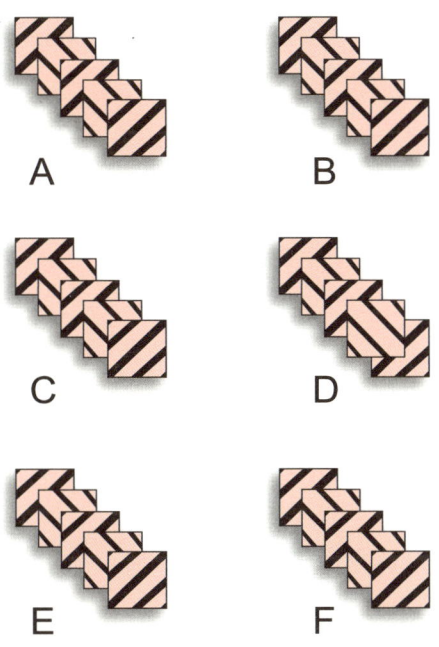

A

B

C

D

E

F

264 그림 중 가운데 원까지의 거리가 가장 가까운 동그라미와 가장
먼 동그라미는 각각 무엇입니까?

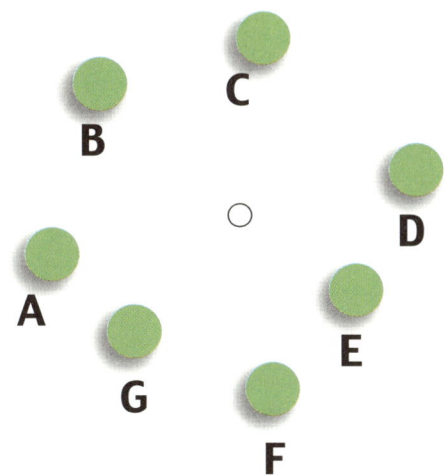

265 그림 A를 거울 앞에 놓았을 경우, 보기 B~G 중 반사된 그림은 어떤 것일까요?

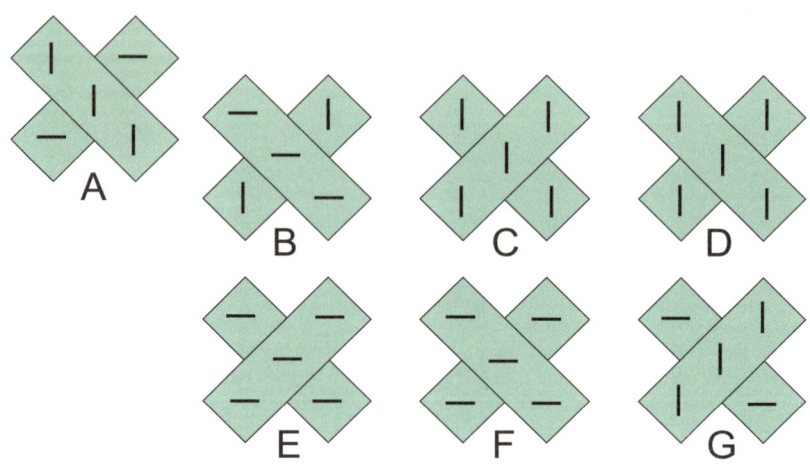

266 성냥개비 여덟 개를 꺼내어 크기와 모양이 같은 정사각형 네 개를 만들어 보세요.

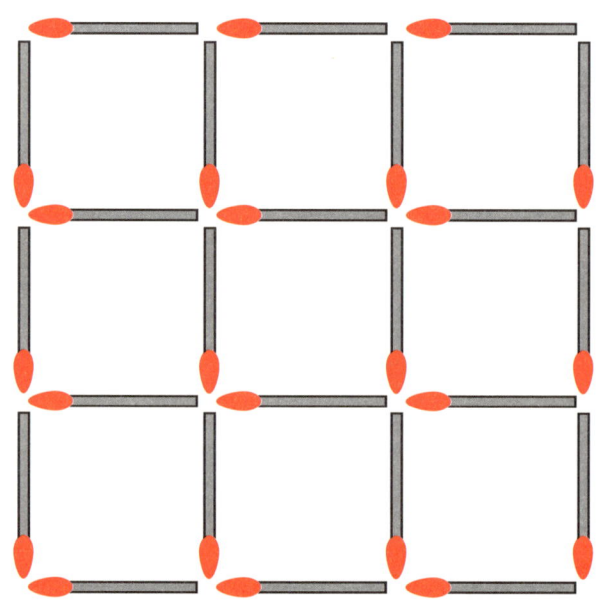

Logical Math **267**

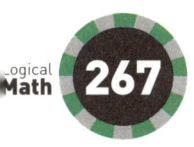

아래 그림은 과일과 채소입니다. 2분 동안 외운 후, 종이에 과일과 채소의 이름을 적어보세요.

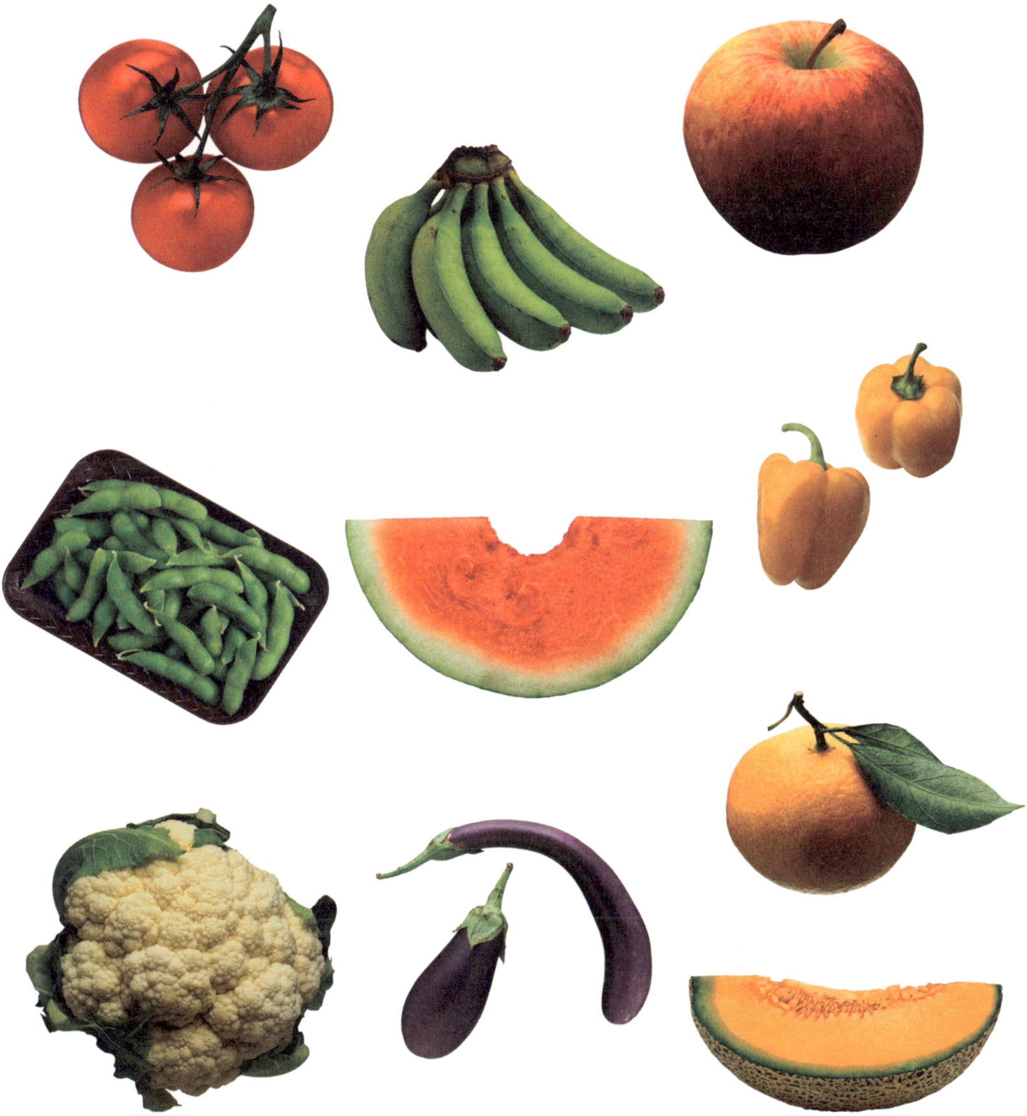

　2분 내에 아래 그림을 여섯 조로 만들어 보세요.

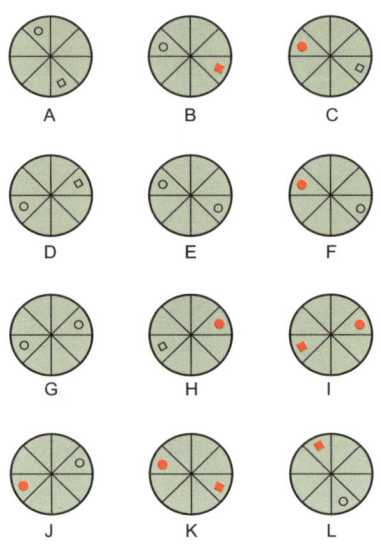

　아래 도형 중 두 번째로 작은 동그라미와 두 번째로 큰 동그라미
는 각각 무엇입니까?

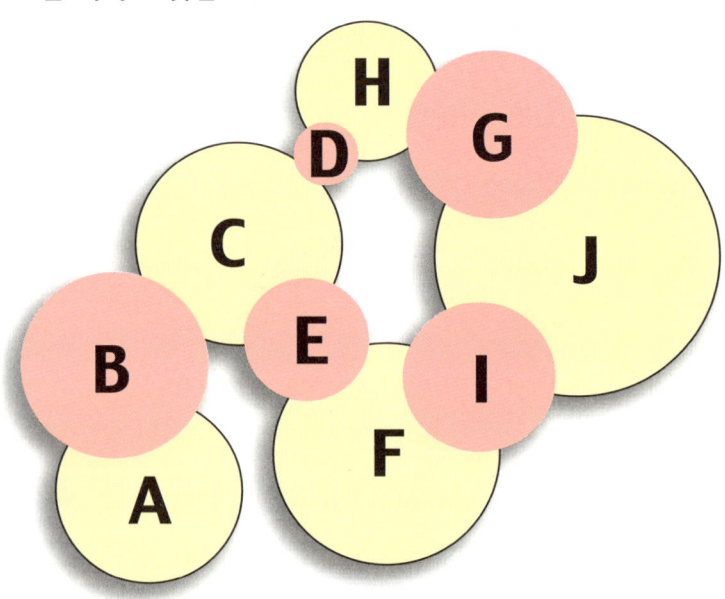

270 다음 중 나머지 그림과 다른 하나는 무엇입니까?

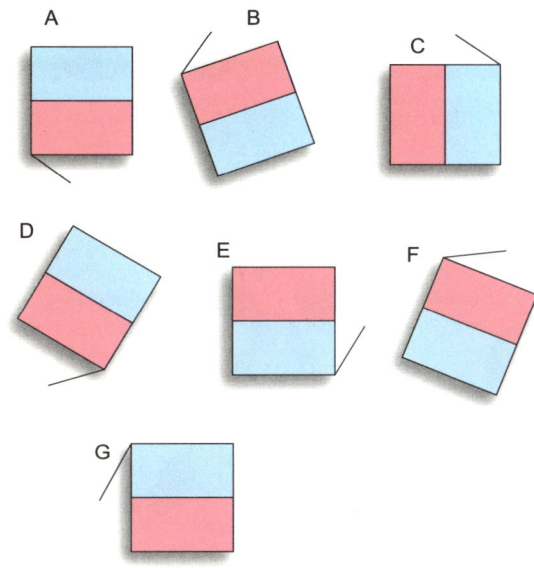

271 다음 중 나머지 그림과 다른 하나를 찾아주세요.

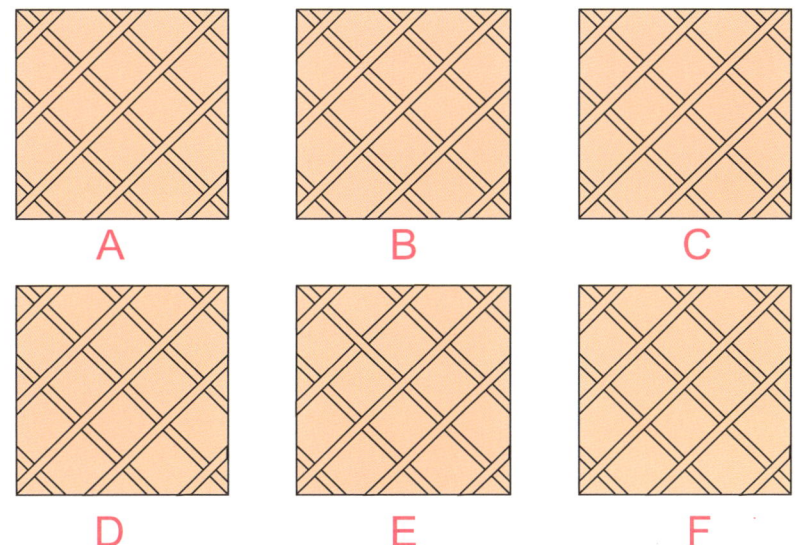

Logical Math 272 성냥개비 네 개를 움직여 정삼각형 세 개를 만들어보세요.

Logical Math 273 보기 B, C, D, E, F, 중 A를 접어 완성할 수 있는 정육면체는 무엇일까요?

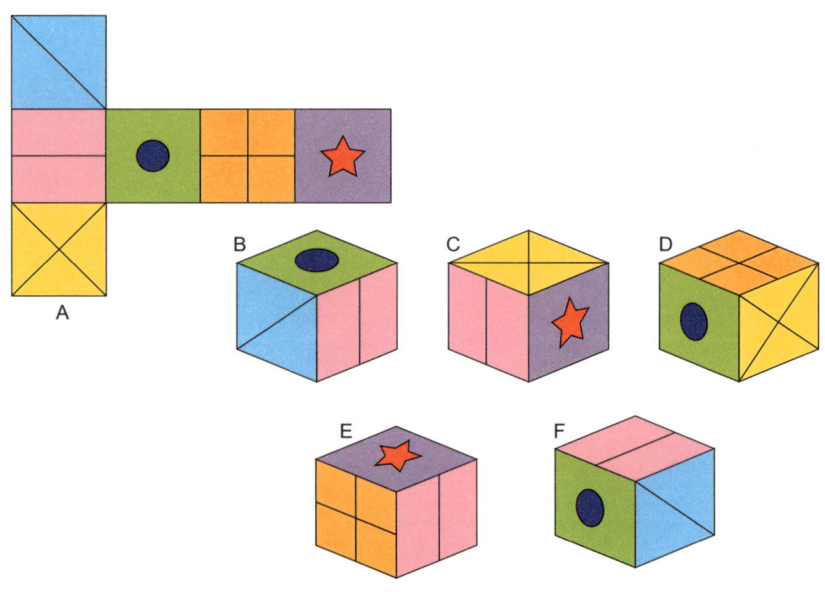

A

B C D

E F

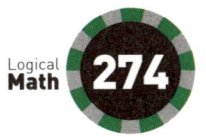
274 다음 수수께끼는 각각의 점을 이어 하나의 연결고리를 만드는
것입니다(자세한 설명은 17번 문제를 참조하세요).

 다음 중 나머지 그림과 다른 하나는 무엇입니까?

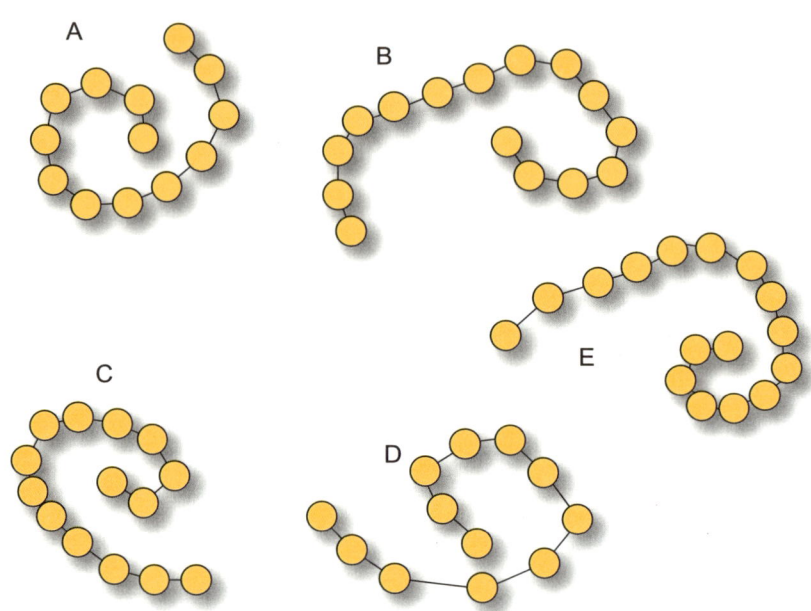

 다음 중 틀린 것과 맞는 것은 각각 무엇입니까?

A. 자동차가 주행할 때에는 바퀴가 시계 반대 방향으로 돌아갑니다.

B. 시계의 시침이 1시간 25분을 가면, 분침은 450도 회전합니다.

C. 시계가 4시 10분을 가리킬 때에 시침과 분침 사이의 각도는 60도입니다.

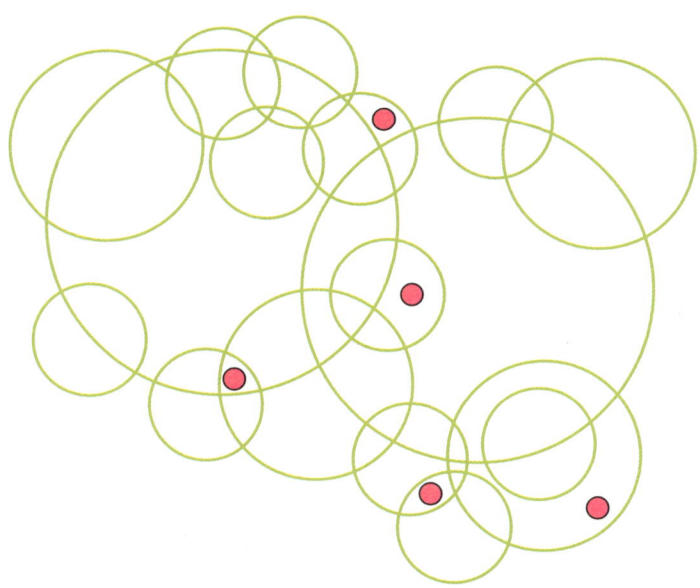

점이 찍혀 있는 동그라미는 모두 몇 개입니까?

빈 칸에 들어가야 할 알맞은 그림은 무엇일까요?

A

B

C

D   E

F

다음 물음표는 각각 숫자 다섯 개를 대표합니다. 삼각형 안에 들어있는 수의 합은 53, 동그라미에 들어있는 수의 합은 79, 정사각형에 들어있는 수의 합은 50, 숫자 다섯 개의 합은 130입니다. 그렇다면, 물음표가 대표하는 수는 각각 무엇일까요?

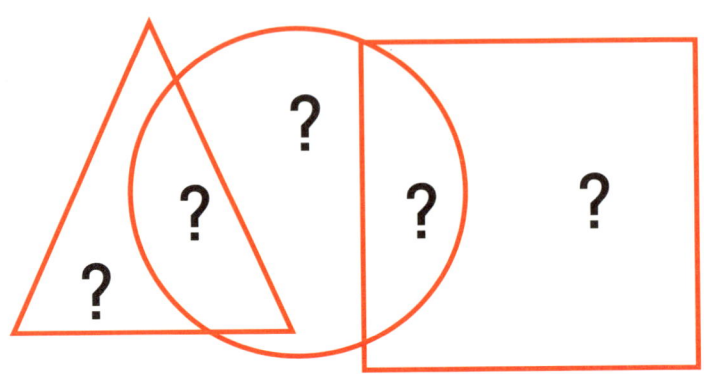

곰곰이 생각해보세요. 물음표 안에 들어가야 할 숫자는 각각 무엇일까요?

A	B	C	D
2	3	5	7
7	8	9	10
16	17	17	18
?	?	?	?

Logical Math 281 빈 칸에 들어가야 할 알맞은 점을 그려주세요.

Logical Math 282 숫자 1~5를 다음 동그라미에 넣어주세요. 단, 각 동그라미와 연결되어 있는 동그라미에 쓰여 있는 수의 합이 그 동그라미에 쓰여 있는 수가 대표하는 수와 같아야 합니다.

1=11, 2=5, 3=9, 4=11, 5=8

예 :

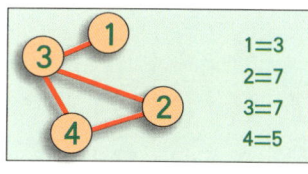

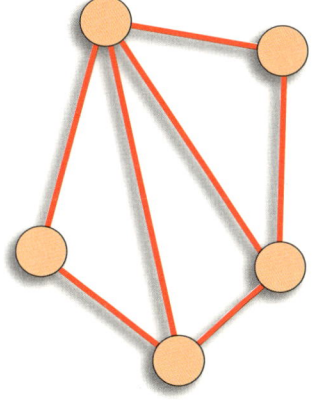

1=11

2=5

3=9

4=11

5=8

곰곰이 생각해보세요. 다음 빈 칸에 들어가야 할 그림은 무엇입니까?

1	7	0	6	3	5	2	4	9	8
9	3	4	2	8	0	7	6	1	5
5	1	8	7	6	2	9	3	0	4
6	9	3	1			5	7	8	0
4	5	6				8	2	9	
0	8	2				5	7	3	
8	4	5	0			6	9	3	2
7	2	9	4	0	3	8	1	5	6
3	0	1	5	9	8	4	2	6	7
2	6	7	8	5	9	3	0	4	1

A

6	4
3 5 7 0
9 4 6 1
8 2

B

| 2 | 4 |
| 0 7 1 3 |
| 9 4 6 1 |
| 8 2 |

C

| 2 | 4 |
| 3 1 7 0 |
| 9 4 6 1 |
| 7 1 |

D

| 2 | 0 |
| 7 3 8 5 |
| 6 1 9 2 |
| 0 7 |

E

| 4 | 2 |
| 7 3 8 5 |
| 6 1 3 2 |
| 0 7 |

다음 보기 중 거울에 비쳐진 왼쪽 그림은 무엇일까요?

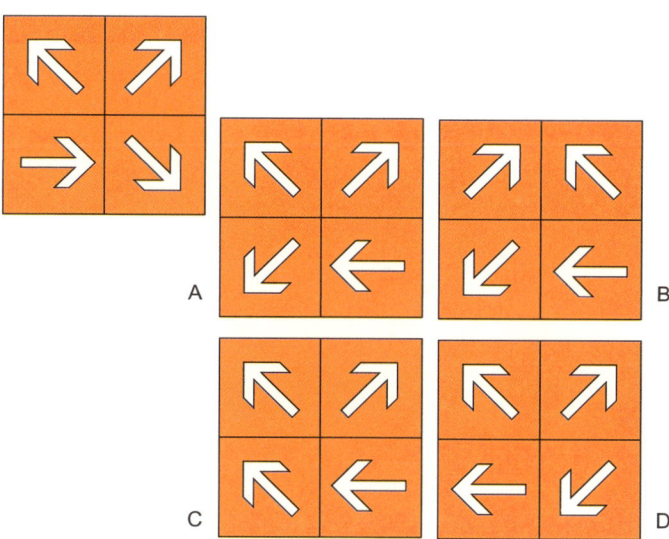

A

B

C

D

아래 사다리꼴을 같은 크기의 네 부분으로 나누어 보세요.

Logical Math 286 다음 물음표 안에 들어가야 할 알맞은 그림은 무엇입니까?

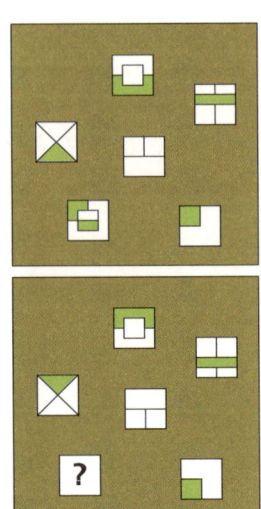

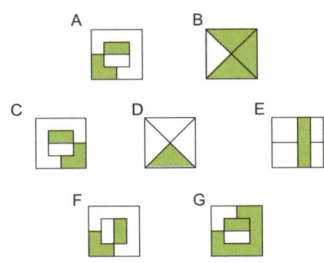

Logical Math 287 보기 A, B, C, D, E 중 나머지와 다른 하나는 무엇입니까?

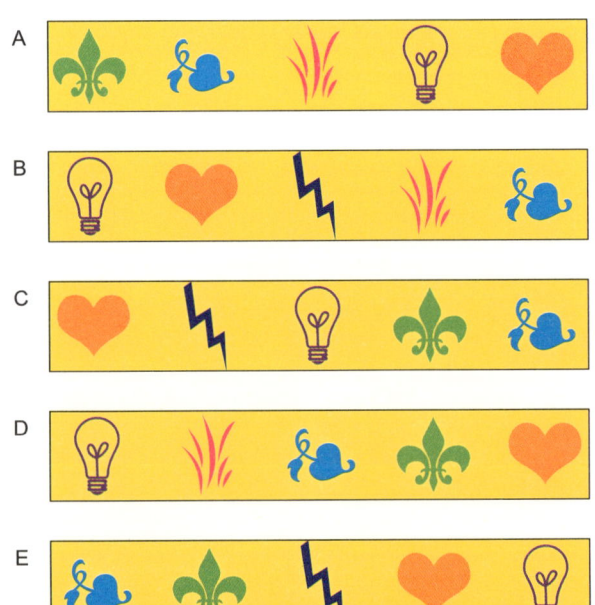

A와 B를 합하면 C가 되고, D와 E를 합하면 F가 됩니다. 단, 같은 그림은 표시하지 않습니다. 그렇다면, 빈 칸에 들어가야 할 그림은 어떤 것일까요?

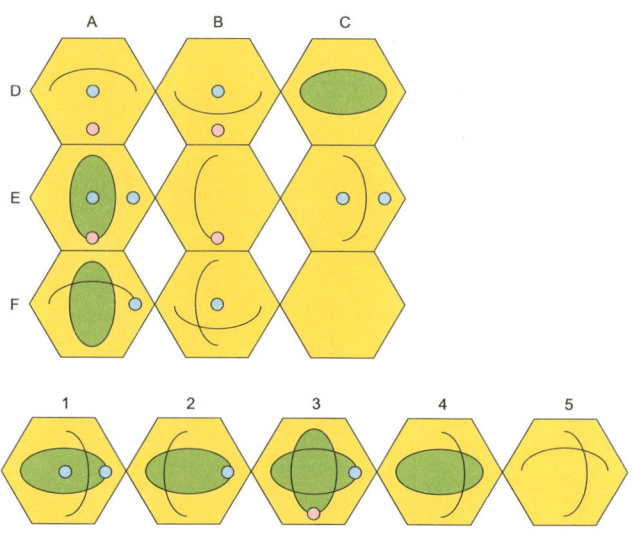

보기 B, C, D, E, F, 중 A를 접어 완성할 수 있는 정육면체는 무엇일까요?

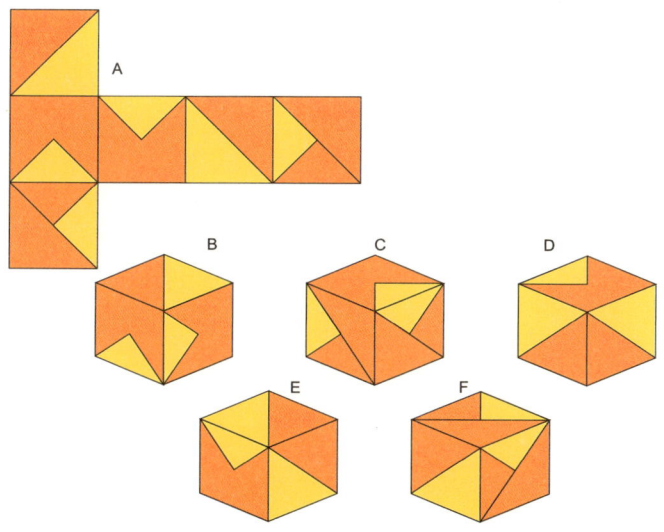

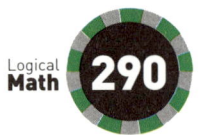
왼쪽 그림 안의 숫자는 도미노 한 세트를 대표합니다. 도미노는 가로 혹은 세로로 되어 있으며, 두 개의 도미노는 이미 표시되어 있습니다. 오른쪽의 표를 이용해서 나머지 도미노를 표시해보세요.

1	4	3	6	3	2	5
4	4	2	6	4	3	0
1	0	1	4	3	5	5
5	1	5	6	3	2	3
0	3	5	0	0	4	5
4	5	6	0	0	3	2
1	6	6	2	1	1	4
2	2	6	1	2	0	6

0 0		2 3	
0 1		2 4	
0 2		2 5	
0 3		2 6	
0 4		3 3	
0 5		3 4	
0 6		3 5	
1 1		3 6	
1 2		4 4	
1 3		4 5	
1 4		4 6	
1 5 ✔		5 5 ✔	
1 6		5 6	
2 2		6 6	

만약 그림 1과 그림 2가 서로 대응한다면, 그림 3과 서로 대응
하는 것은 무엇입니까?

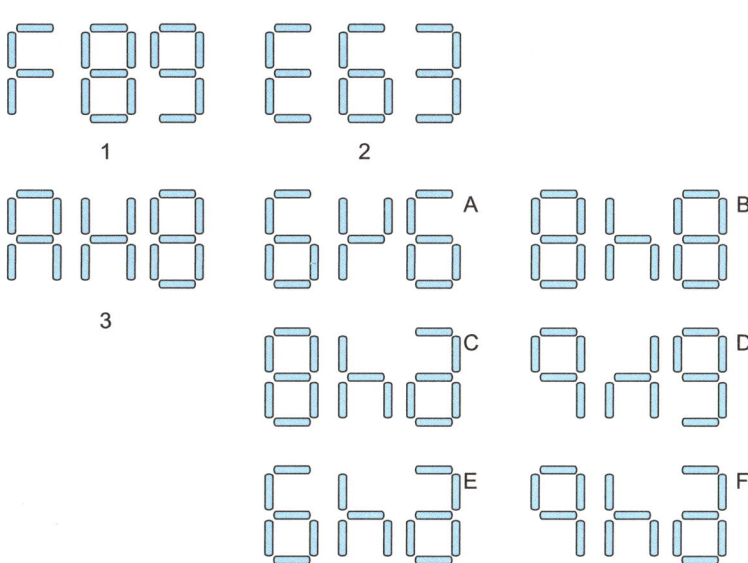

1

2

A

B

3

C

D

E

F

다음 중 나머지 도형과 다른 하나는 무엇입니까?

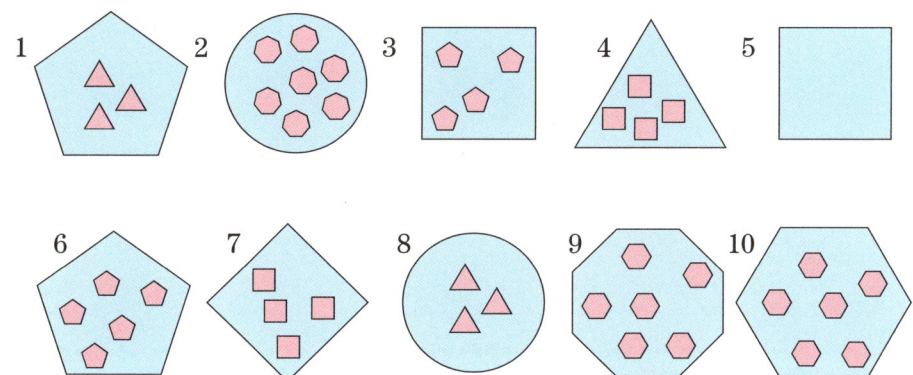

1   2   3   4   5

6   7   8   9   10

Logical Math **293**

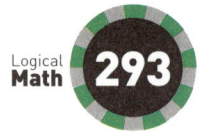

다음 도형의 면적은 81㎠ 입니다. 볼록 튀어 나온 가장 작은 정사각형의 변은 1cm이고, 연결된 중간 크기의 정사각형 면적은 16㎠ 입니다. 이 정사각형은 또 64㎠ 의 큰 정사각형과 연결되어 있습니다. 소, 중, 대 정사각형의 면접을 합하면 81㎠ 가 됩니다. 그렇다면, 다음 도형을 9X9size의 정사각형으로 만들어 보세요.

물음표 안에 들어가야 할 알맞은 숫자를 맞혀보세요.

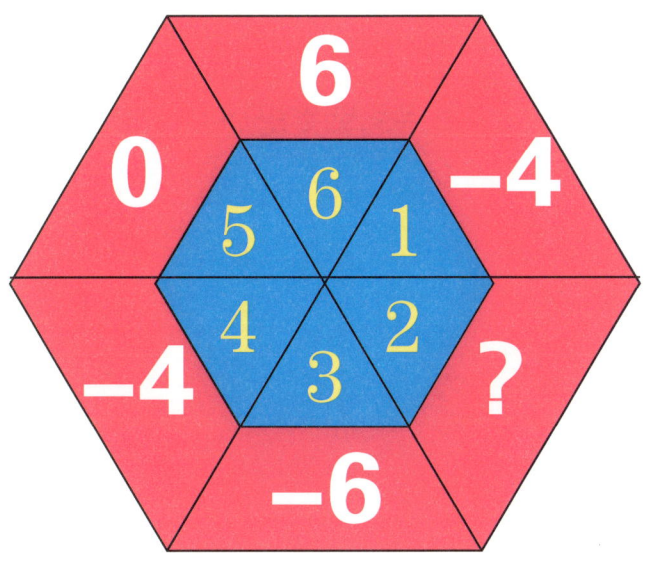

물음표 안에 들어가야 할 알맞은 숫자는 무엇일까요?

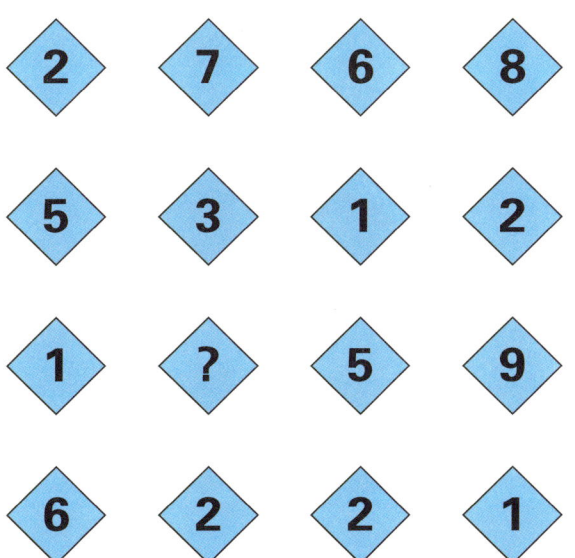

Logical Math 296

아래의 숫자를 보세요. 각 항에서 두 숫자의 합이 10이 되는 수를 찾아보세요. 예를 들면, 3 4 6 5 2 8 9 3 7, 이 항에서는 4+6, 2+8, 3+7, 모두 세 쌍이 있습니다. 만약, 4 6 4, 이러한 항이 있으면, 두 쌍으로 계산합니다. 그렇다면 각 항에서 합이 10이 되는 수는 모두 몇 쌍일까요? 찾아보세요.

1 4 7 3 7 3 5 4 6 2 8 5 4 7 5 5 8 1 9 7

3 6 4 4 5 7 3 7 2 8 2 3 7 6 2 8 6 9 1 8

5 3 7 5 2 4 6 7 2 2 8 7 3 8 2 8 7 3 7 2

8 4 6 4 3 7 5 5 7 3 6 2 8 5 8 9 1 6 4 6

9 0 4 6 3 5 5 1 9 4 5 2 8 2 3 1 9 0 2 8

Logical Math 297

마지막 타원의 물음표 안에 들어가야 할 숫자는 무엇입니까? 알아맞혀보세요.

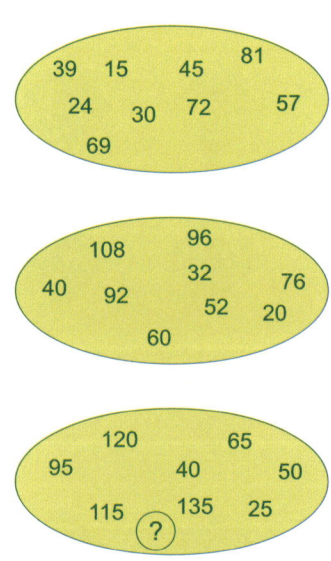

298 종이 한 장을 반으로 접은 뒤 일부를 잘라냈습니다. 그리고 다시 펼쳐보니 다음과 같은 모형이 나왔습니다. 그렇다면 보기 A, B, C, D 중 자른 후, 다시 펼치지 않은 모형은 어떤 것일까요?

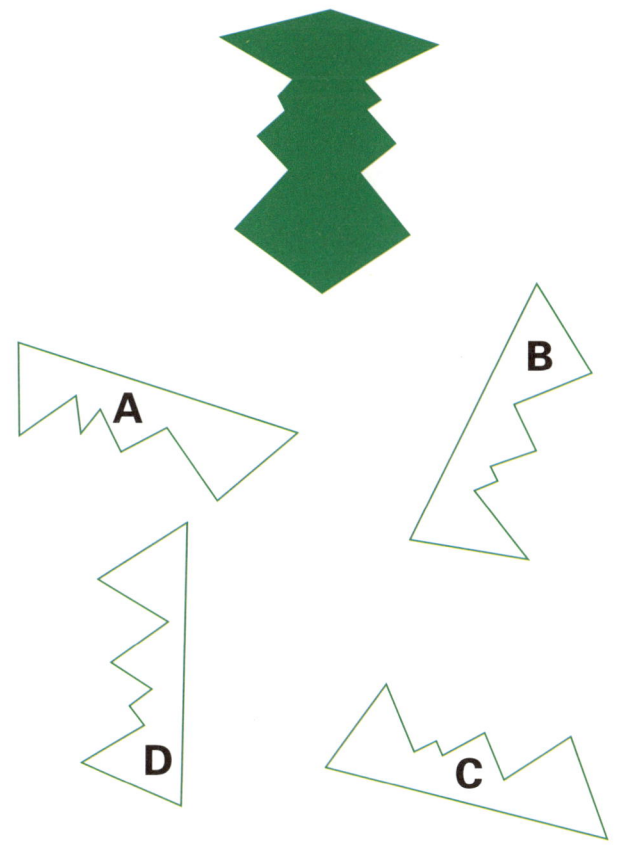

299 열 개의 점을 지나는 네 개의 직선을 그려보세요. 단, 각각의 직선 위에는 네 개의 점이 있어야 합니다.

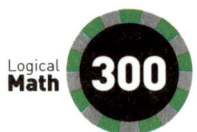
보기 A, B, C, D, E 중 다음 빈 칸에 들어가야 할 그림은 무엇입니까?

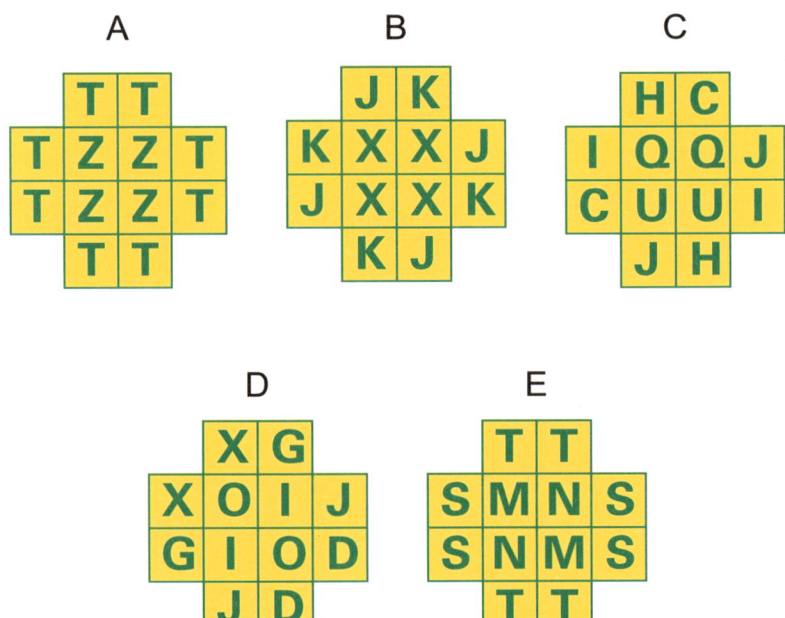

A와 B 타원 중 나머지 숫자와 다른 하나는 각각 무엇입니까? 자세히 살펴보세요.

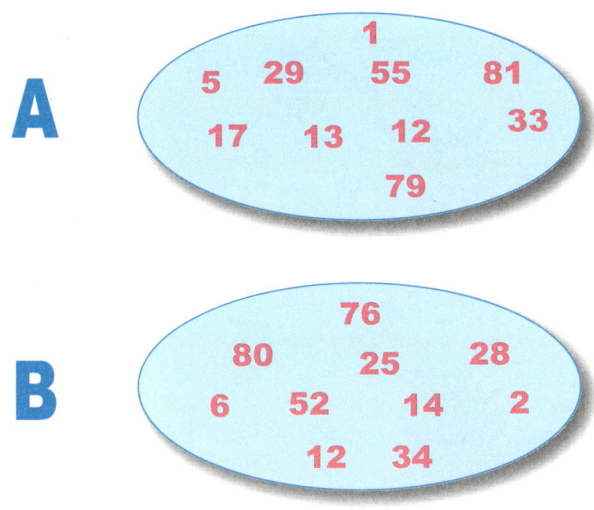

다음 삼각형 모양의 원 안에 1~9, 숫자 아홉 개를 써넣어 각 변에 있는 숫자의 합이 20이 되도록 만들어보세요.

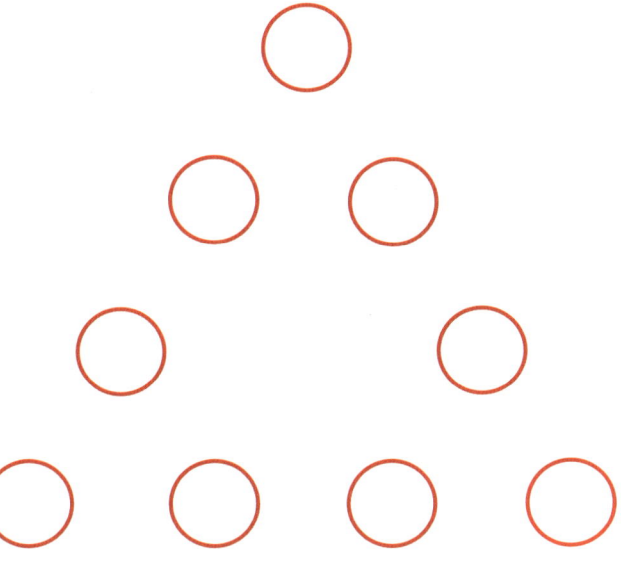

Logical Math **303** 다음 중 모양이 같은 모기 두 마리는 어떤 것입니까?

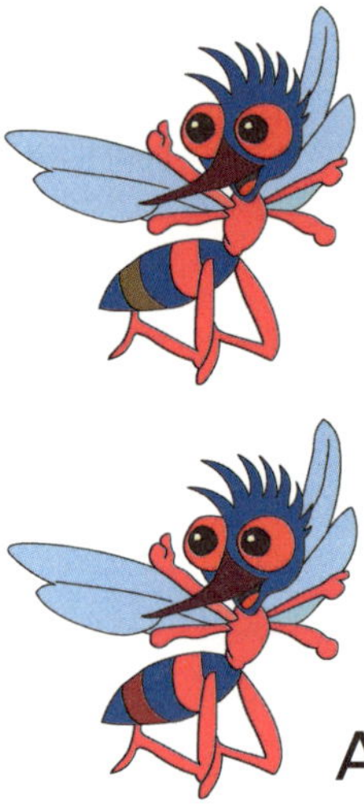

A

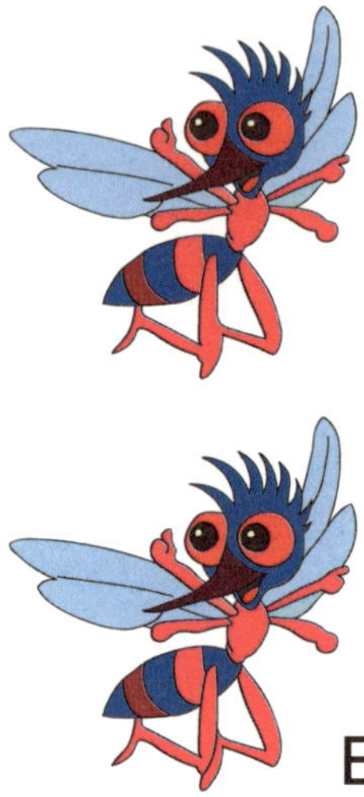

B

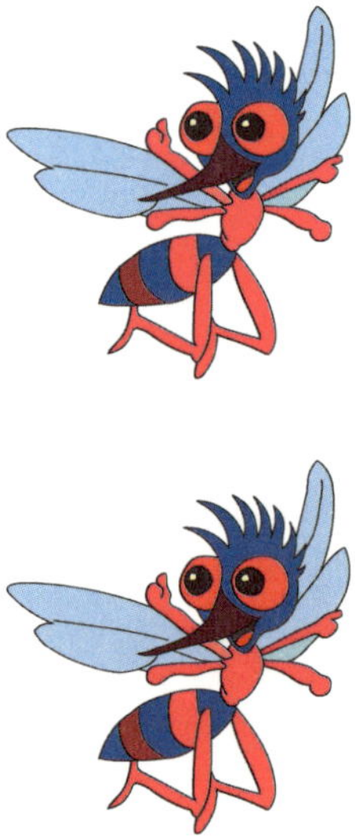

C

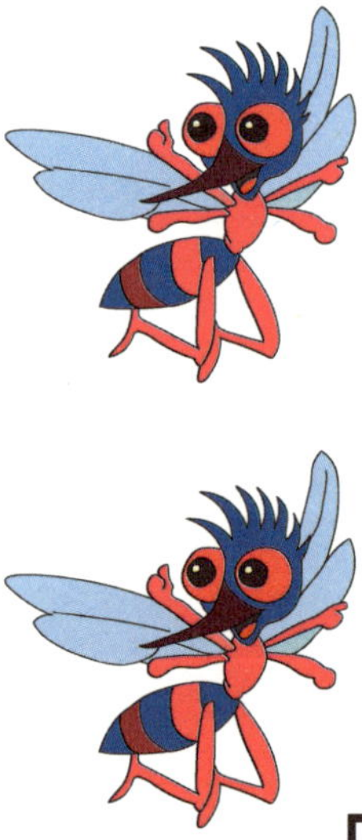

D

다음 조각을 맞춰 정사각형을 완성해 보세요.

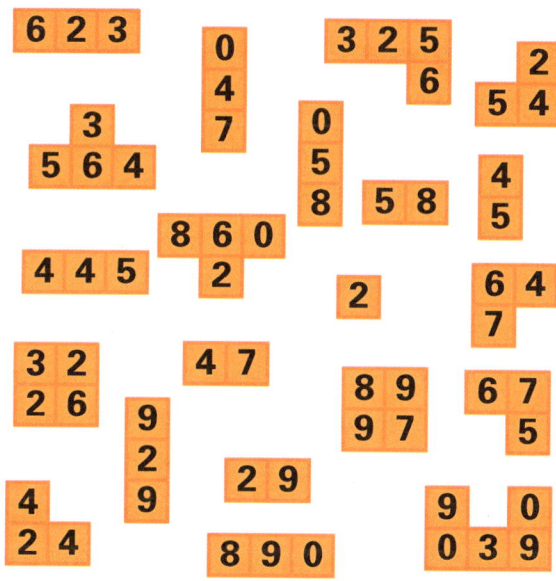

A를 접어 집 모형을 만들 수 있습니다. 그렇다면 B, C, D, E 중 A를 접어 완성할 수 없는 것은 무엇일까요?

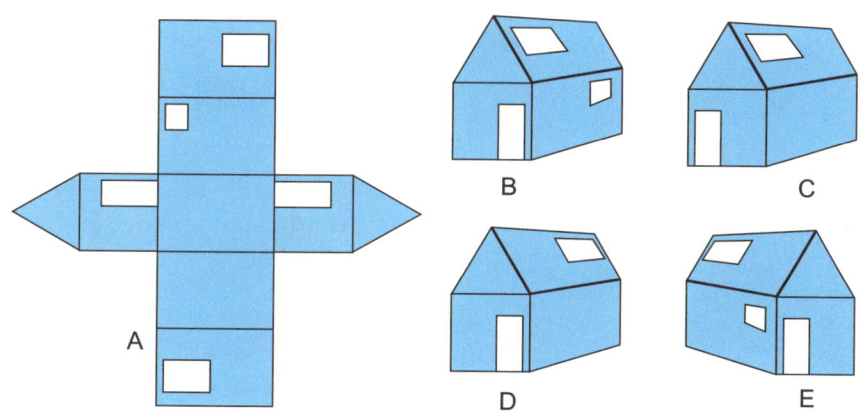

306

다음의 음표 중 나머지 음표 여섯 개와 다른 하나는 무엇입니까?

307

빈 칸에 들어가야 할 그림은 무엇일까요? 알아맞혀보세요.

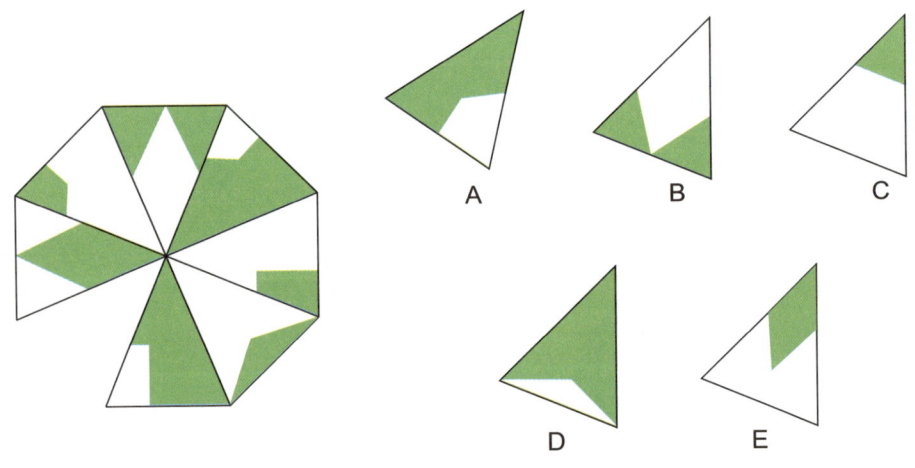

보기 A, B, C, D 중 빈 칸에 들어가야 할 시계는 무엇입니까?

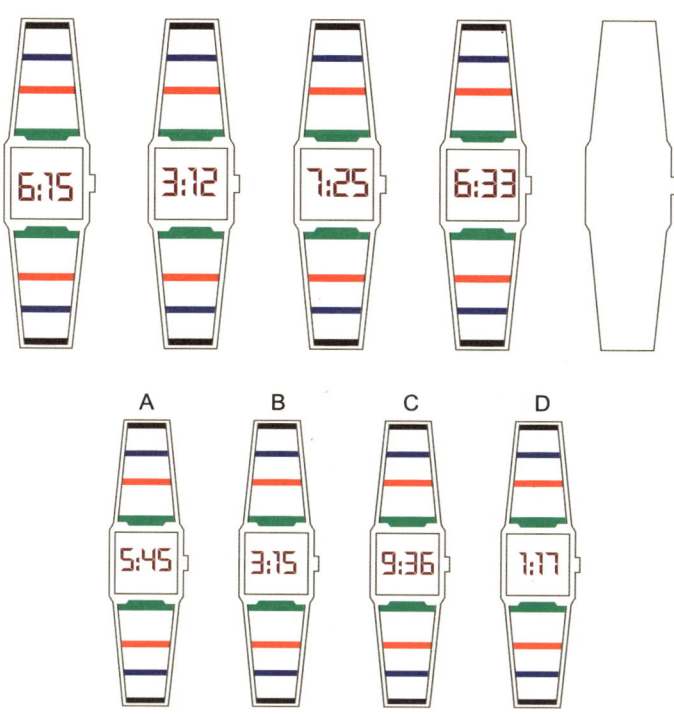

A   B   C   D

그림 A와 가장 가까운 그림은 무엇입니까?

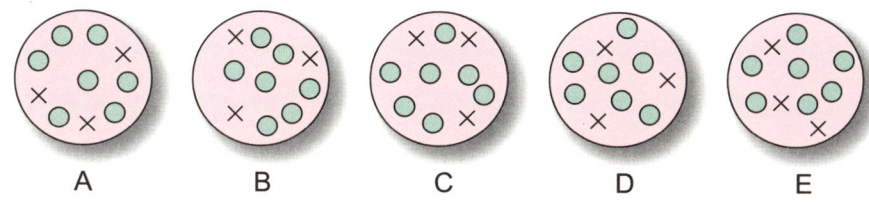

A   B   C   D   E

아래 표의 숫자는 일정한 순서에 따라 나열된 것입니다. 이 규칙은 무엇일까요? 또한, 출발점에서 시작하여 한 칸 한 칸 지나는 길을 표시해보세요. 각 칸을 이어주는 길은 가로, 세로, 혹은 대각선 모두 가능합니다. 또한, 각 칸은 한 번씩만 지날 수 있습니다. 도착점까지 가보세요.

출발

2	1	6	4	2	4
8	4	3	2	0	8
6	2	6	1	0	4
1	4	5	5	2	0
2	8	2	1	9	6

도착

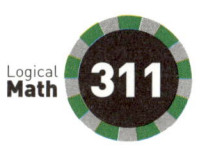

311 다음 그림에 쓰여 있는 숫자는 어떤 규칙에 따라 쓰인 것일까요? 곰곰이 생각해 본 후, 물음표에 들어가야 할 숫자를 맞혀보세요.

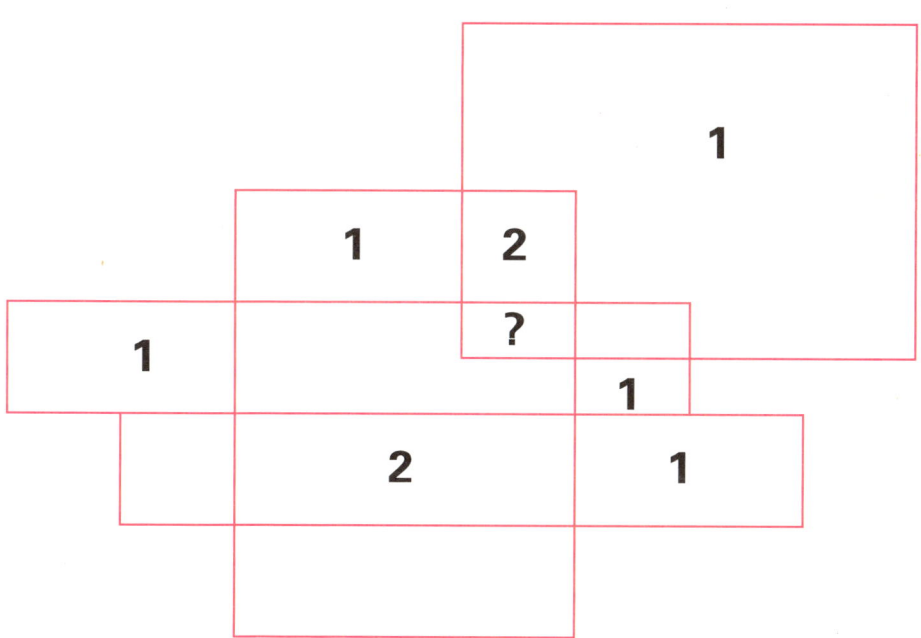

312 다음 차례에 들어가야 할 숫자는 무엇일까요?

보기 A~E 중 빈 칸에 들어가야 할 표는 무엇입니까?

2	3	9	5	4	2	3	9	5	4
7	0	2	6	3	7	0	2	6	3
9	6	4	2	8	9	6	4	2	8
7	2	6	8			2	6	8	3
8	9	1				1	2	6	
2	3	9				9	5	4	
7	0	2	6			0	2	6	3
9	6	4	2	8	9	6	4	2	8
7	2	6	8	3	7	2	6	8	3
8	9	1	2	6	8	9	1	2	6

A

```
    3 7
  2 6 8 9
  5 4 2 3
    3 7
```

B

```
  2 6
3 7 8 9
2 3 5 4
  7 3
```

C

```
  9 6
4 0 2 6
4 2 8 3
  7 2
```

D

```
  2 3
9 5 4 7
0 2 6 3
  4 2
```

E

```
  0 2
6 3 4 2
9 6 4 6
  2 8
```

아래의 숫자를 알맞은 칸에 넣어주세요.

3 7 3 7 3

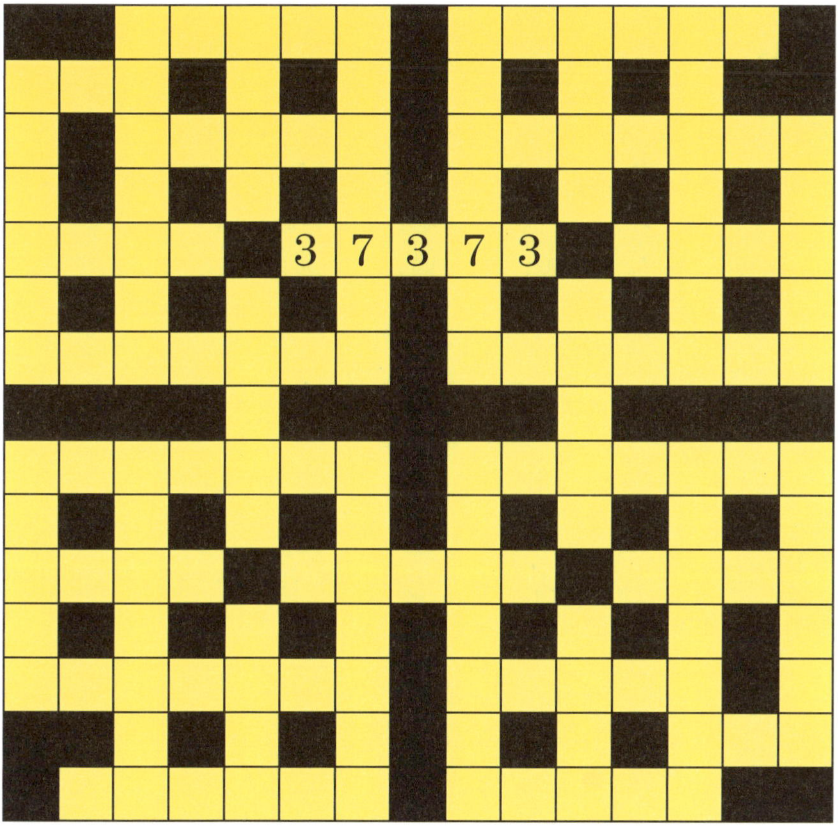

493 539 1491 2904 5863 5941 6474 7821

8727 9217 16741 20829 24393 27997 37373

40758 46227 47608 75354 90243 191053 590775

611252 837701 1809043 6284787 3804214 7024267

4365471 7342818 4792944 7892421 4917285 8098604

5164728 8319745 5753765 9215944

Logical Math 315

아래 그림 중 물음표를 둘러싸고 있는 동그라미 안에는 각각 도형과 부호가 그려져 있으며, 다음 규칙에 따라 가운데 원 안으로 이동할 수 있습니다. 밖을 둘러싸고 있는 동그라미 중,

어떤 도형 혹은 부호가 한 개일 경우, 이동합니다.
어떤 도형 혹은 부호가 두 개일 경우, 이동할 수도 있습니다.
어떤 도형 혹은 부호가 세 개일 경우, 이동합니다.
어떤 도형 혹은 부호가 네 개일 경우, 이동할 수 없습니다.
그렇다면 보기 A, B, C, D, E 중 물음표에 들어가야 할 그림은 무엇일까요?

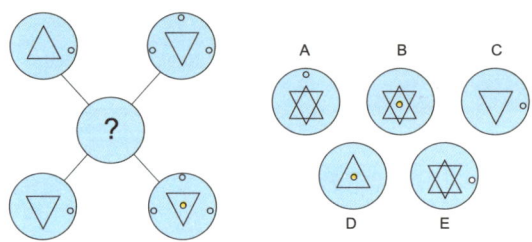

Logical Math 316

보기 A, B, C, D, E 중 물음표 안에 들어가야 할 그림은 무엇입니까?

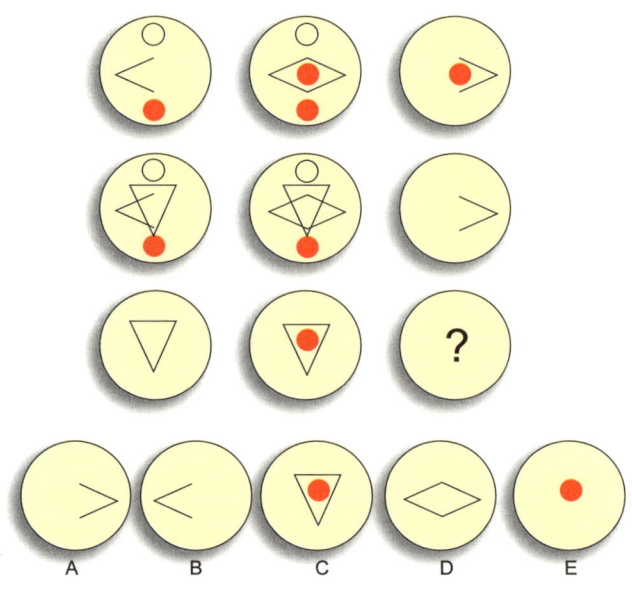

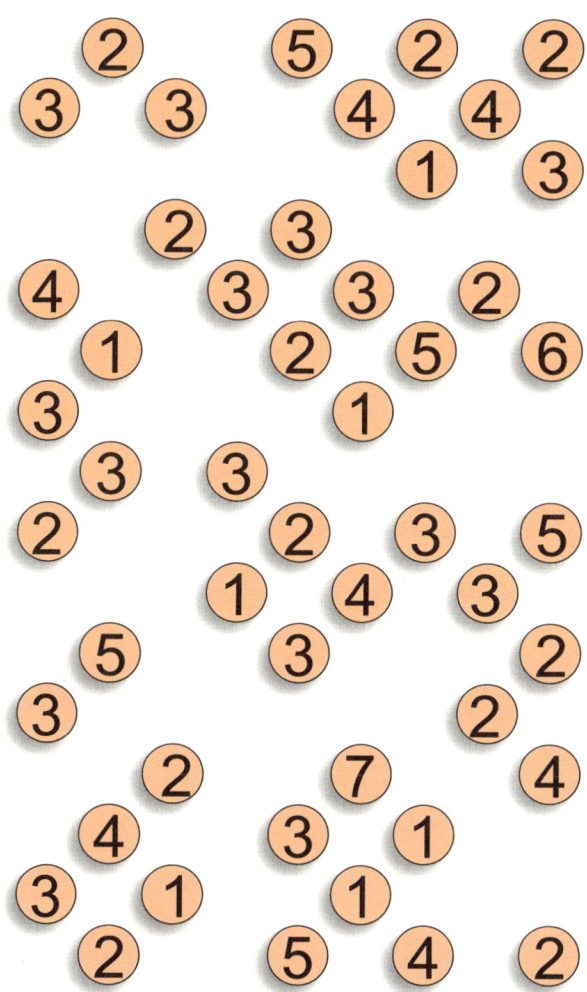

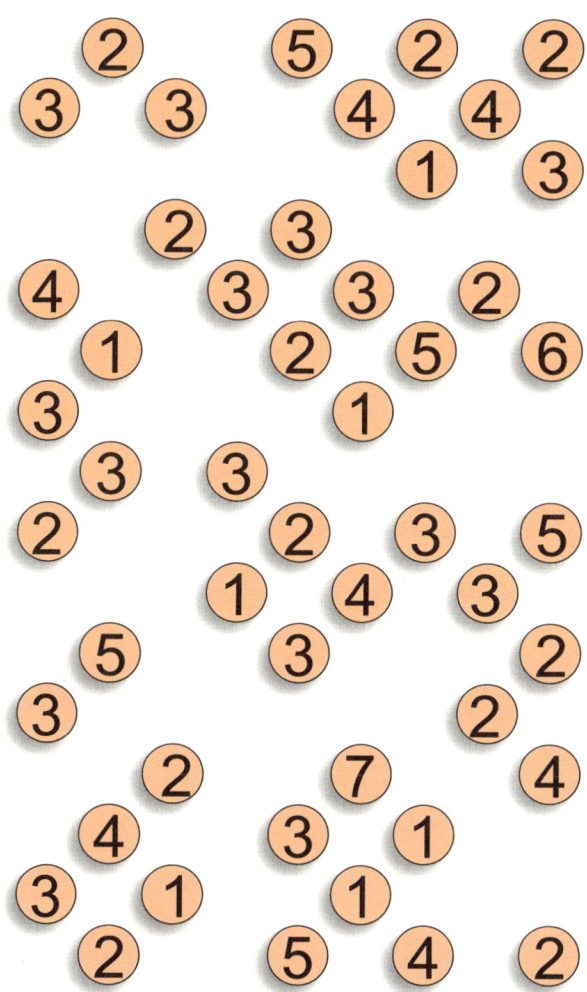

아래 그림은 일본의 유명한 게임 중의 하나인 '다리 건설 게임' 입니다. 각각의 숫자가 쓰여 있는 동그라미는 작은 섬을 대표합 니다. 가로 혹은 세로로 다리를 만들어 모든 섬을 이어주는 하나 의 길을 만들어야 합니다. 섬을 이어주는 다리의 수는 반드시 작 은 동그라미 안에 쓰여 있는 숫자와 같아야 합니다. 두 섬 사이 에는 두 개의 다리가 필요할 것입니다. 그러나 다리가 작은 섬을 가로지르거나 다른 다리와 서로 겹쳐선 안 됩니다.

다음 그림에는 A1~C3 아홉 개의 블록이 들어가 있습니다. 각각의 블록은 위쪽과 왼쪽의 같은 알파벳 혹은 숫자가 쓰여 있는 블록과 서로 대응합니다. 즉, A1~C3 블록에 그려져 있는 도형은 이 두 개의 블록이 겹쳐져 완성된 것이지요. 그렇다면, 아홉 개의 블록 중 틀린 것은 무엇입니까?

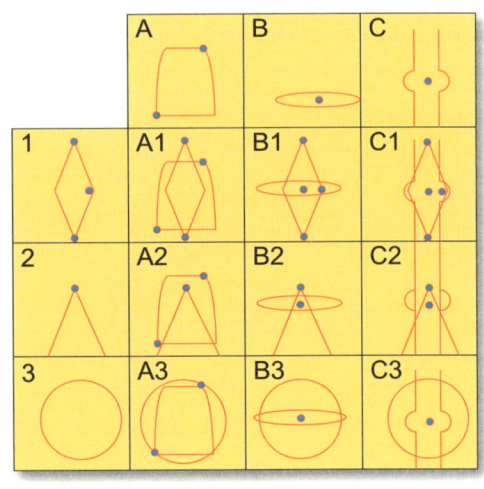

보기 A~E 중 다음 차례에 와야 할 도형은 무엇일까요?

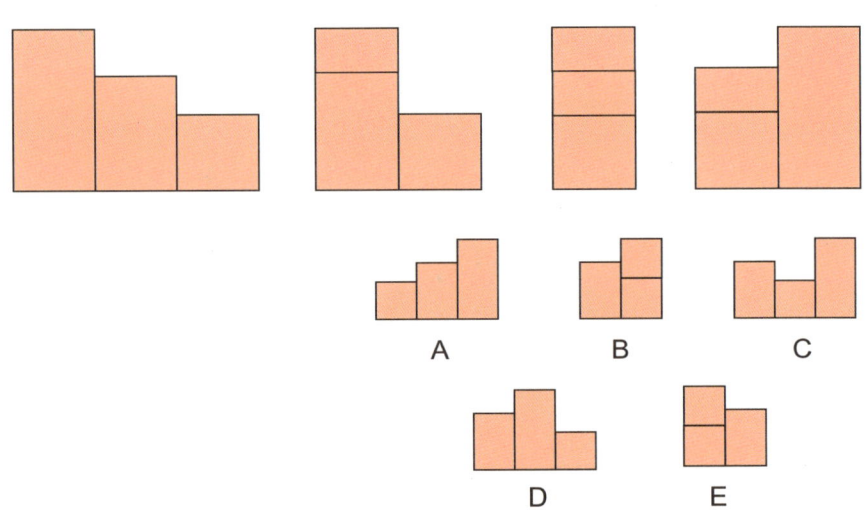

320 물음표에 들어가야 할 알맞은 그림은 무엇일까요?

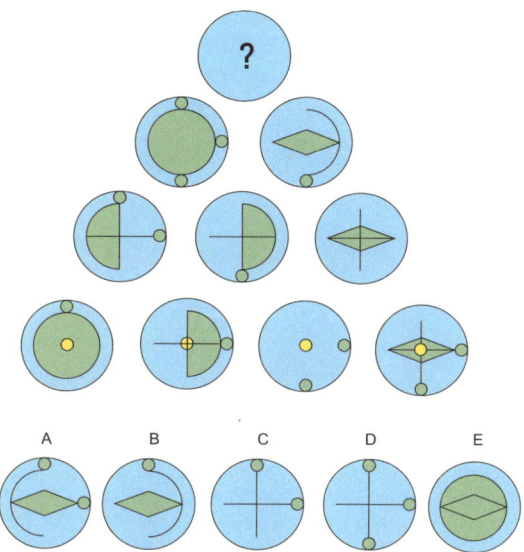

A　　　B　　　C　　　D　　　E

321 다음 보기 중 나머지 그림과 다른 하나를 찾아보세요.

1	2	3	4	5
6	7	8	9	10
11	12	13	14	15

A와 B를 합하면 C가 되고, D와 E를 합하면 F가 됩니다. 단, 같은 그림은 표시하지 않습니다. 그렇다면, 빈 칸에 들어가야 할 그림은 어떤 것일까요?

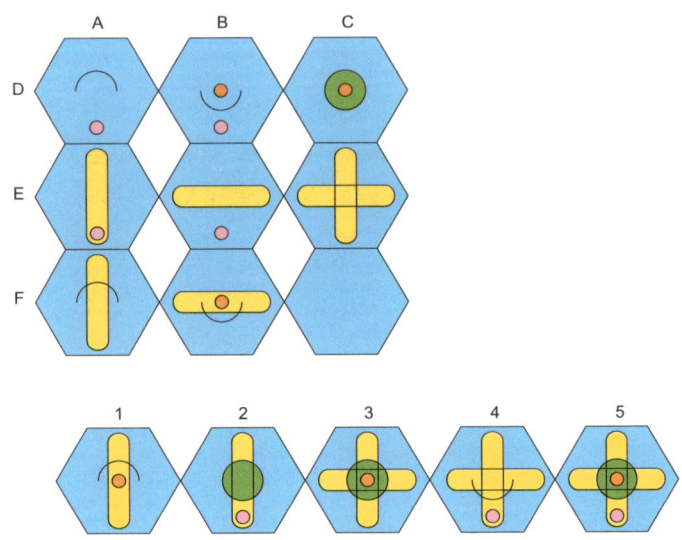

다음 빈 칸에 들어가야 할 그림은 무엇입니까?

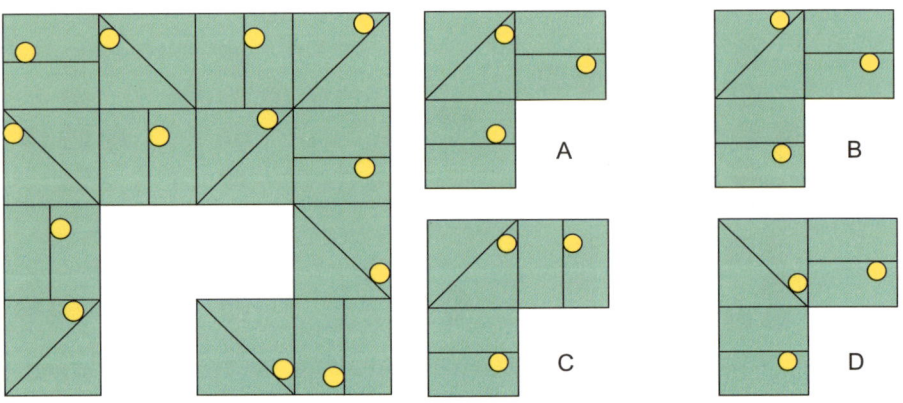

Logical Math 324

다음 보기와 같이 빈 칸에 알맞은 숫자와 부호를 넣어, 다음 '값'이 나오도록 만들어보세요.

4	+	9	×	5	−	3	=	62
							=	44
							=	10
							=	40
=		=		=		=		
54		34		46		58		

Logical Math 325

모든 그림의 왼쪽 상단의 점은 1을 대표하고, 오른쪽 하단의 점은 25를 대표합니다. 그렇다면, 보기 A, B, C, D 중 각 점의 합이 67이 되는 것은 무엇입니까?

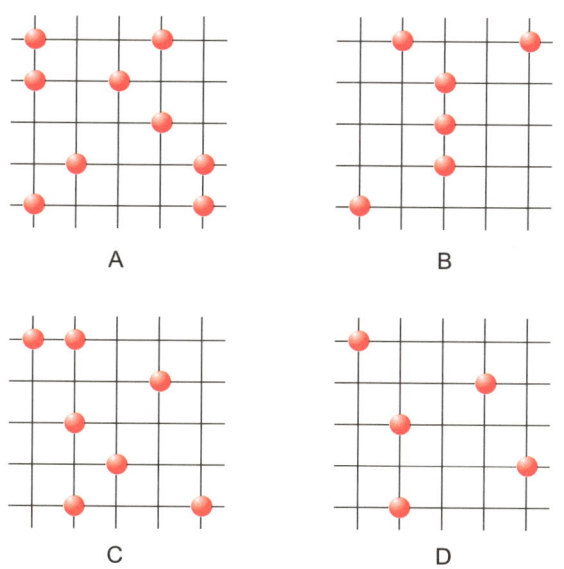

A

B

C

D

아래 표에서 1, 3, 5, 7, 9, 직선으로 놓인 이 숫자는 단 한 번뿐입니다. 가로, 세로 혹은 대각선에 모두 놓일 수 있으며, 순서대로 혹은 반대로 놓여 있을 수도 있습니다. 가장 짧은 시간 내에 찾아보세요.

1	3	5	9	7	9	3	1	7	5	3	1
3	9	5	3	1	5	7	9	3	1	5	9
5	1	7	1	1	1	3	5	9	7	1	7
3	5	1	3	5	9	7	1	5	9	3	5
9	7	5	3	9	7	1	3	9	3	5	1
1	9	3	5	7	9	1	5	3	7	9	3
9	3	7	9	5	1	3	9	1	3	7	5
5	5	9	5	3	7	5	1	9	5	5	9
7	9	5	7	1	3	9	7	5	9	1	7
9	7	3	1	7	9	5	3	1	5	7	9
9	7	1	1	3	5	1	1	3	7	9	1
9	7	5	9	7	9	5	3	1	9	5	9

아래 그림은 같은 크기로 여러 번 나눌 수 있습니다. 단, 각 부분에 들어 있는 삼각형의 수는 같아야 합니다. 그렇다면, 가장 적게 몇 부분으로 나눌 수 있을까요? 그리고 각 부분에 들어 있는 삼각형은 몇 개일까요?

다음 중 나머지 그림과 다른 하나는 무엇입니까?

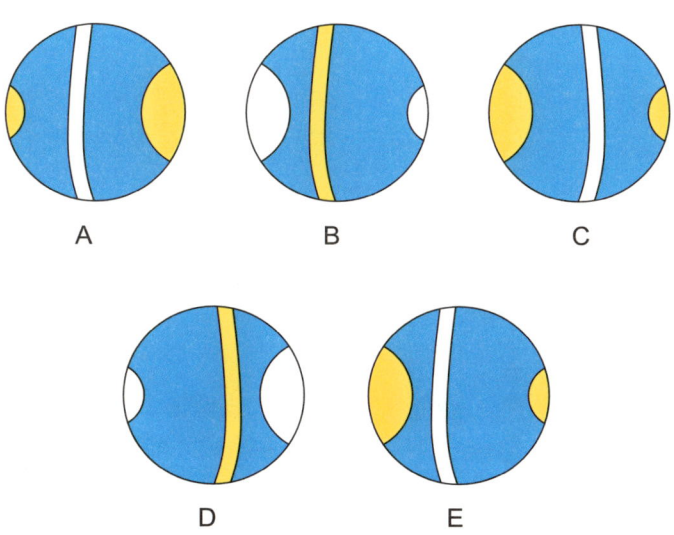

A   B   C

D   E

329 다음 보기 중 거울에 비친 그림이 아닌 것은 무엇입니까?

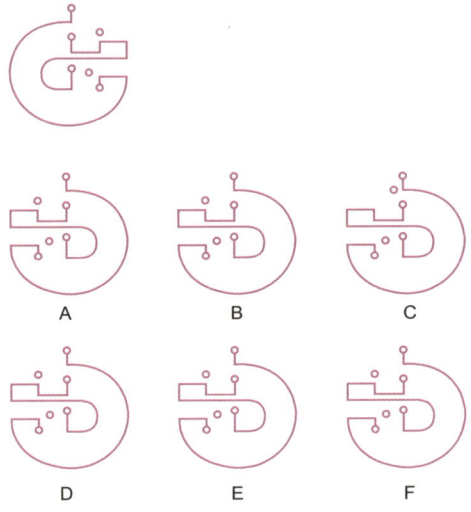

330 다음 시스템이 수평을 이루려면, 가장 마지막 상자의 무게는 얼마이어야 할까요?

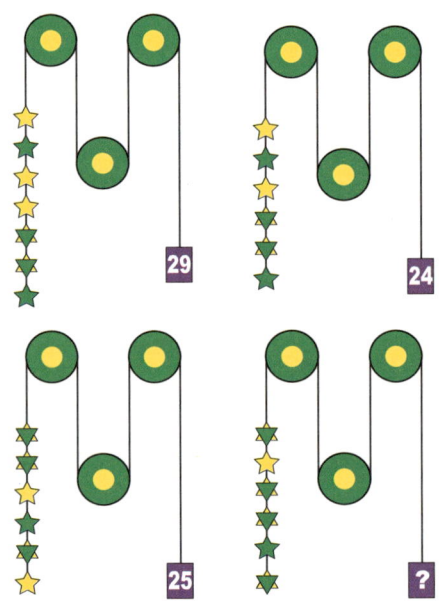

Logical Math 331

다음 중 나머지 그림 네 개와 다른 하나는 무엇입니까?

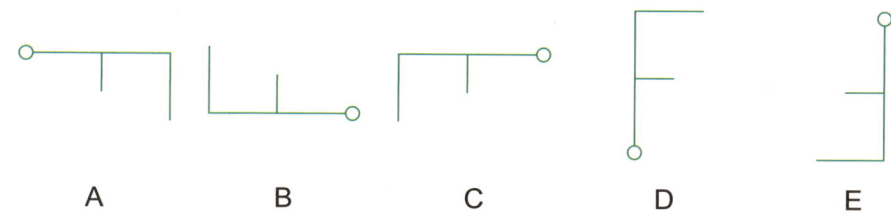

A   B   C   D   E

Logical Math 332

도미노를 자세히 살펴보세요. 빠진 도미노 두 개는 각각 무엇일까요?

Logical Math 333

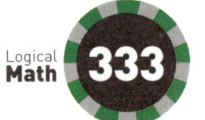

아래 그림은 일정한 순서에 따라 나열된 것입니다. 그렇다면, 다음 보기 중 J와 N에 들어가야 할 그림은 무엇일까요?

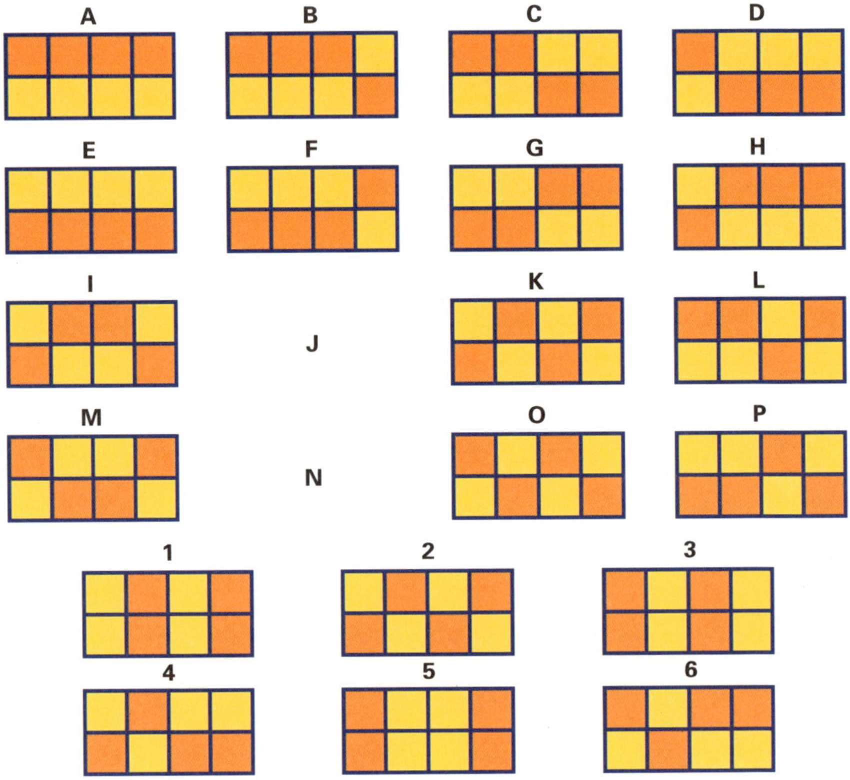

A
B
C
D
E
F
G
H
I
J
K
L
M
N
O
P
1
2
3
4
5
6

Logical Math 334

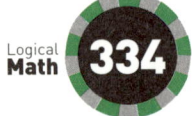

다음 중 나머지 그림 네 개와 다른 하나는 무엇입니까?

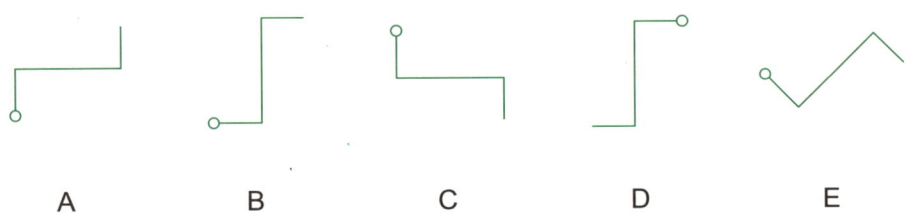

A
B
C
D
E

Logical Math **335** 가장 윗줄의 한 숫자에서 시작하여 아래쪽으로, 대각선으로 다음 칸까지 이동할 수 있습니다. 그러나 숫자 1은 지날 수 없으며, 숫자 1의 옆 칸도 지날 수 없습니다(단, 시작은 할 수 있습니다). 위로 지나거나, 가로나 세로로는 이동할 수 없습니다. 그렇다면, 이 조건에 부합하는 '길' 중 가장 큰 합은 얼마일까요?

9	4	5	3	6	1	8	2
8	1	2	2	3	2	5	1
6	9	9	1	2	4	3	5
4	8	1	3	5	2	6	1
1	4	3	7	6	3	1	4
9	2	4	8	6	4	5	3
4	2	9	4	8	6	7	1
2	8	1	6	5	9	0	1

Logical
Math **336** 아래 그림 중 물음표를 둘러싸고 있는 동그라미 안에는 각각 도형과 부호가 그려져 있으며, 다음 규칙에 따라 가운데 원 안으로 이동할 수 있습니다. 밖을 둘러싸고 있는 동그라미 중,

어떤 도형 혹은 부호가 한 개일 경우, 이동합니다.
어떤 도형 혹은 부호가 두 개일 경우, 이동할 수도 있습니다.
어떤 도형 혹은 부호가 세 개일 경우, 이동합니다.
어떤 도형 혹은 부호가 네 개일 경우, 이동할 수 없습니다.
그렇다면 보기 A, B, C, D, E 중 가운데 들어가야 할 그림은 무엇일까요?

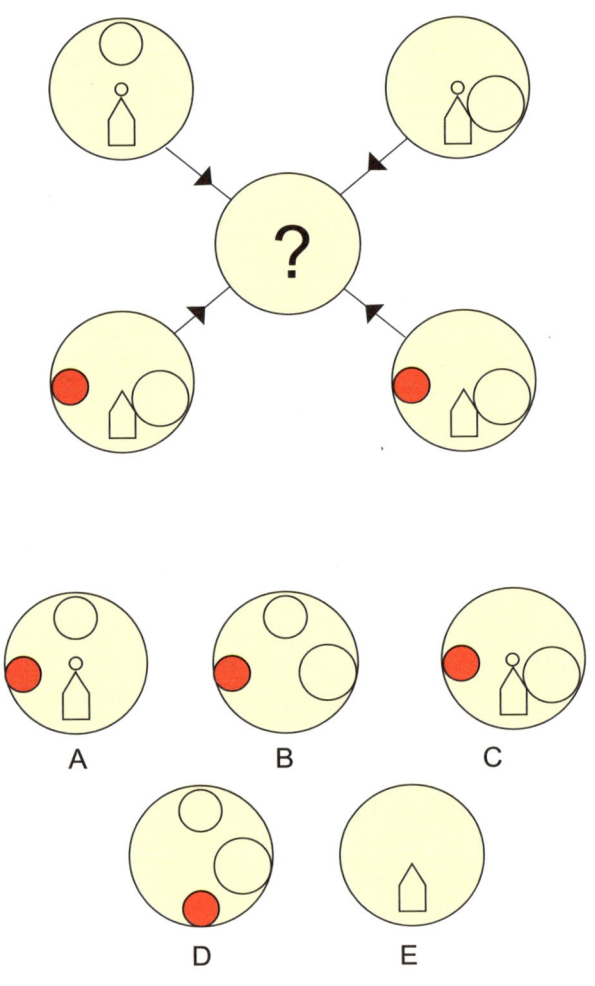

다음 중 나머지 그림과 다른 하나는 무엇입니까?

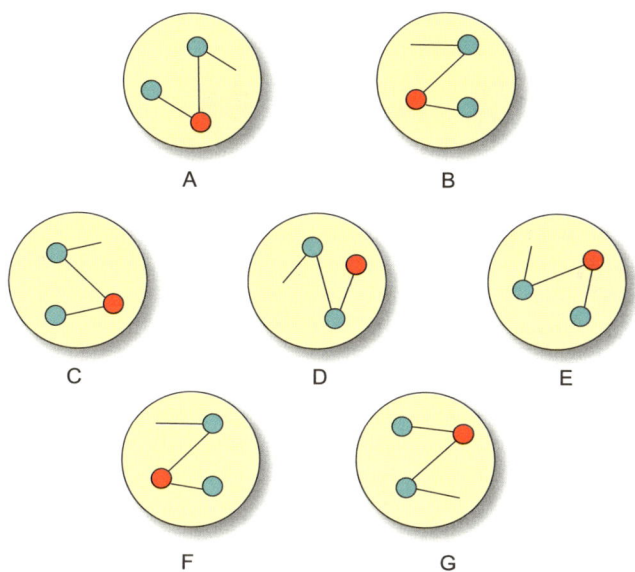

자세히 관찰해보세요. 다음 차례에 와야 할 그림은 무엇입니까?

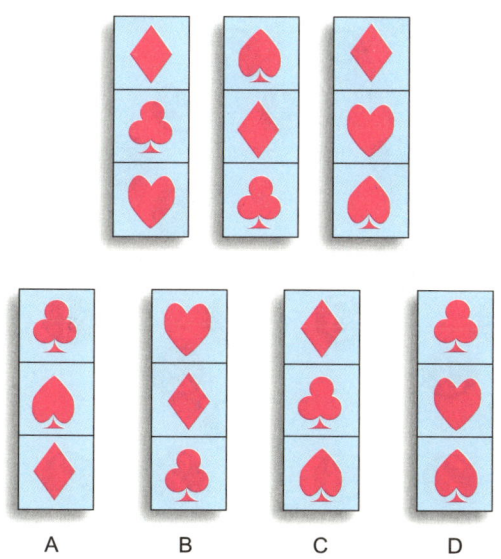

339 다음은 '다리 건설 게임'입니다.(게임 규칙은 317번 문제를 참조하세요)

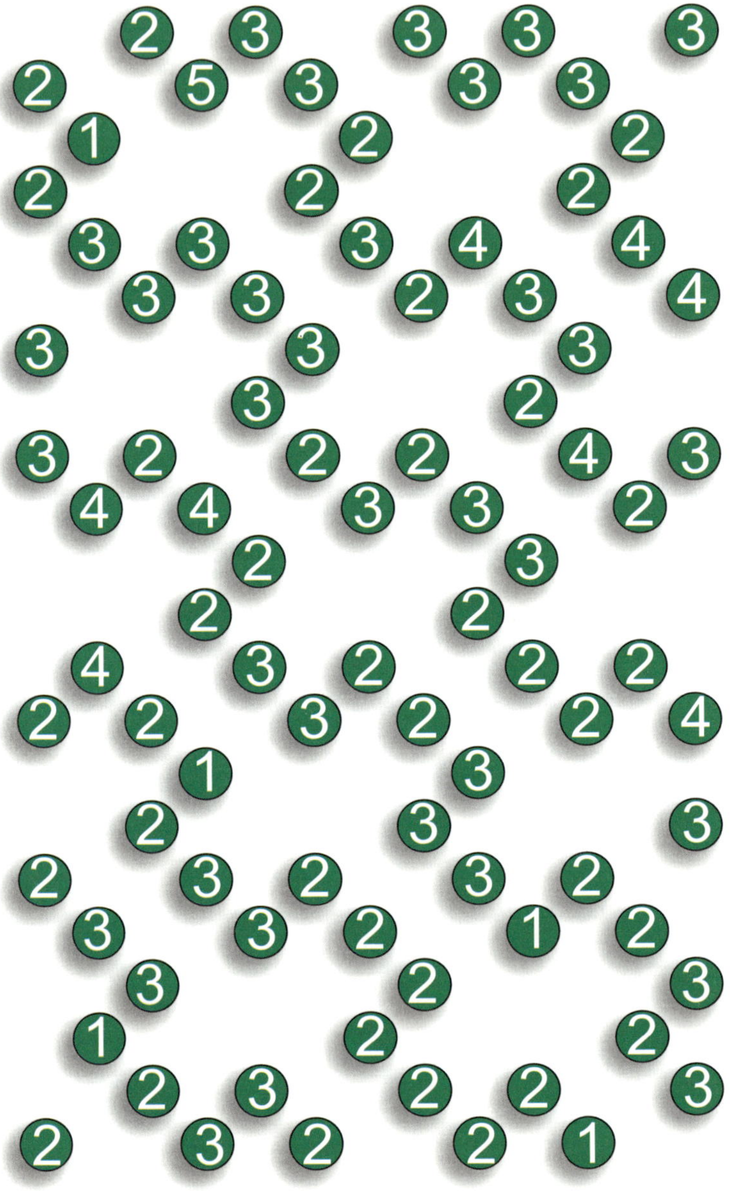

340 다음 빈 칸에 들어가야 할 그림은 무엇일까요?

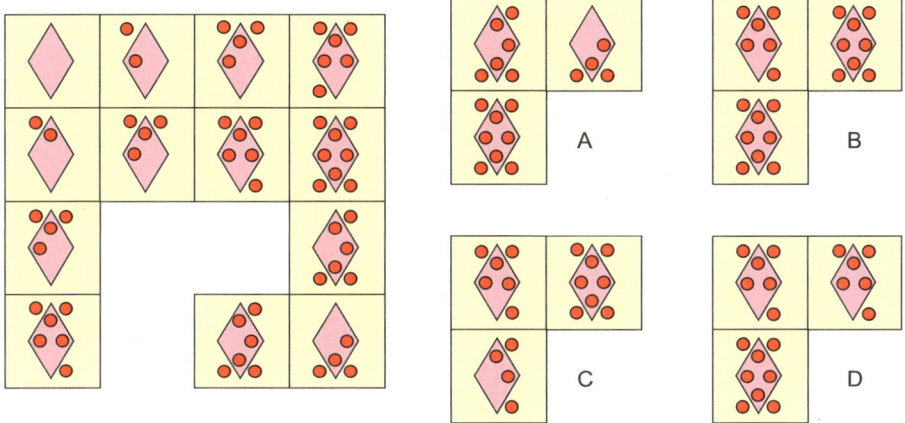

341 다음 중 나머지 그림과 다른 하나는 무엇입니까?

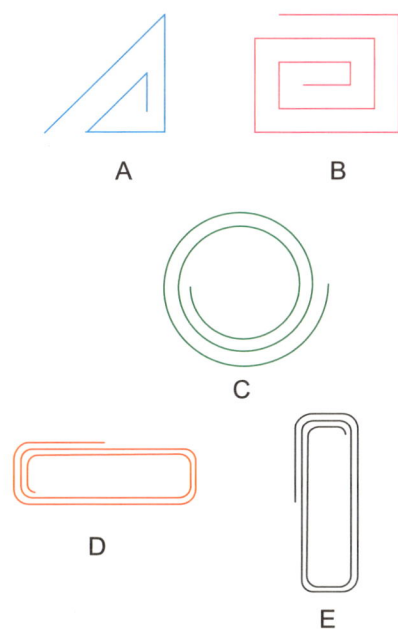

보기 A, B, C, D 중 다음 빈 칸에 들어가야 할 그림은 무엇일까요?

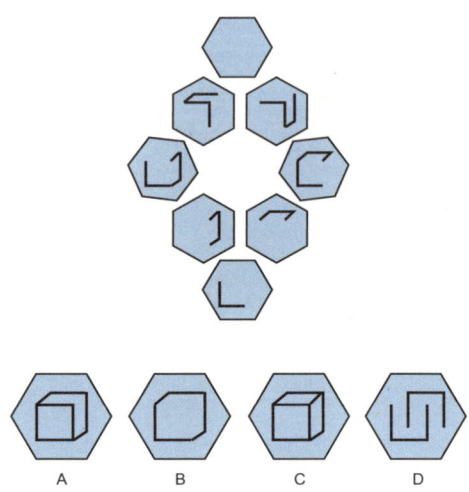

다음 중 나머지 그림과 다른 하나는 무엇입니까?

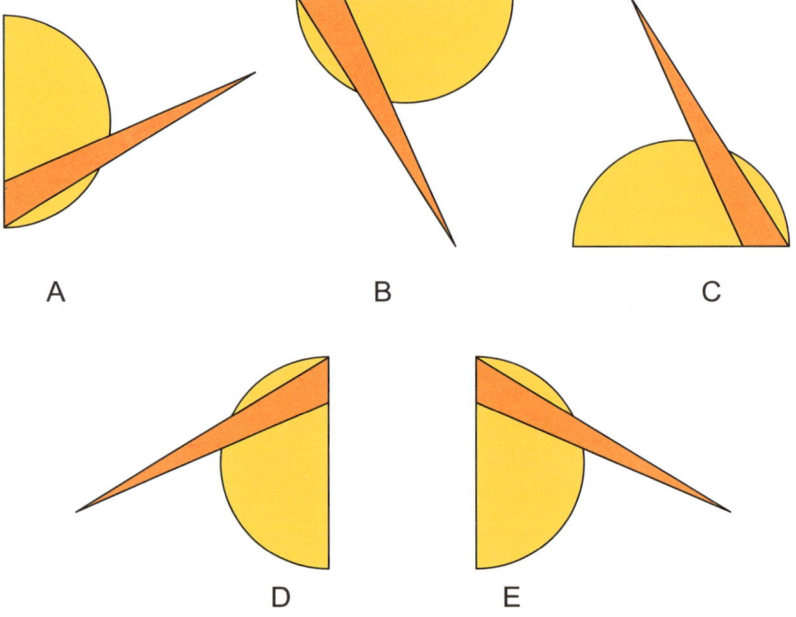

344 보기 A~E 중 나머지 그림과 다른 하나는 무엇입니까?

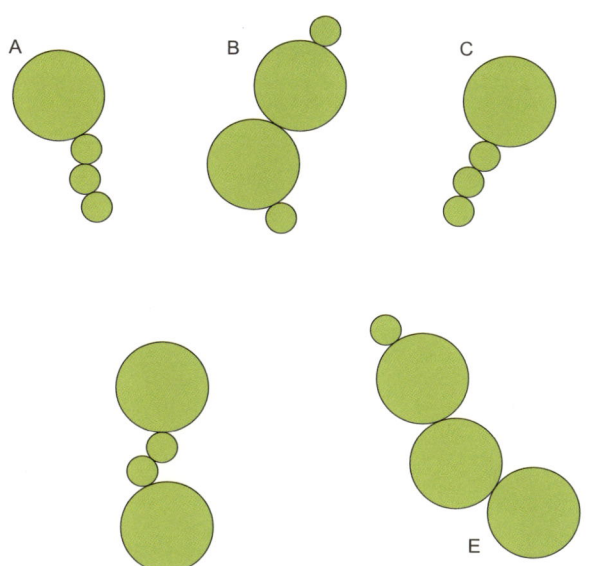

345 보기 A, B, C, D 중 나머지 그림과 다른 하나는 무엇일까요?

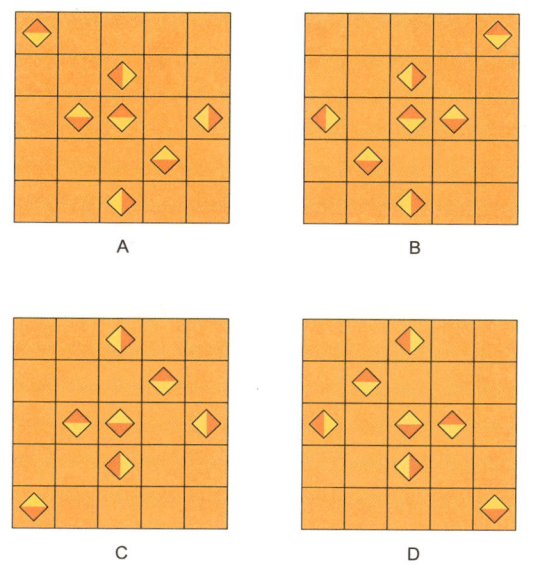

Logical Math **346** 다음 그림은 모두 동물입니다. 2분 동안 동물의 이름을 외워보세요. 그리고 종이에 외운 동물의 명칭을 써보세요.

347 위에 있는 그림의 색깔을 자세히 관찰해보세요. 제한시간은 3분입니다. 그리고 그림을 손으로 가린 후 아래 그림을 색칠해보세요.

348 다음 빈 칸에 들어가야 할 그림은 무엇일까요?

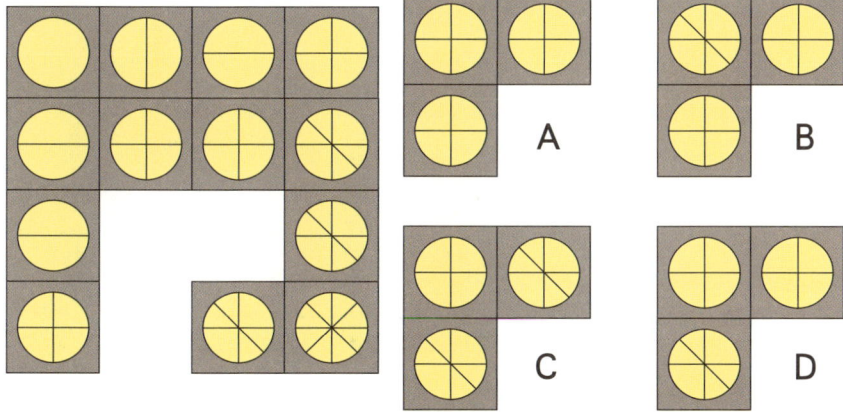

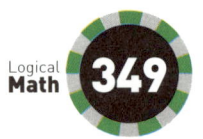

다음 그림 중 서로 다른 부분 다섯 곳을 찾아보세요.

 다음 도형에 숫자 1~12를 써넣어보세요. 홀수는 삼각형에, 짝수는 동그라미에, 3으로 나눌 수 있는 수는 정사각형 안에 들어가야 합니다.

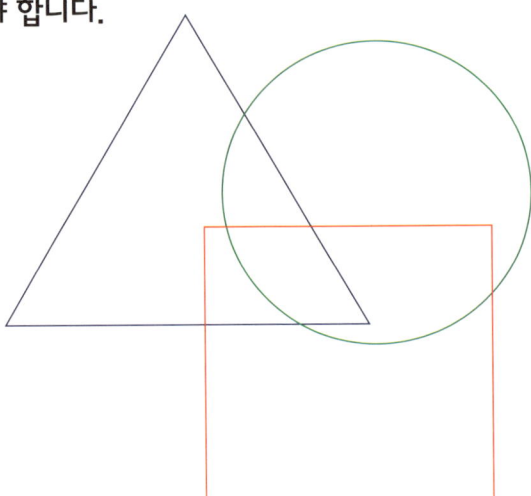

 다음과 같이 동그라미 아홉 개가 놓여 있습니다. 점을 이어 다섯개의 변이 있는 도형을 완성했습니다. 이러한 방법으로 점을 이어 가장 많은 변을 가지고 있는 도형을 만들어보세요.

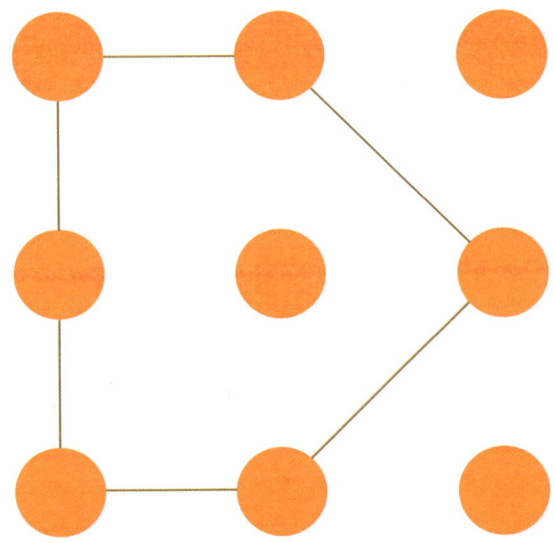

353 숫자 4가 다음과 같이 놓여 있습니다. 만약 각각의 동그라미가 반 바퀴씩 회전한다면 숫자 4는 어떤 모양이 되어 있을까요?

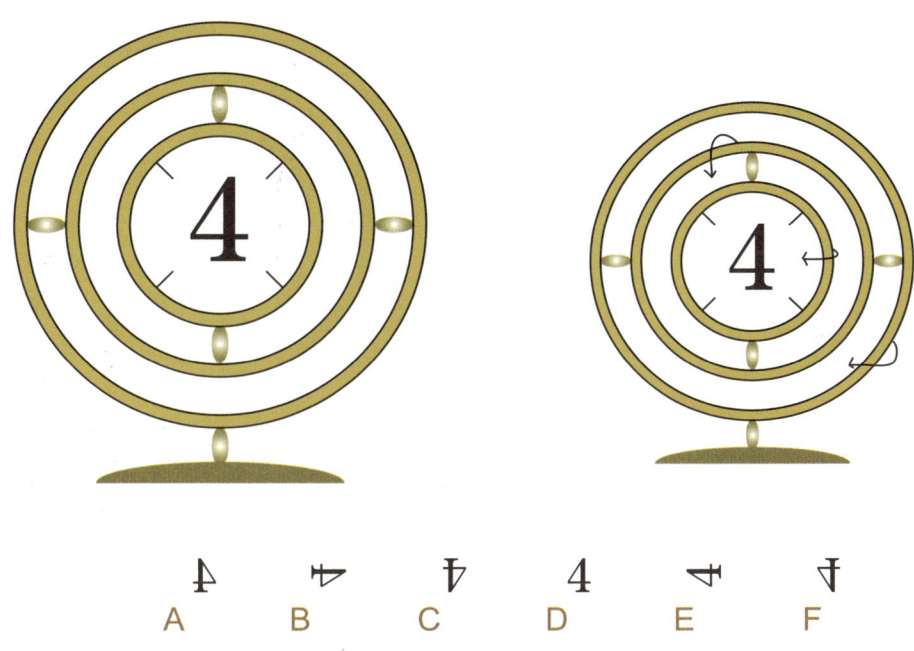

354 마지막 시계의 시침은 몇 시를 가리켜야 할까요?

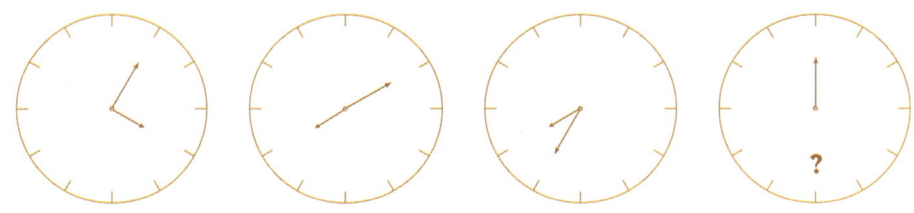

다음 그림 중 서로 다른 부분 다섯 곳을 찾아보세요.

Logical
Math **356** 2분 동안 아래의 용의자를 자세히 관찰한 후 그림을 가리고 다음 물음에 답하세요.

1. 롱 재킷을 입고 있는 용의자는 누구입니까?
2. 가방을 들고 있는 용의자는 누구입니까?
3. 티셔츠를 입고 있는 용의자는 누구입니까?
4. 수염을 기른 용의자는 누구입니까?
5. 여자 용의자는 모두 몇 명입니까?
6. 안경을 끼고 있는 용의자는 누구입니까?
7. 넥타이를 하고 있는 용의자는 누구입니까?
8. 치마를 입고 있는 용의자는 누구입니까?
9. 허리띠를 하고 있는 용의자는 누구입니까?
10. 키가 가장 큰 용의자는 누구입니까?
11. 목걸이를 하고 있는 용의자는 누구입니까?
12. 파마머리의 용의자는 누구입니까?

357 보기 1, 2, 3 중 틀린 식을 찾아보세요.

358 마지막 물음표에 들어가야 할 알맞은 숫자는 무엇일까요?

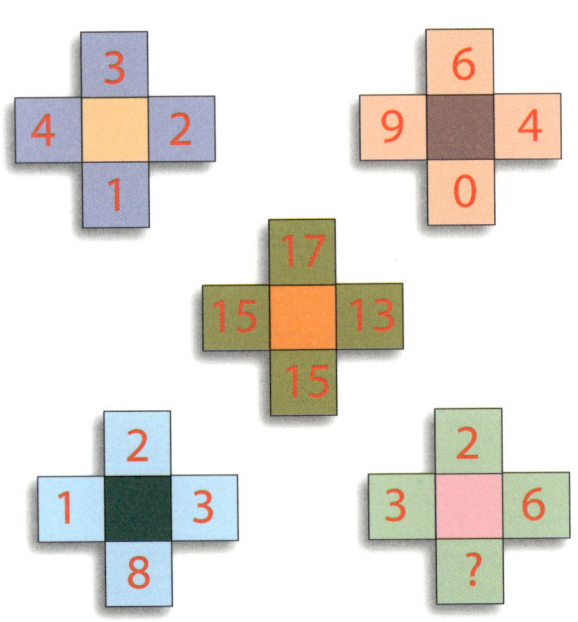

보기 A, B, C, D, E 중 빈 칸에 들어가야 할 그림은 무엇일까요?

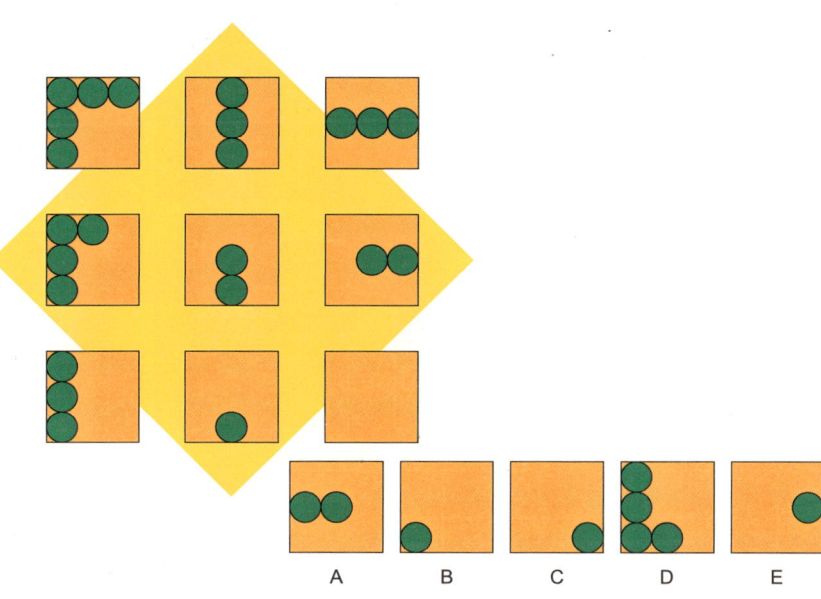

A   B   C   D   E

빨간색 도형 세 개 중, 나머지 도형과 합쳐 정사각형을 만들 수 있는 도형은 어떤 것일까요?

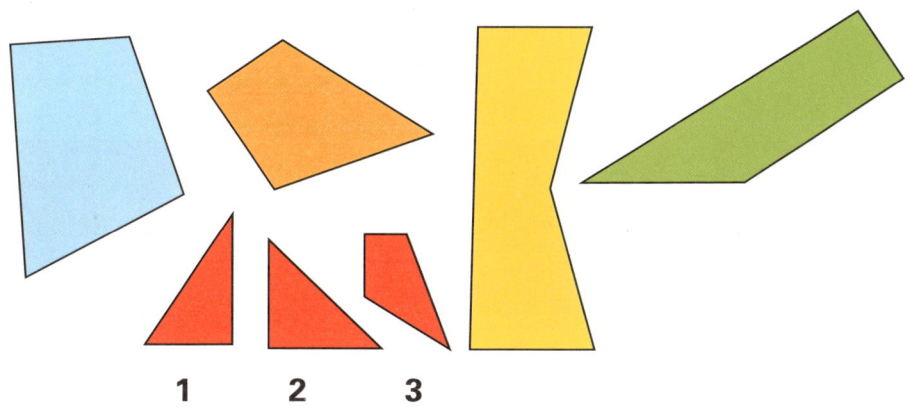

1   **2**   **3**

Logical Math 361

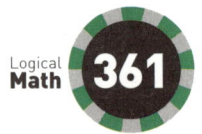

보기 A, B, C, D 중 물음표에 들어가야 할 그림은 무엇입니까?

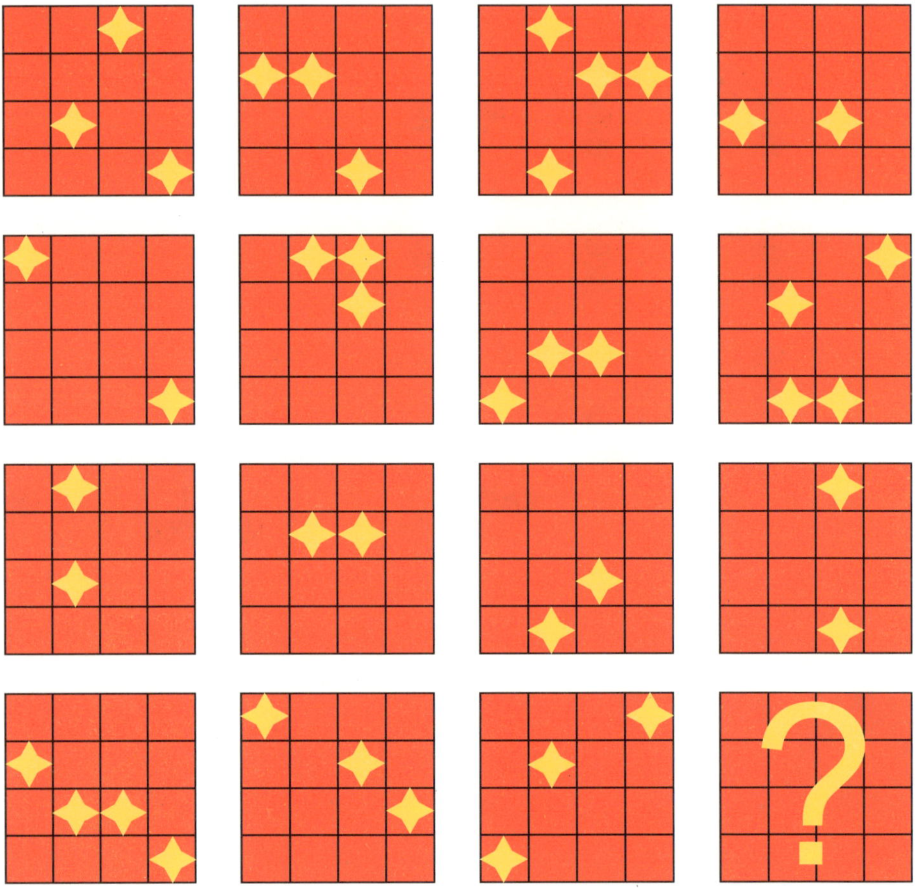

A

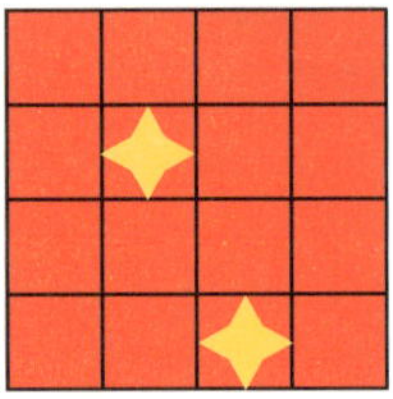

B

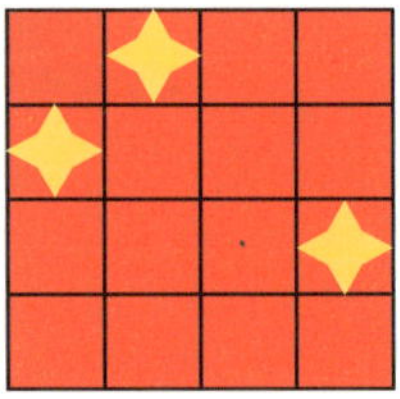

C

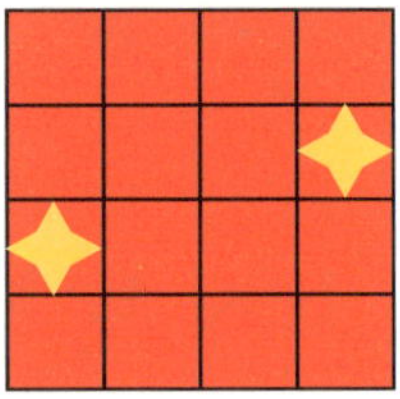

D

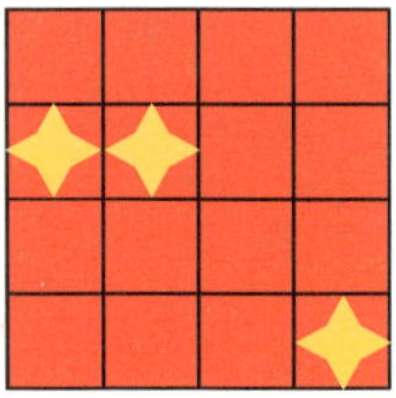

 **Logical Math 362**

다음 조각을 맞추어 정사각형을 만들어보세요. 단, 고리가 끊어지면 안 됩니다. 다음 그림을 모사한 후, 맞춰보세요.

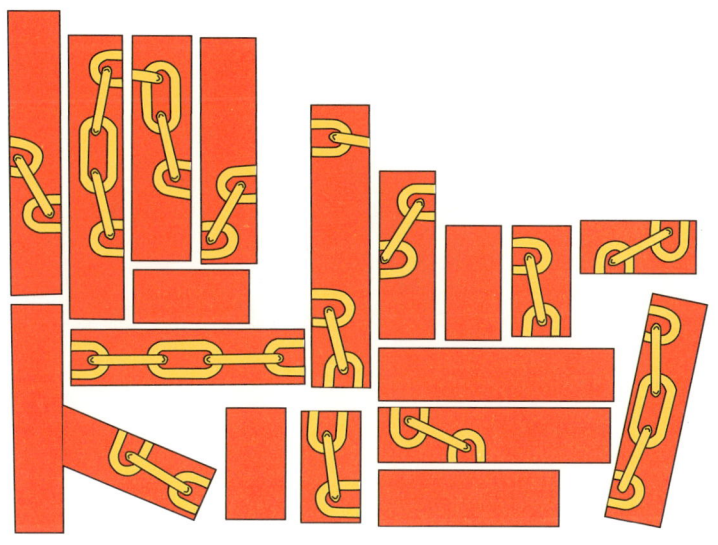

Logical Math 363

마지막 항에 들어가야 할 알맞은 숫자를 맞혀보세요.

1
1 1
2 1
1 1 1 2
3 1 1 2
2 1 1 2 1 3
3 1 2 2 1 3
2 1 2 2 2 3
1 1 4 2 1 3
3 1 1 2 1 3 1 4
? ? ? ? ? ? ? ?

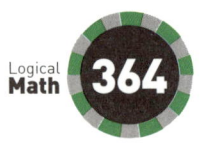
364 아래의 암호는 어떤 동물의 영문을 나타내는 것일까요? 자세히 살펴보세요.

365 보기 B, C, D, E 중 A를 접어 완성할 수 있는 정육면체는 어떤 것입니까?

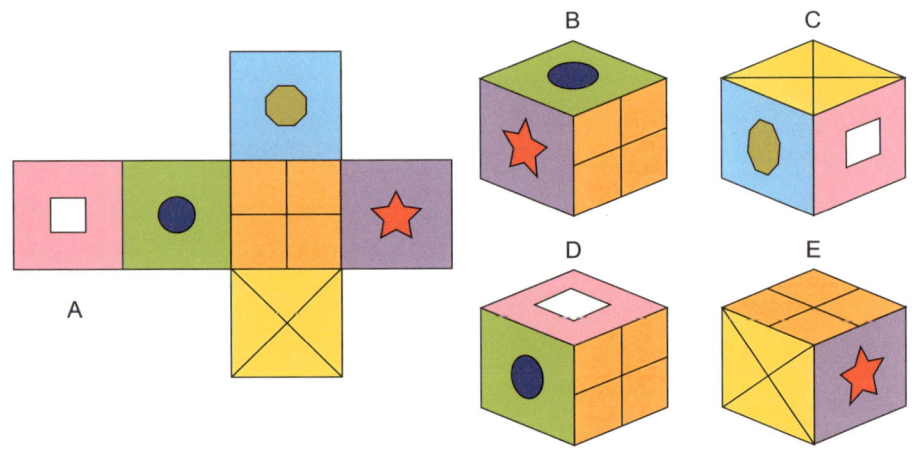

366 3초 동안 아래 그림을 관찰해 보세요. 가장 많이 나뉜 도형은 어떤 것입니까?

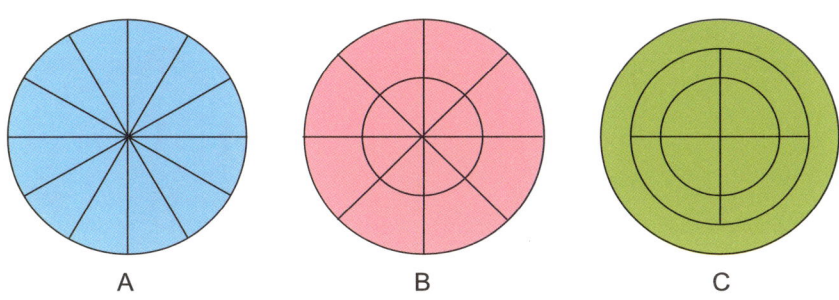

A   B   C

367 다음 수수께끼를 완성하려면, 빈 칸에 어떤 그림이 들어가야 할까요?

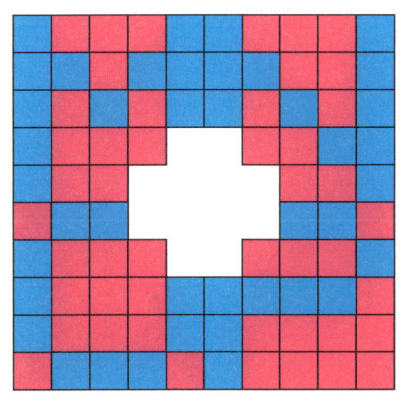

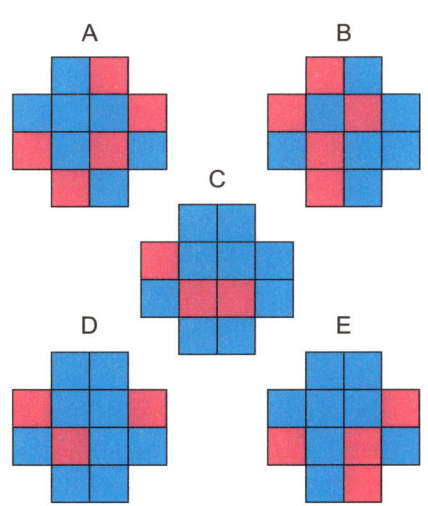

물음표에 들어가야 할 알맞은 수를 넣어주세요.

3	6	4	7	9	3	6
9	7	4	6	3	9	7
6	4	?	9	3	6	4
3	9	?	4	6	3	9
4	7	?	3	6	4	7
6	3	?	7	4	6	3
7	9	3	6	4	7	9

보기 A~E 중 점을 찍어 왼쪽 그림과 같은 조건을 만족시킬 수 있는 것은 어느 것일까요?

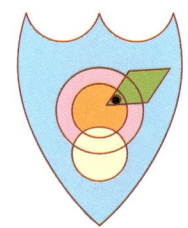

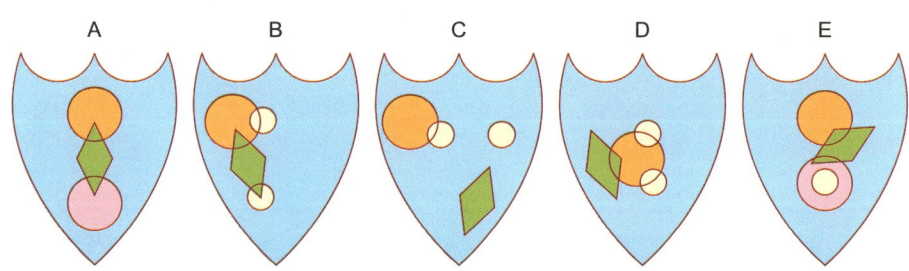

A   B   C   D   E

북방에는 신비한 '생명체'가 살아가고 있습니다. 각각의 생명체는 모두 서로 다른 습성과 자원을 가지고 있습니다.

1. 요정은 장난꾸러기입니다. 루비는 스코틀랜드에서 나옵니다.
2. 도깨비는 은을 가지고 있습니다. 난쟁이는 노르웨이에 삽니다.
3. 스코틀랜드에는 거인이 삽니다. 작은 요정은 황금을 가지고 있습니다.
4. 난쟁이는 심보가 고약합니다. 스코틀랜드에는 얄미운 생명체가 삽니다.
5. 작은 요정은 배타성이 강합니다. 도깨비는 잉글랜드에 삽니다.
6. 작은 요정은 예쁩니다. 웨일스에는 장난꾸러기가 살지 않습니다.
7. 아일랜드에서는 다이아몬드가 나지 않습니다.

아래를 참고하여 각 생명체의 특징과 살고 있는 나라, 그리고 각 나라의 자원(보물)을 맞혀보세요.

		국가					특징					자원(보물)				
		노르웨이	아일랜드	스코틀랜드	잉글랜드	웨일즈	배타성이 강하다.	못생겼다.	장난꾸러기이다.	얄밉다.	심보가 고약하다.	황금	다이아몬드	루비	에메랄드	은
생명체	난쟁이															
	작은 요정															
	요정															
	거인															
	도깨비															
자원 (보물)	황금															
	다이아몬드															
	루비															
	에메랄드															
	은															
특징	배타성이 강하다.															
	못생겼다.															
	장난꾸러기이다.															
	얄밉다.															
	심보가 고약하다.															

Logical
Math 371 표 A와 표 B의 값은 이미 나와 있습니다. 그렇다면, 표 C의 값은 얼마일까요?

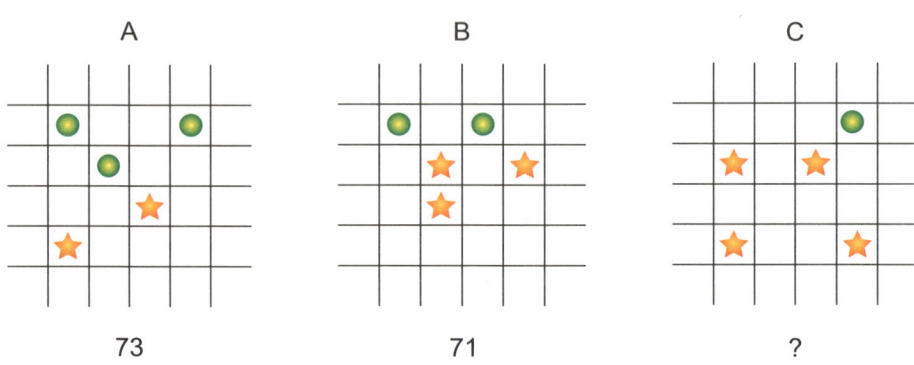

A 73

B 71

C ?

Logical
Math 372 그림 1과 그림 2는 서로 대응합니다. 그렇다면 186681과 서로 대응하는 수는 무엇입니까?

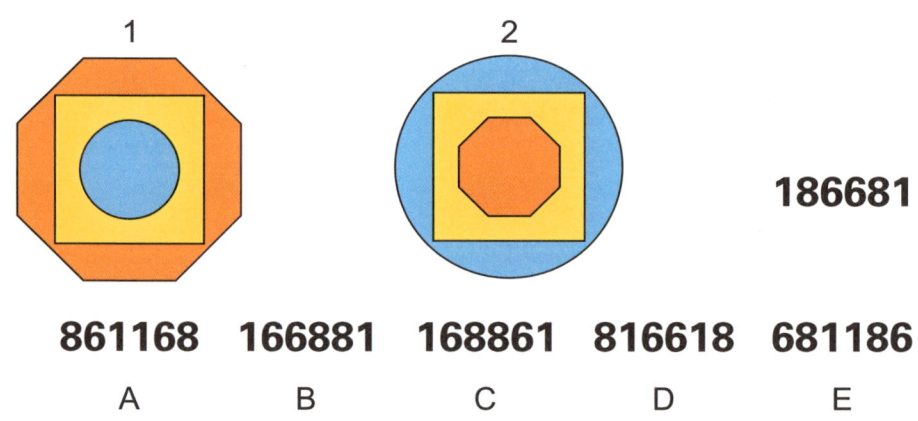

1

2

186681

861168   166881   168861   816618   681186

A   B   C   D   E

373 잭은 작은 도시의 경찰입니다. 그의 임무는 다음과 같은 지역을 순찰하는 것입니다. 같은 길을 중복해서 지나지 않고, 한 번에 모든 지역을 순찰할 수 있는 길을 찾아보세요.

374 문제 1: 저울 C가 수평을 이루려면 오른쪽에 몇 개의 별을 올려놓아야 할까요?
문제 2: 저울 C가 수평을 이루려면 오른쪽에 몇 개의 동그라미를 올려놓아야 할까요?

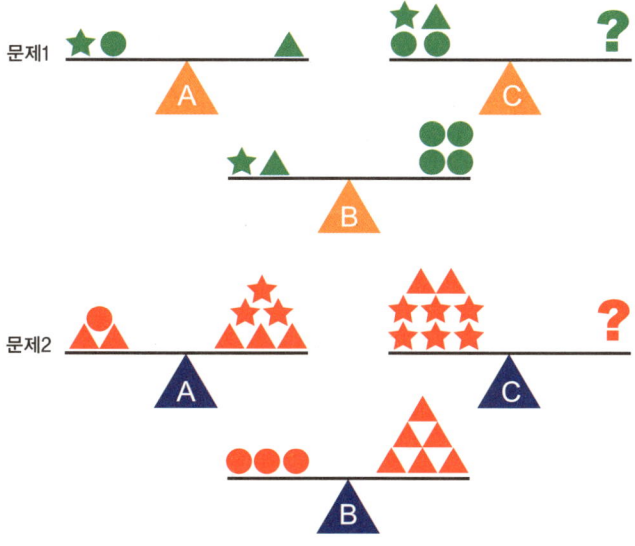

376

보기 A~F 중 물음표에 들어가야 할 알맞은 그림은 무엇일까요?

A   B

C   D

E   F

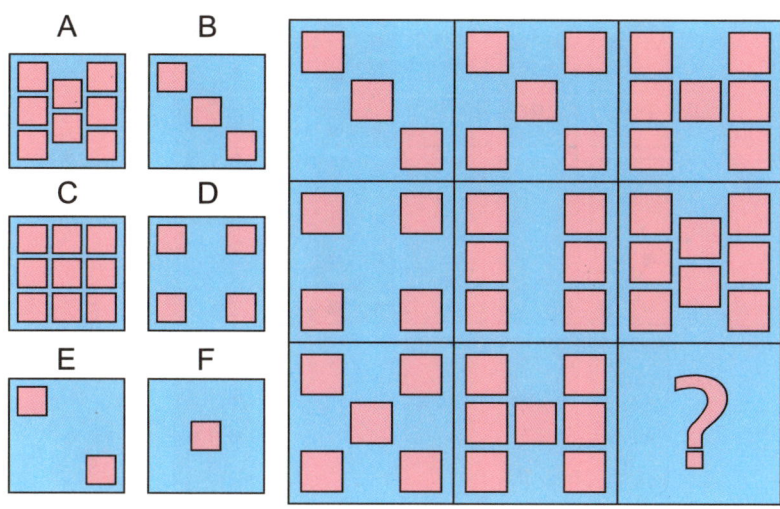

377

자세히 관찰해보세요. 빈 칸에 들어가야 할 그림은 무엇입니까?

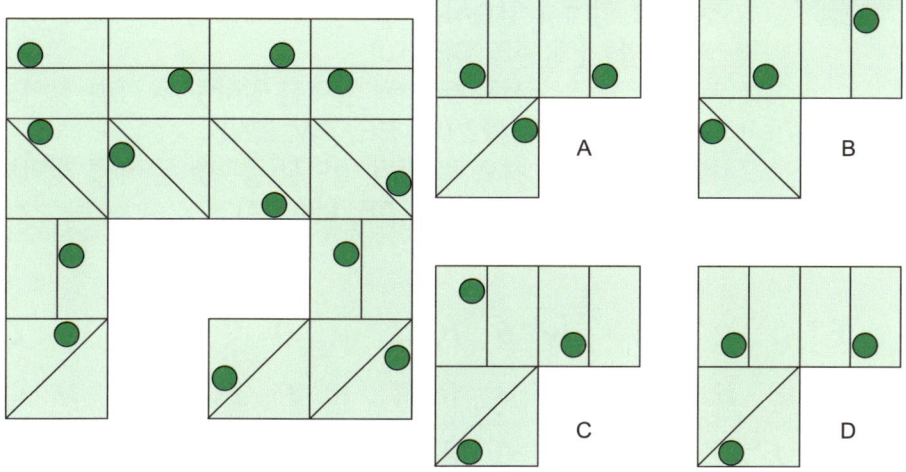

보기 A~F 중 빈 칸에 들어가야 할 도미노는 무엇입니까?

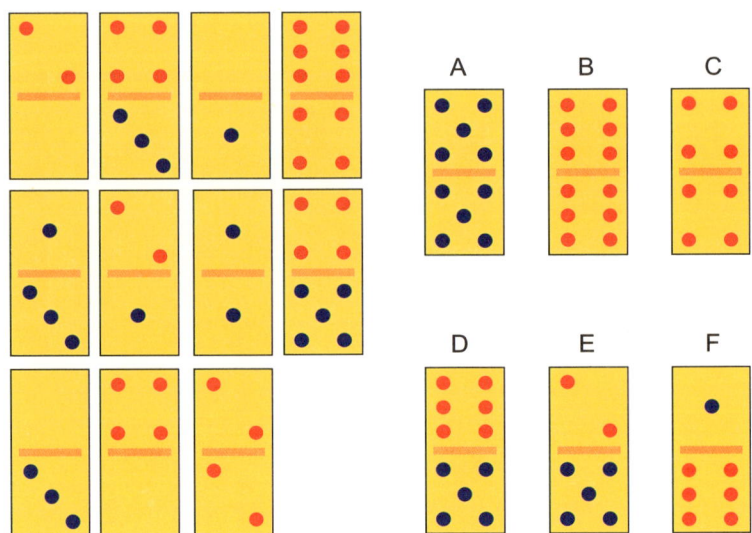

아래에는 세 항의 알파벳이 쓰여 있습니다. 다음 문제에 답하세요.
1. 첫 번째 항에서 연속되는 알파벳 두 개를 찾아보세요. 모두 몇 쌍입니까? (예: AB, DE, KJ)
2. 두 번째 항에서 서로 두 칸씩 떨어진 알파벳 두 개를 찾아보세요. 모두 몇 쌍입니까? (예: BE, TW, ZW)
3. 세 번째 항에서 서로 세 칸씩 떨어진 알파벳 두 개를 찾아보세요. 모두 몇 쌍입니까? (예: AE, LH, PT)

B D R S U W G K L J O Q S F N L

C E H K I J H R T V P M J H N Q

F J T X D K O R T O S W Z A E I

1. 자전거 가게 주인: 샤오마이, 2000년 개업
2. 꽃가게 주인: 리나, 1989년 개업
3. 제과점 주인: 뚱보아저씨, 1985년 개업
4. 전자제품 가게 주인: 지에, 2002년 개업
5. 생선 가게 주인: 린, 1999년 개업
6. 미용실 주인: 한나, 1989년 개업
7. 커피숍 주인: 아컨, 2001년 개업
8. 이불 가게 주인: 션, 1970년 개업
9. 야채 가게 주인: 리화, 1976년 개업
10. 옷 가게 주인: 샤오렌, 1997년 개업

다음 질문에 답하세요.
1. 가장 오랫동안 영업한 가게의 주인은 누구입니까?
2. 미용실은 몇 호입니까?
3. 4호 점은 언제 개업한 것입니까?
4. 10호 점은 어떤 가게입니까?
5. 생선을 사려면 몇 호 점에 가야 합니까?
6. 꽃 가게의 주인은 누구입니까?

381 다음 굴뚝은 모두 몇 개의 벽돌로 이루어진 것일까요?

382 다음 중 나머지 오각형과 서로 다른 오각형 두 개는 각각 무엇입니까?

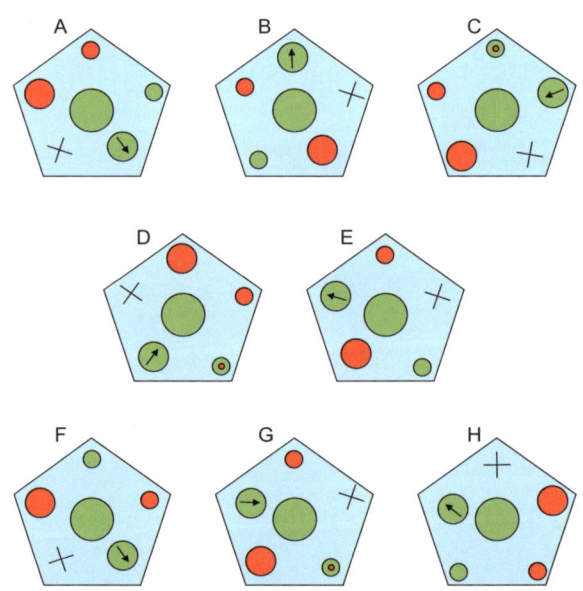

383 보기 A~E 중 빈 칸에 들어가야 할 그림은 무엇일까요?

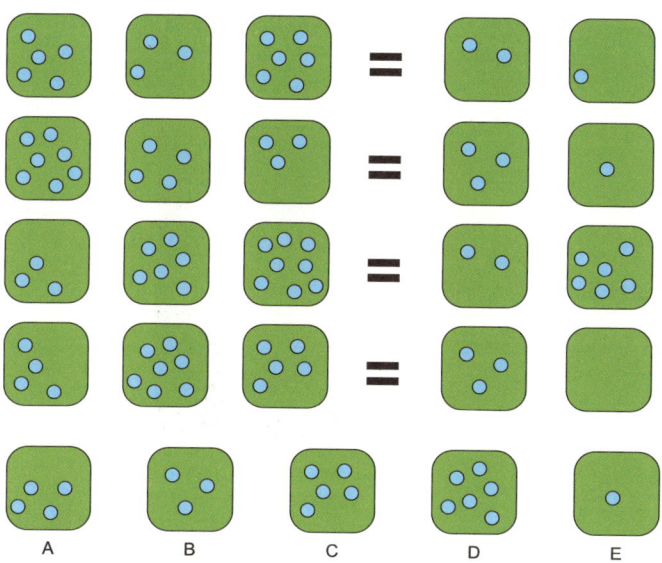

384 다음 중 전체적인 규칙에 어긋나는 도형 하나는 어떤 것일까요?

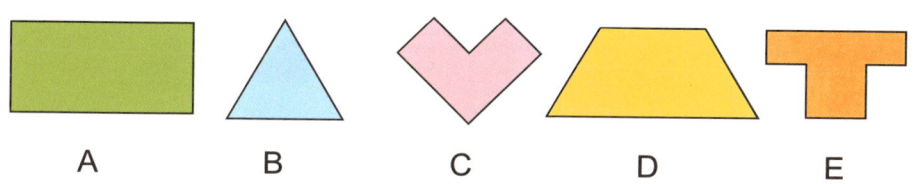

A   B   C   D   E

Logical Math **385**

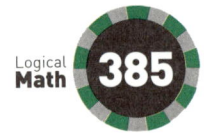

다음 그림은 삼각형 다섯 개, 정사각형 한 개, 평행사변형 한 개로 구성되어 있습니다. 두꺼운 종이에 그림을 모사한 후, 가위를 이용하여 잘라주세요. 자른 일곱 조각의 도형으로 아래 도형을 만들어보세요.

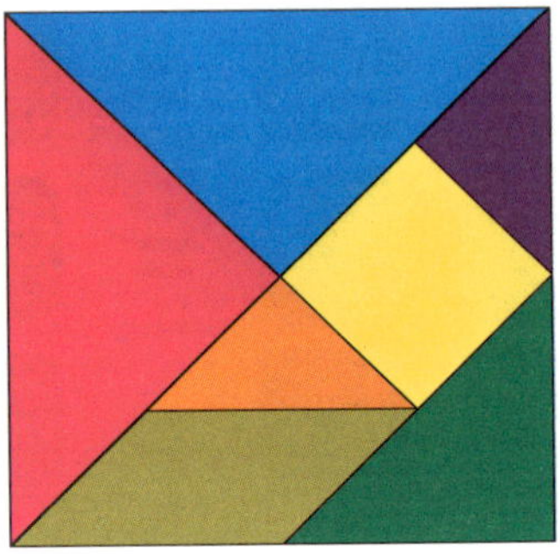

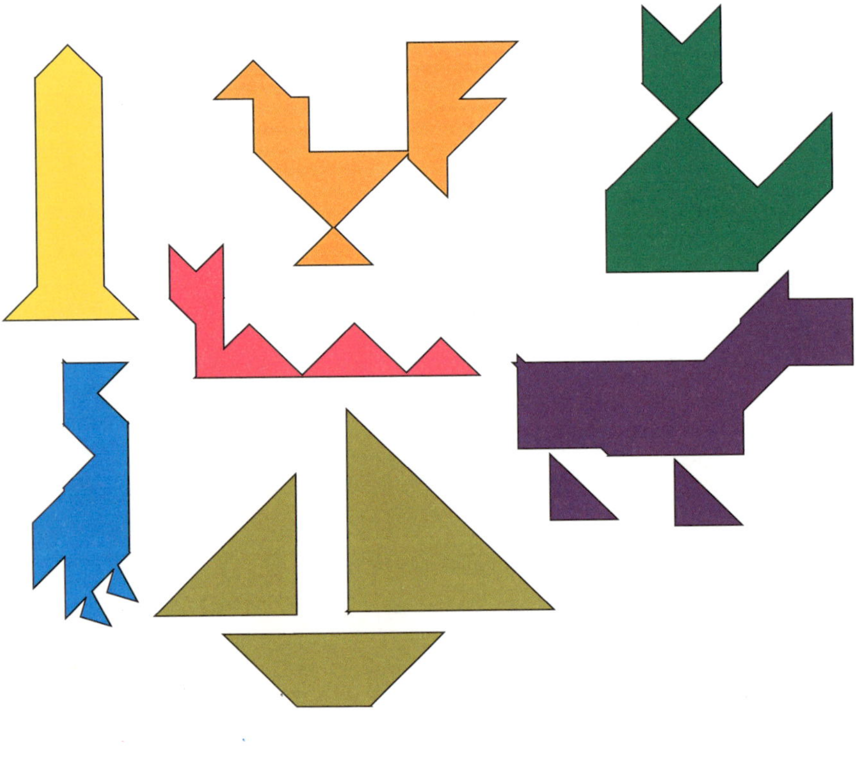

물음표에 들어가야 할 알맞은 그림을 골라보세요.

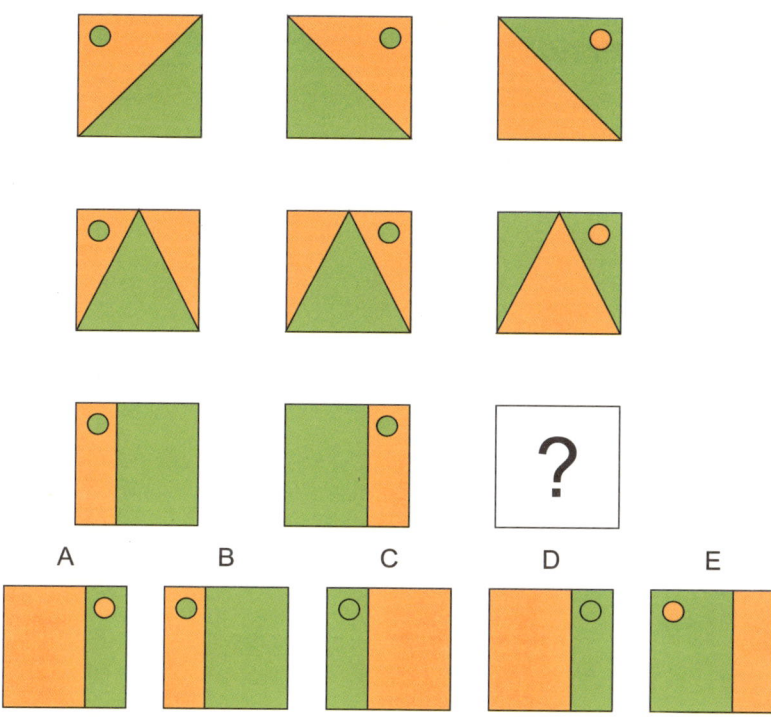

A   B   C   D   E

머릿속에 시계를 그려 보세요. 새벽 다섯 시 부터 저녁 다섯 시까 지, 시침과 분침은 서 로 몇 차례 교차했을까 요?

388 아래 보기 중 빈 칸에 들어가야 할 알맞은 그림은 무엇입니까?

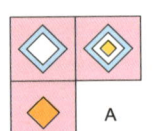 A

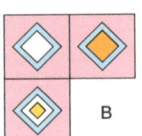 B

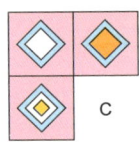 C

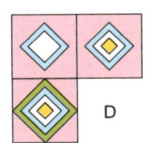 D

 E

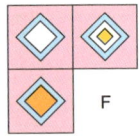 F

389 보기 A, B, C, D, E 중 다음 빈 칸에 들어가야 할 그림은 무엇입니까?

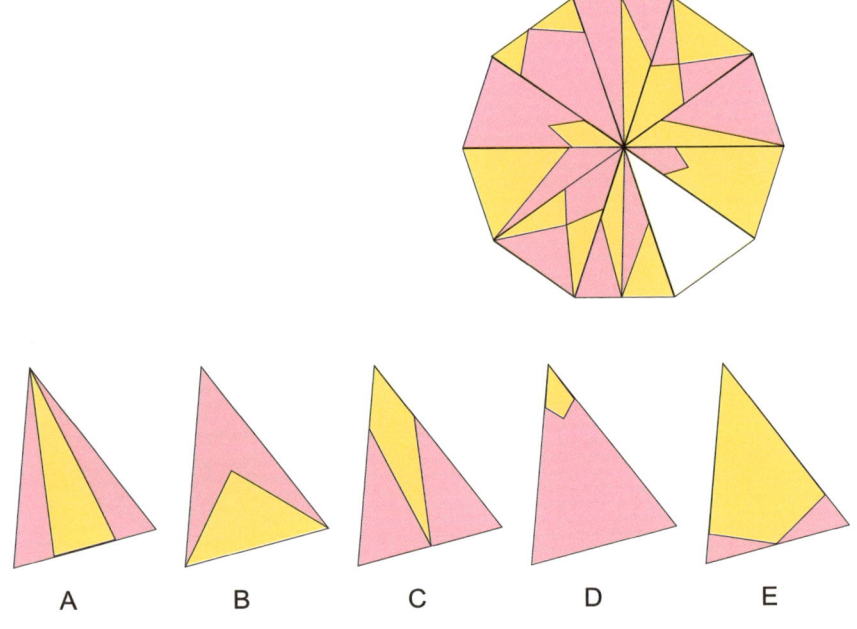

A   B   C   D   E

조종사 다섯 명이 영국의 서로 다른 공항에서 이륙하여 각각 다른 국가로 떠났습니다. 다음 표를 완성해주세요.

1. 스탄스테드에서 이륙한 비행기는 프랑스 니스로 향했습니다.
2. 카디프 공항에서 이륙한 비행기의 기장은 '바오뤄'입니다.
3. '마이클'은 뉴욕 공항으로 갔습니다. 그는 게트윅 공항에서 이륙한 것이 아닙니다.
4. 맨체스터 공항에서 이륙한 비행기는 미국으로 가지 않습니다.
5. '닉'은 캐나다 밴쿠버를 향했습니다.
6. '바오뤄'는 로마로 가지 않았습니다.
7. '닉'은 맨체스터에서 출발하지 않았습니다.
8. '로빈'은 히드로에서 이륙한 것이 아닙니다.
9. 히드로 공항에서 이륙한 비행기는 '토니'가 조종한 것이 아니며, 베를린으로 가지 않았습니다.

이름	공항	목적지

물음표에 들어가야 할 알맞은 숫자는 무엇입니까?

다음 빈 칸에 들어가야 할 숫자를 맞혀보세요.

오른쪽 도형의 모든 면을 볼 순 없지만, 추측해볼 수는 있습니다. 만약, 각 단면을 모두 관찰할 수 있다면, 아래 보기 중 다음 도형에서 나타날 수 없는 단면은 어떤 것일까요?

A

B

C

D

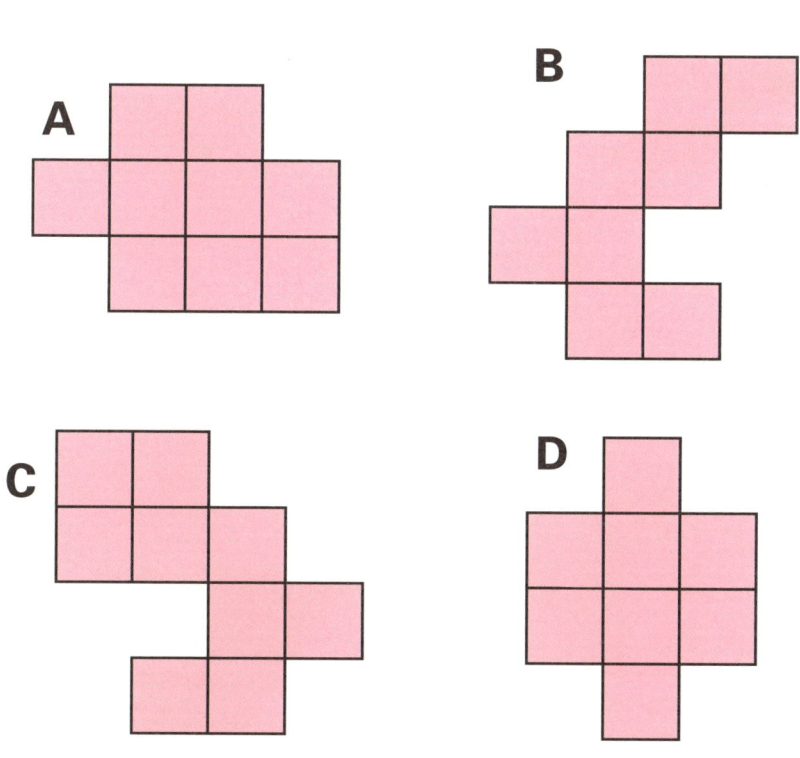

394 다음 물음표에 들어가야 할 알맞은 숫자는 무엇일까요?

395 아래의 도형 중 네 개를 이용하여 하나의 정사각형을 완성할 수 있습니다. 불필요한 도형은 어떤 것입니까?

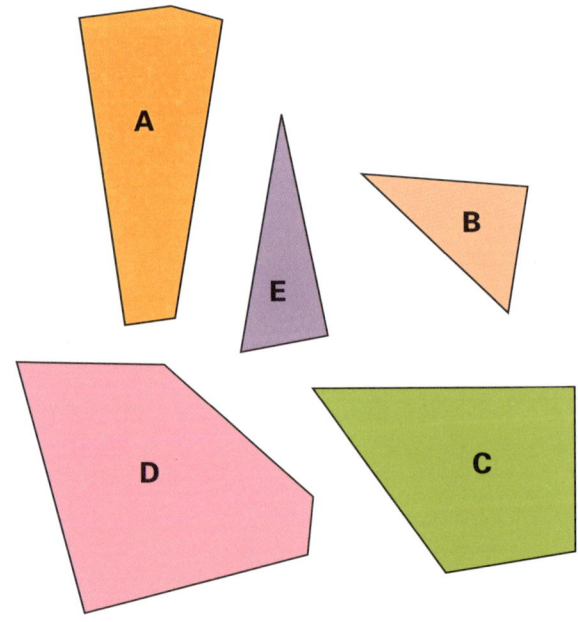

1, 2, 3 중 알파벳이 쓰여 있는 목적지까지 갈 수 있는 길은 무엇일까요? 단, '눈' 외에 어떠한 지시물도 사용해서는 안 됩니다.

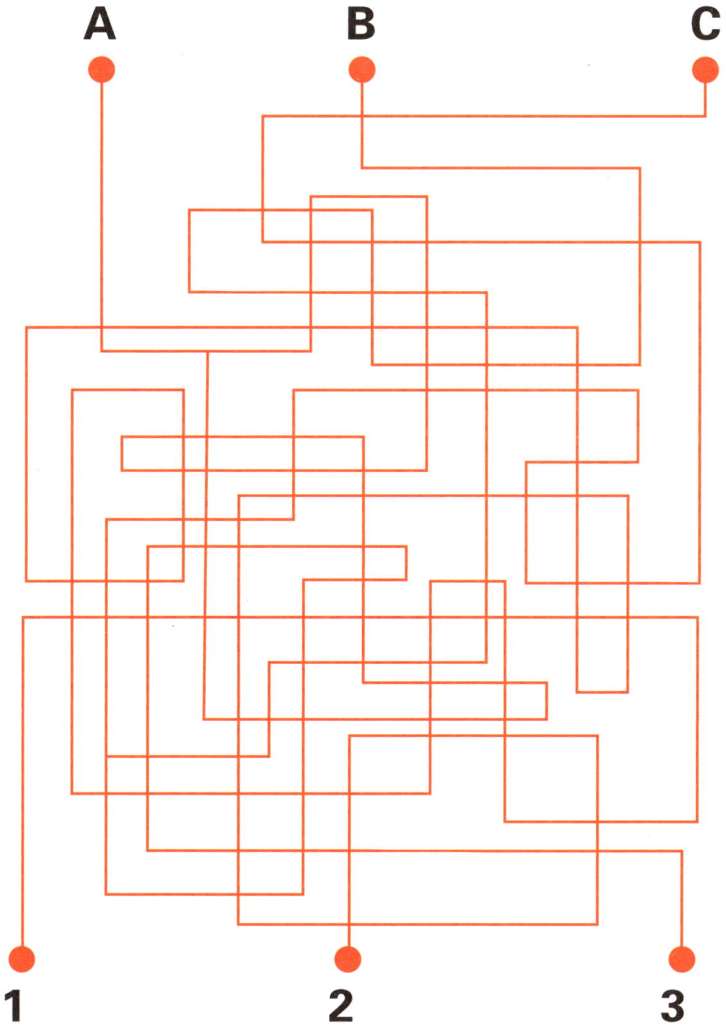

A　　　**B**　　　**C**

1　　　**2**　　　**3**

Logical Math 397 보기 A, B, C, D 중 종이에서 연필을 떼지 않고, 단 한 번에 그릴 수 있는 도형은 어떤 것입니까? 단, 가로지르거나 중복되어선 안 됩니다.

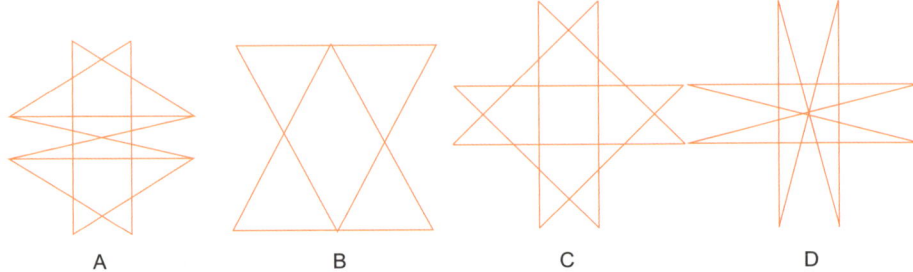

A   B   C   D

Logical Math 398 마지막 그림의 A, B, C, D에 들어가야 할 알맞은 숫자를 맞혀 보세요.

1.

1	2
5	7

8	7
6	9

2.

17	13
14	16

33	27
31	29

3.

6	9
2	3

A	B
C	D

Logical Math 399 다음 중 나머지 그림과 다른 하나는 무엇입니까?

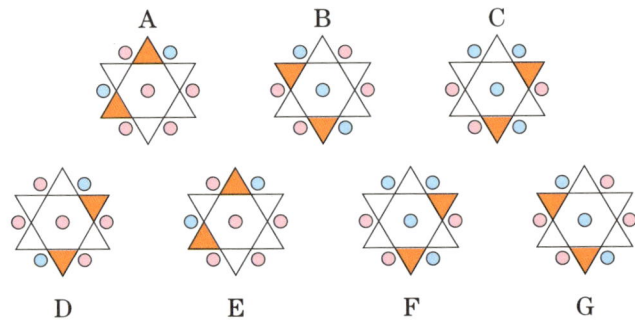

A   B   C

D   E   F   G

Logical Math **400**

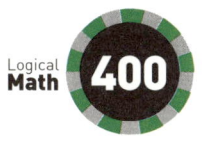

아래 그림 중 물음표를 둘러싸고 있는 동그라미 안에는 각각 도형과 부호가 그려져 있으며, 다음 규칙에 따라 가운데 원 안으로 이동할 수 있습니다. 밖을 둘러싸고 있는 동그라미 중,
어떤 도형 혹은 부호가 한 개일 경우, 이동합니다.
어떤 도형 혹은 부호가 두 개일 경우, 이동할 수도 있습니다.
어떤 도형 혹은 부호가 세 개일 경우, 이동합니다.
어떤 도형 혹은 부호가 네 개일 경우, 이동할 수 없습니다.
그렇다면 보기 A, B, C, D, E 중 가운데 들어가야 할 그림은 무엇일까요?

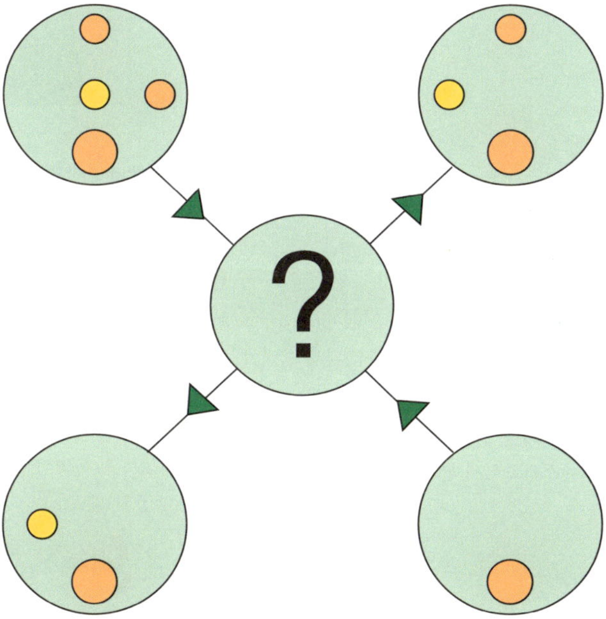

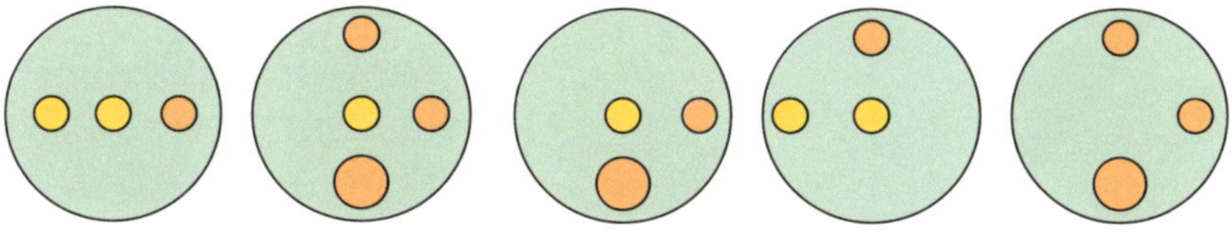

A B C D E

정답

001.

C, 그림 2의 왼쪽 도형과 오른쪽 도형은 서로 맞닿는 부분이 없습니다. 또한, 그림 1과 그림 2의 도형은 서로 붙어 있습니다. 때문에 그림 3과 서로 대응하는 그림은 이 두 가지 조건에 부합해야 합니다.

002.

E, 그림을 참조하세요.

003.

D, 각 정사각형 안에 있는 도형은 그 아래에 있는 두 정사각형의 도형이 합쳐져 완성된 것입니다. 단, 두 정사각형 안에 같은 부호나 선이 있을 경우, 이는 사라지게 됩니다.

004.

그림을 참조하세요.

005.

C와 E입니다. 그림을 참조하세요.

006.

2. B, D, E 그림을 참조하세요.

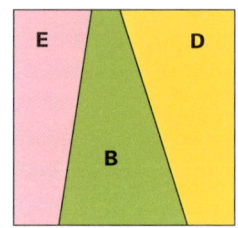

007.

4, 작은 원(네 개) 안의 수 × 2 = 가운데 숫자가 됩니다.

008.

F

009.

그림을 참조하세요.

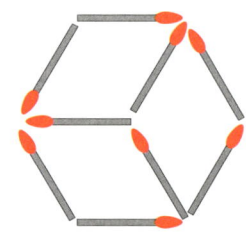

010.

C, 왼쪽 상단에서 시작하여 시계 방향으로, '달팽이' 모양에 따라 움직입니다. 7개의 부호는 각각 같은 순서로 반복됩니다.

011.

B, 각 항과 각 열은 모두 각각의 그림 4개를

포함하고 있습니다.

012.
7번 연필

013.
1C

014.
그림을 참조하세요.

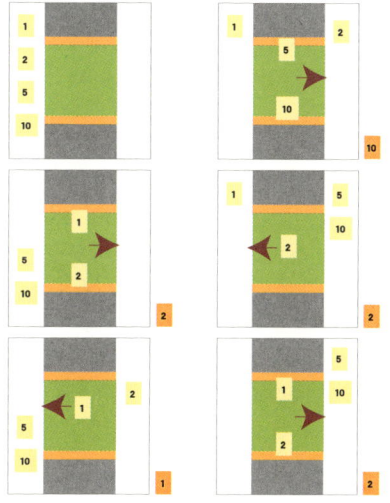

015.
21, 작은 육각형 15개, 큰 육각형 6개가 있습니다. 마지막 도형은 오각형입니다.

016.
B, 위에서 아래로 신호등의 색깔은 빨강, 노랑, 초록입니다. 신호등이 바뀌는 순서는 다음과 같습니다. 빨강색과 노란색이 초록색으로 바뀌고, 그 다음엔 노란색, 빨간색입니다. 때문에 노란불 다음에 와야 할 색은 빨강색–B입니다.

017.
그림을 참조하세요.

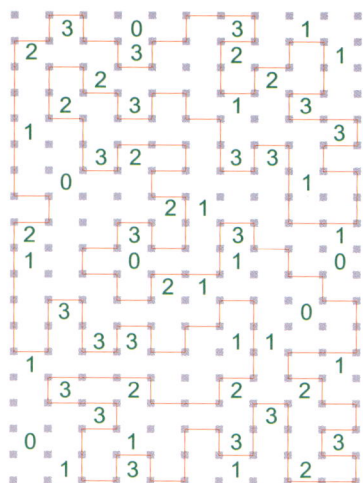

018.
3

019.
B, A와 D, C와 E는 같습니다. 색깔만 바뀐 것입니다.

020.
8.6, 1.65와 1.92를 차례대로 더한 것입니다. 예를 들면, 3.65 + 1.65 = 5.3, 4.92 + 1.92 = 6.84가 되는 것이지요.

021.
두 개의 화살은 8점(합: 16점)을 맞추고, 일곱 개의 화살은 12점(합: 84점)을 맞춘 것입니다. 그리하여 총점은 16+84=100이 되었습니다.

022.
그림을 참조하세요.

023.

B, 각 항의 네모 칸 중 왼쪽은 초록색 원으로 된 직선이 하나 있고, 가운데는 두 개, 오른쪽은 세 개의 직선이 있습니다.

024.

E, 다른 주사위는 모두 위의 종이를 접어 완성할 수 있습니다.

025.

형제 두 명, 자매 두 명, 이들의 부모님, 그리고 부모님의 부모님이 참석하셨습니다. 즉, 아이에게는 할아버지 한 분, 외할아버지 한 분, 할머니 한 분, 외할머니 한 분이 계시는 것이지요.

026.

표를 참조하세요.

연극팀	공연	날짜	가격
프로 연극팀	맥베스	6월	10,000원
셰익스피어팀	오셀로	10월	3,000원
아마추어 연극팀	카이사르	3월	6,000원

027.

5, 각각의 별에 쓰여 있는 숫자 중 짝수의 합에서 홀수의 합을 뺀 값이 가운데 숫자가 됩니다.

028.

B

029.

F, 각 네모 칸 안에는 파란색 원으로 이루어진 '직각을 가지고 있는 다각형'이 있습니다. 왼쪽에서 오른쪽으로, 다시 위 항에서 아래 항 순으로 각 도형의 변수는 차례로 3개~8개, 하나씩 늘어납니다.

030.

031.

6, 그림을 십자형으로 나누면, 각 부분은 3×3 정사각형이 됩니다(네 개). 시계 방향으로 돌아가면서 같은 위치의 숫자에 1을 더한 것입니다.

032.

37, 위에서 아래로, 각각의 숫자에 2를 곱한 후, 다시 5를 빼면 다음 숫자가 됩니다.

033.

클로버 9, 빨강색 카드를 양수로, 검정색 카드를 음수로 가정해 봅시다. 각 열의 가장 마지막 카드는 그 위의 카드 두 장의 수를 합한 값입니다.

034.

D, 퍼즐의 '입'은 바깥 혹은 안을 향합니다. 모두 아래의 여섯 가지 방법이 있습니다.
　　바깥쪽 4, 안쪽 0
　　바깥쪽 3, 안쪽 1
　　바깥쪽 2, 안쪽 2 (각각 두 가지 상황)
　　바깥쪽 1, 안쪽 3
　　바깥쪽 0, 안쪽 4
　　때문에 정답은 D입니다.

035.

A, 그림을 참조하세요.

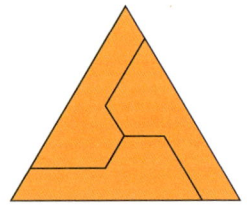

0, 왼쪽에서 오른쪽으로, 두 개의 숫자를 두 자리 수로 가정해 봅시다. 모두 7의 배수라는 것을 알 수 있습니다.

036.

그림을 참조하세요.

037.

별＝1, 삼각형＝6, 육각형＝3, 다이아몬드＝4
입니다.

⭐ = 1   🔺 = 6

⬡ = 3   🔷 = 4

038.

47, A＝2, B＝3, C＝5, D＝7, E＝11, F＝13,
G＝17

039.

25%

040.

생략.

041.

그림을 참조하세요.

042.

C, 그림을 참조하세요.

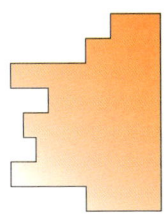

043.

정답은 D입니다. 작은 동그라미는 각각 왼쪽에
서 오른쪽, 아래에서 위로 이동합니다.

044.

두 개의 동그라미가 필요합니다.

045.

456, 첫 번째 도형이 대표하는 수는 789, 두
번째 도형이 대표하는 수는 456, 세 번째 도형
이 대표하는 수는 123입니다.

046.

그림을 참조하세요.

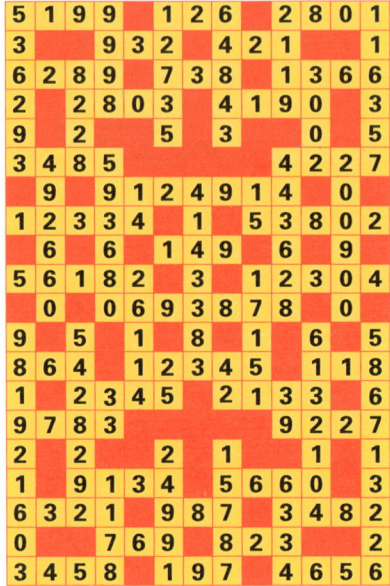

047.

필립은 화요일에 시장에 갔습니다. 애완동물 가게는 목요일과 금요일에는 영업을 하지 않습니다. 때문에 목요일과 금요일은 제외합니다. 이발소는 토요일에 쉬기 때문에 토요일도 제외합니다. 또한, 필립은 시장에 갈 때보다 돌아올 때 더 많은 돈을 가지고 왔습니다. 이를 통해 우리는 필립이 수표를 교환했다는 사실을 알 수 있습니다. 은행은 화, 금, 토요일에만 영업을 하기 때문에 금, 토를 제외한 화요일에 시장에 간 것이지요.

048.

F

049.

5, 각 항의 앞에 있는 두 숫자의 합에 1을 더하면 뒤의 두 숫자의 합이 됩니다.

050.

E

051.

C, 그림을 참조하세요.

052.

모두 35개의 삼각형이 있습니다.

053.

D

054.

6, 각 항의 좌우 두 숫자의 합을 2로 나누면 정중앙에 있는 육각형의 수가 나옵니다.

055.

그림을 참조하세요.

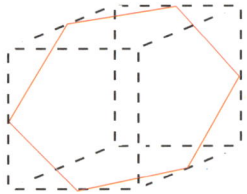

056.

D, 각 그림은 앞의 그림이 4분의 1씩 회전하여 완성된 것입니다.

057.

모두 열세 개의 정사각형이 있습니다.

058.

D, 그림을 참조하세요.

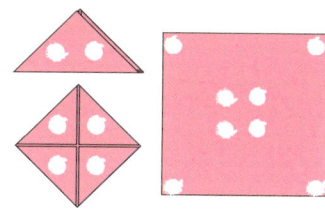

059.

그림을 참조하세요.

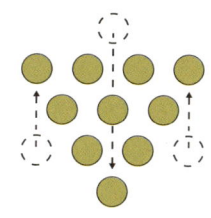

060.

생략.

061.

생략.

062.

다이아몬드입니다. 하트＝11, 클로버＝8, 다이아몬드＝5, 스페이드＝1을 대표합니다.

063.

B, 나머지 도형은 가장 윗부분과 세 번째 부분이 같습니다.

064.

2, 서로 다른 그림으로 구성된 네 가지의 도미노가 있습니다. 즉 ABC, ABD, BCD, 그리고 정답인 ACD입니다.

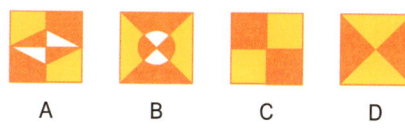

A   B   C   D

065.

1. 2, $(A \times B) - (D \times E) = C$
2. 6, $B \times C + A = D \times E$
3. 5, 첫 번째 항의 숫자 − 세 번째 항의 숫자 + 두 번째 항의 숫자 = 네 번째 항의 숫자

066.

1. 12, 빨강색 동그라미＝3, 노란색 동그라미 = 4, 주황색 동그라미＝2
2. 13, 빨강색 동그라미 = 4, 노란색 동그라미 = 7, 주황색 동그라미＝2
3. 4, 빨강색 동그라미＝5, 노란색 동그라미 = 3, 주황색 동그라미＝1

067.

7, 각 항의 오른쪽 숫자 × 2 + 왼쪽 숫자 = 가운데 숫자가 됩니다.

068.

스페이드 9, 다이아몬드 9, 스페이드 7, 스페이드 2, 각 항의 스페이드 카드는 양수, 다이아몬드 카드는 음수를 대표합니다. 그리고 양수와 음수를 합하면 가장 마지막 카드의 수가 나옵니다.

069.

정답은 ●입니다. 순서는 다음과 같습니다. 왼쪽에서 오른쪽으로, 각 삼각형에 그려진 동그라미는 이와 같은 순서에 따라 이동합니다.

070.

B, 각 정사각형의 첫 번째 항과 세 번째 항의 동그라미를 제외한 나머지 동그라미는 모두 이동합니다. 두 번째 항의 동그라미는 세 칸, 네 번째 항의 동그라미는 두 칸, 마지막 항의 동그라미는 한 칸씩 이동합니다. 또한 동그라미가 이동하기 전 정사각형은 시계 방향으로 90°씩 회전합니다.

071.

B, 나머지 그림은 모두 왼쪽을 보고 있는 찡그린 얼굴과 오른쪽을 보고 있는 웃는 얼굴을 하고 있습니다.

072.

C와 E입니다. 그림을 참조하세요.

073.

10,000원

074.

42, 다섯 개의 마름모는 정사각형 아홉 개로 이루어진 것이고, 열두 개의 마름모는 정사각형 네 개로 이루어진 것입니다. 또한, 스물다섯 개의 마름모는 하나의 정사각형으로 이루어진 것이지요.

075.

A-C, B-F, E-H

076.

H, 자세히 살펴보면 가운데 선의 길이가 나머지 선보다 짧다는 것을 알 수 있습니다.

077.

G, 나머지 도형은 모두 짝을 이룰 수 있습니다. A-J, B-E, C-L, D-N, F-I, H-K, M-O

078.

D, 왼쪽 상단에서 오른쪽 상단으로, 다시 왼쪽 하단으로, 그리고 왼쪽 하단에서 오른쪽 하단으로 'Z'자를 만들어보세요. 그림이 4분의 1 회전했다는 것을 알 수 있습니다.

079.

그림을 참조하세요.

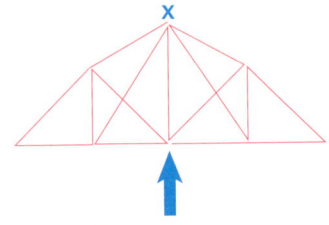

080.

그림을 참조하세요.

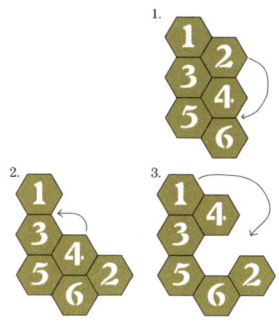

081.

방향을 열네 번 바꾸고 모든 화원을 둘러볼 수 있습니다. 아래 그림을 참조하세요.

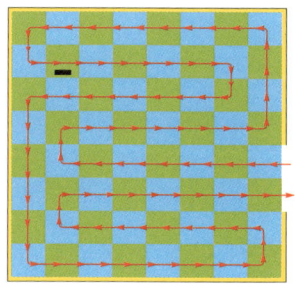

082.

D, 나머지 도형은 모두 서로 대칭을 이룹니다.

083.

모두 열한 개의 정사각형을 만들 수 있습니다. 즉,

작은 정사각형 다섯 개

중간 크기의 정사각형 네 개

큰 정사각형 두 개

084.

정답은 7시 22분입니다. 각각의 시계의 분침은 시계 반대 방향으로 4분의 1씩 움직인 것이고, 시침은 시계 반대 방향으로 8분의 3씩 움직인 것입니다.

085.

그림을 참조하세요.

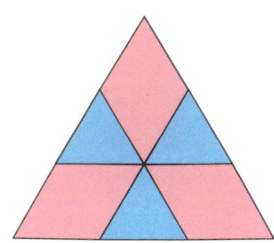

086.

B, 정사각형을 네 부분으로 나눕니다. 각 부분의 알파벳은 같은 순서에 따라 나열된 것입니다.

087.

그림을 참조하세요.

088.

정답은 C입니다. A, B와 D는 모두 동그라미 두 개, 정사각형 두 개, 직선 두 개, 삼각형 두 개로 이루어진 것입니다. 그러나 그림C에는 삼각형이 하나밖에 없습니다.

089.

그림을 참조하세요.

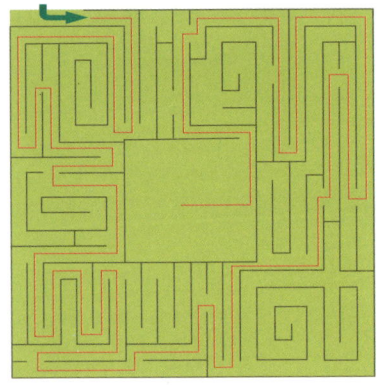

090.

0, 각 항의 첫 번째 숫자와 네 번째 숫자를 곱한 값은 두 번째, 세 번째 숫자가 됩니다.

091.

5를 가리켜야 합니다. 첫 번째 시계부터 시침은 각각 한 시간, 두 시간, 세 시간씩 앞으로 가고, 분침은 10분씩 뒤로 갑니다.

092.

54와 22가 다른 것입니다. 나머지 숫자 조합은 위의 두 자리 수를 각각 곱한 값을 아래에 적은 것입니다.

093.

그림을 참조하세요.

094.

11, 좌우의 두 원을 각각 수직으로 나눕니다. 왼쪽 동그라미의 왼쪽 부분에 있는 숫자의 합은 가운데 동그라미의 왼쪽 상단의 숫자이고, 오른쪽 부분에 있는 숫자의 합은 가운데 동그라미의 왼쪽 하단의 숫자가 됩니다. 오른쪽 동그라미 역시 같은 방법입니다.

095.

D

096.

E, 왼쪽 상단에서 오른쪽 하단까지 서로 대칭을 이루고 있습니다.

097.

그림을 참조하세요.

098.
그림을 참조하세요.

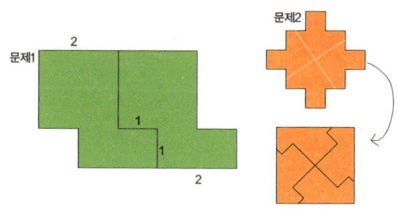

099.
1. 삼 면이 파랑색인 정사각형=8개
2. 두 면이 파랑색인 정사각형=12개
3. 한 면이 파랑색인 정사각형=6개
4. 무색인 정사각형=1개
총 27개입니다.

100.
모든 그림은 숫자 1~4를 회전하여 표기한 것입니다. 때문에 다음 차례에 와야 할 그림은 같은 방법으로 회전한 숫자 5가 되는 것이지요.

101.
가장 마지막 주사위입니다.

102.
세 개입니다.

103.
그림을 참조하세요.

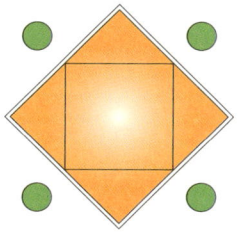

104.
그림을 참조하세요.

105.

D, 모두 시계 방향으로 회전합니다. 첫 번째 도형은 한 칸, 두 번째 도형은 두 칸, 세 번째 도형은 세 칸 순서로 움직입니다.

106.

5, 노란색 부분의 수는 좌우 양옆의 두 수를 뺀 것입니다.

107.

(1) A6, C5, G6
(2) D2
(3) 12개
(4) 117, 3개
(5) G1이 가장 작습니다. 값은 91입니다.
(6) E4
(7) 없습니다.
(8) 없습니다.

108.

그림을 참조하세요.

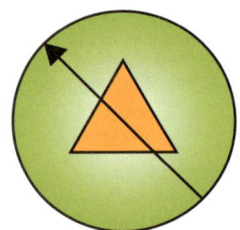

109.

C

110.

G

111.

11, ⚜은 숫자 1을 대표하고, ✦은 숫자 2를 대표합니다. 모두 합하면 값이 나옵니다.

112.

A

113.

B, A와 D, C와 E는 모두 같은 모양으로, 색깔만 바뀐 것입니다.

114.

점 4개, 각 열의 가운데 수는 위, 아래 수를 뺀 값입니다.

115.

다섯 개의 정사각형이 필요합니다. 육각형은 숫자2를 대표하고, 별은 3을 대표하며, 정사각형은 4를 대표합니다.

116.

B

117.
B의 2c입니다.

118.

E, 손잡이의 위치가 잘못되었습니다.

119.

2, 각 항의 왼쪽 숫자를 가운데 숫자로 나누면 오른쪽 숫자가 됩니다.

120.

다섯 명의 정비사가 필요합니다(시간이 약간 남습니다).

121.

정답은 A입니다. 각각의 도형은 모두 일정한 순서에 따라 회전합니다.

122.

정답은 4A와 4D입니다.

123.

물음표 안에 들어가야 할 숫자는 16입니다.
작은 동그라미가 왼쪽 상단에 그려진 도형=4
작은 동그라미가 오른쪽 하단에 그려진 도형=5
작은 동그라미가 왼쪽 하단에 그려진 도형=6
작은 동그라미가 오른쪽 상단에 그려진 도형=7을
대표합니다.

124.

4, 다음과 같이 그림을 그려보면 쉽게 알 수
있습니다. 그림을 참조하세요.

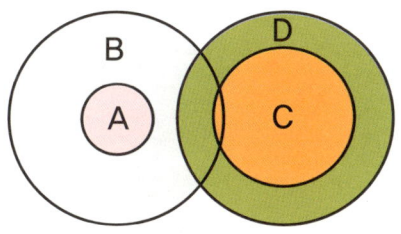

125.

그림을 참조하세요.

126.

X=22, Y=25입니다. 별=1, 육각형=5, 동그
라미=10, 정사각형=2를 대표합니다. 그림의
숫자는 각 도형이 대표하는 수를 합한 값입니
다.

127.

정답은 B입니다. 각 도형은 시계 반대 방향으
로 90°씩 회전합니다.

128.

다른 그림은 E입니다.

129.

그림을 참조하세요.

	3	0		9	8	9		5	1	6		7	4	
1	4	8		4	6	7		3	9	0		5	6	3
6	4	4	5	5	3	5		6	2	8	1	3	0	7
5		0		2		9	5	4		9		3		2
2	7	3		6	5	9		7	2	1		6	9	1
6	4	9	0	9	1	6		4	3	4	6	5	4	0
3	8	6		5	7	8	3	9	6	8		2	9	8
	5				6		3		9				7	
3	5	9		9	4	7	3	4	6	0		3	0	6
2	7	6	8	2	5	9		9	7	9	8	2	5	9
0	1	8		1	3	3		0	4	2		6	9	7
4		7		9		4	9	6		9		8		4
6	9	0	6	3	0	8		7	5	9	0	9	3	6
9	2	9		6	4	9		3	2	6		5	1	9
	8	7		7	3	5		6	1	9		9	3	

130.

F

131.

E, 작은 정사각형의 값은 2입니다. 때문에 세
번째 항의 값은 2X3+2X2=10이 되는 것입
니다.

132.
그림을 참조하세요.

133.
C의 값은 40입니다. 그림을 참조하세요.

4	5	12	13
2	6	11	14
2	7	10	15
1	8	9	16

134.
그림을 참조하세요.

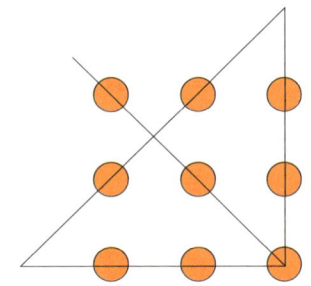

135.
그림을 참조하세요.

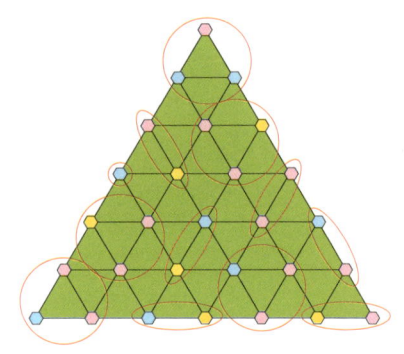

136.
정답은 Q입니다.

137.
C

138.
D

139.
E, 별=8, 정사각형=6, 동그라미=7을 대표합니다.

140.

F, 왼쪽으로 90° 회전하고, 아래 위의 도형이 바뀐 것입니다.

141.

D, 각 항과 각 열의 세 번째 부호는 그 앞의 두 도형에 모두 나타난 부호를 그려 넣은 것입니다.

142.

그림을 참조하세요.

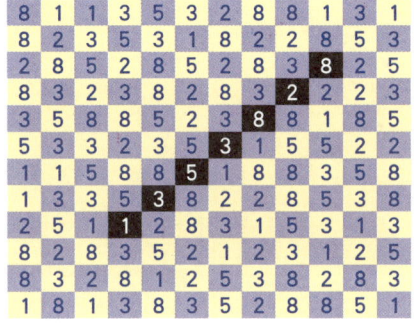

143.

초록색 지역은 44%, 파란색 지역은 56%를 차지합니다.

144.

2

145.

두 동그라미의 크기는 같습니다.

146.

네모＝6, 세모＝7, 별＝4, 동그라미＝5를 대표합니다.

 =6　　 =7

 =4　　◯ =5

147.

D, 왼쪽 상단에서 시작하여 지그재그 모양으로 1, 2, 3이 반복됩니다.

148.

196개입니다.

149.

B, 삼각형은 시계 방향으로 90°씩 회전합니다. 동그라미는 순서대로 삼각형의 다른 각에 놓이며, 빨강색과 노란색이 번갈아 가면서 나타납니다.

150.

D

151.

D, 별 모양은 뒤로 한 칸, 앞으로 세 칸씩 움직이고, 동그라미는 앞으로 세 칸, 뒤로 두 칸씩 움직입니다. 삼각형은 뒤로 한 칸, 앞으로 두 칸씩 움직이며, 정사각형은 뒤로 한 칸, 앞으로 두 칸씩 움직입니다.

152.

F, 각 항과 각 열의 가장 가운데 있는 정사각형과 연결된 선은 시계 방향으로 90도씩 회전하고, 밖의 정사각형과 연결된 선은 시계 반대 방향으로 90도씩 회전합니다.

153.

E, 각 네모 칸 안에 그려져 있는 도형은 그 아

래에 있는 두 네모 칸의 도형을 합쳐놓은 것입니다. 단, 두 네모 칸 안에 같은 도형이 있을 경우, 그 도형은 사라집니다.

154.

C, 그림을 자세히 관찰해보면 각 항의 그림 세 개와 각 열의 그림 세 개의 일정한 규칙을 알아낼 수 있습니다. 각 항, 혹은 각 열의 세 번째 그림은 앞의 두 그림이 합쳐져 완성된 것입니다. 앞의 두 그림 중 같은 그림은 사라지고, 다른 그림만 남은 것이지요.

155.

그림을 참조하세요.

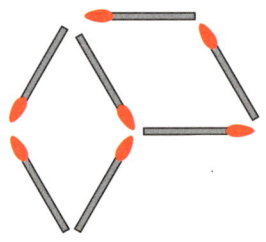

156.

동그라미 3개가 필요합니다.

157.

그림을 참조하세요.

158.

10, 왼쪽 두 육각형의 서로 대응하는 위치의 수를 빼면, 오른쪽 육각형의 서로 대응하는 위치의 수가 됩니다.

159.

생략

160.

이 문제는 쉽게 착각할 수 있습니다. 얼핏 보기엔 직선 A가 정답인 것 같지만, 정답은 직선 B입니다.

161.

새로 추가한 별 다섯 개는 빨간색으로 표시해 두었습니다. 이렇게 하면 각 항과 각 열에 놓인 별의 수는 모두 짝수가 됩니다. 그림을 참조하세요. (두 가지 방법)

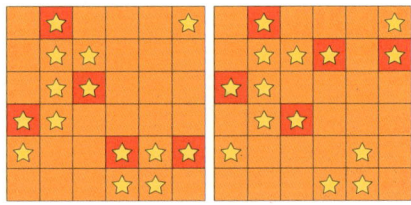

162.

정육면체를 만들기 위해서는 육각형을 세 개의 마름모로 나누어야 합니다. 그림을 참조하세요.

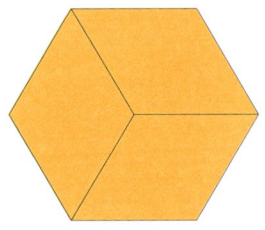

163.

그림을 참조하세요.

164.

각 항의 좌우 두 그림을 합하면 가운데 도형이 완성됩니다. 그림을 참조하세요.

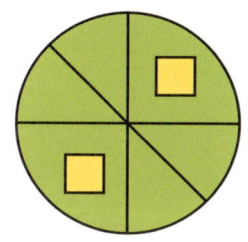

165.

3, 각 항에 놓인 숫자의 합은 모두 10입니다.

166.

A, 각 항의 그림은 좌에서 우로 움직입니다. 마름모는 정사각형의 각을 시계 방향으로 돌고, 별은 아래로 한 칸씩 움직입니다. 동그라미는 가운데 정사각형 네 개를 시계 반대 방향으로 돕니다.

167.

D

168.

19, 정중앙을 중심으로, 각 항에서 좌, 우의 수를 모두 합하면 가운데 숫자가 나옵니다.

169.

C

170.

12

171.

그림을 참조하세요.

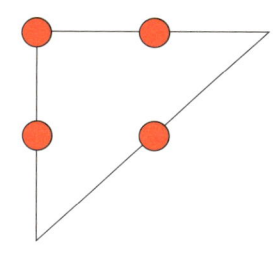

172.

그림을 참조하세요.

173.

그림을 참조하세요. 이는 정답 중 하나를 표시해 놓은 것입니다. 단, 어떤 방법이든지 가운데 네모 칸 안에는 8과 1이 들어가야 합니다.

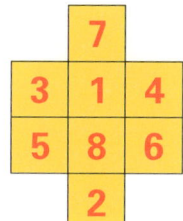

174.

I, A에서 95분이 지난 시각은 B, C에서 95분이 지난 시각은 I입니다.

175.

10, 각 도형의 위에 놓인 세 숫자의 합에서 아래에 놓인 두 숫자의 합을 빼면 가운데 숫자가 나옵니다.

176.

D, 각 항에는 0~9, 열 개의 숫자가 들어있습니다.

177.

그림을 참조하세요.

178.

샤오젠에게는 모두 열다섯 조각의 쿠키가 있었습니다. 리나에게 7.5+0.5, 즉 여덟 조각을 주어 일곱 조각이 남았고, 메이에게 3.5+0.5, 즉 네 조각을 주어 세 조각이 남았습니다. 또 아이샤에게는 1.5+0.5, 즉 두 조각을 주어 한 조각이 남았고, 베이베이에게 0.5+0.5, 즉 마지막 남은 한 조각을 주어 샤오젠에게는 한 조각의 쿠키도 남지 않았던 것이지요.

179.

A, 빨강, 파랑, 노랑 순으로 나열된 것입니다. A는 유일하게 가장 마지막 도형보다 작은 노란색 도형입니다.

180.

그림을 참조하세요.

181.

15분 (각 시계의 시침이 가리키는 숫자는 분침이 가리키는 숫자의 두 배입니다.

182.

B

183.

19개입니다.

184.

C, 노란색 점은 시계 방향으로 한 칸씩 이동하고, 노란색 동그라미는 시계 반대 방향으로 두 칸씩 이동합니다.

185.
그림을 참조하세요.

186.
A와 C입니다. 그림을 참조하세요.

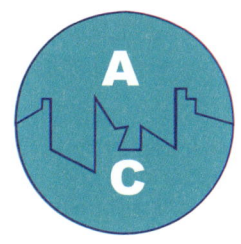

187.
D, 왼쪽 상단에서 시작하여 '달팽이' 모양으로 이동합니다. 정사각형의 중심에서 끝나게 되는 것이지요. 별은 시계 방향으로 두 칸, 세 칸, 네 칸 등의 순으로 이동하며, 삼각형은 가운데 정사각형 네 개를 중심으로 시계 반대 방향으로 한 칸씩 이동합니다.

188.
여기서 'R'은 오른쪽으로, 'L'은 왼쪽으로, 'U'는 위로, 'D'는 아래쪽으로 이동하라는 뜻입니다. 예를 들어 '7U4'는 7번 '짐'을 위로 네 칸 이동하라는 뜻이지요. 우선 7U4, 4L1, 2U1, 3D1 이동하여 왼쪽에서 6번 '짐'을 빼냅니다. 그럼 5번과 3번 '짐'을 쉽게 빼낼 수 있게 되죠. 그리고 7번, 2번, 4번, 1번 '짐'을 빼내면 됩니다.

189.
D, 각 항의 앞의 두 도형과 각 열의 앞의 두 도형을 합하면, 각 항의 마지막 도형, 각 열의 마지막 도형이 됩니다. 또한, 하얀색 네모 두 개가 겹치면 검정색으로 변하고, 검정색 네모 두 개가 겹치면 하얀색으로 변합니다.

190.
그림을 참조하세요.

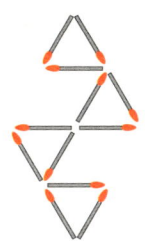

191.
D

192.
그림을 참조하세요.

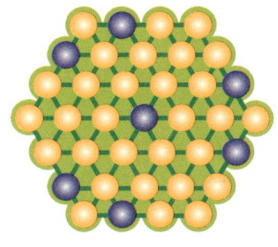

193.
E, 마지막 육각형의 그림은 세 육각형에서 두 번 나타난 직선을 그려놓은 것입니다.

194.
9, 각 육각형의 수를 합하면 모두 37이 됩니다.

195.
20, 왼쪽에서 시작하여 다음 동그라미까지 갈 수 있는 길의 수를 표시합니다. 그리고 그 수를 모두 더하면 20이 되는 것이지요. 그림을 참조하세요.

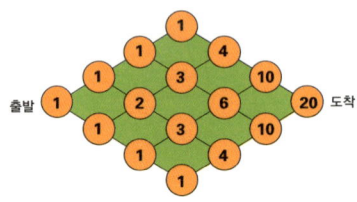

196.
그림을 참조하세요.

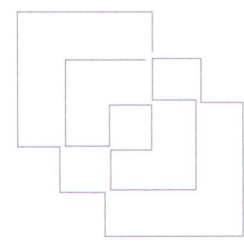

197.
D, 좌에서 우로 이동하면서 새로운 도형이 나타나며, 초록색과 주황색 도형은 번갈아가며 색깔이 바뀝니다.

198.
D, 가장 작은 동그라미는 오른쪽으로 두 칸, 왼쪽으로 한 칸씩 이동하고, 중간 크기의 동그라미는 왼쪽으로 한 칸, 오른쪽으로 두 칸씩 이동합니다. 마지막으로 가장 큰 동그라미는 오른쪽으로 한 칸, 왼쪽으로 두 칸씩 이동합니다.

199.
문제1: 23개, 두 번째 층에 6개, 세 번째 층에 8개, 가장 위층에 9개가 필요합니다. 문제2: 17개, 가장 아래층은 8개, 두 번째 층은 6개, 세 번째 층은 3개가 숨겨져 있으며, 가장 위층은 숨겨진 블록이 없습니다.

200.
그림을 참조하세요.

201.
14, 위의 동그라미 두 개의 숫자 중, 서로 대응하는 부분의 수를 더하면 가운데 원의 수가 나옵니다. 왼쪽 아래 동그라미의 수는 왼쪽 상단의 동그라미와 가운데 동그라미의 수를 곱한 값이고, 오른쪽 하단의 동그라미 수는 오른쪽 산당의 동그라미와 가운데 동그라미의 수를 곱한 값입니다.

202.
B

203.
B

204.
C, 도형을 자세히 관찰해보세요. 각 항의 그림 세 개와 각 열의 그림 세 개는 모두 일정한 규칙을 가지고 있습니다. 각 항, 혹은 각 열의 세 번째 그림은 그 앞의 도형 두 개를 합한 것입니다. 두 그림 중 서로 다른 도형은 표시하고, 같은 도형은 표시하지 않습니다.

205.
D, 세로로, 'X'자가 하나씩 줄어듭니다.

206.
D

207.
C

208.
B, 그림을 참조하세요. 각 항의 교차점은 점점 아래로 내려가고, 각 열의 교차점은 점점 오른쪽으로 이동합니다.

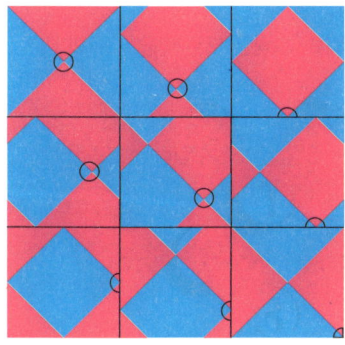

209.
그림을 참조하세요.

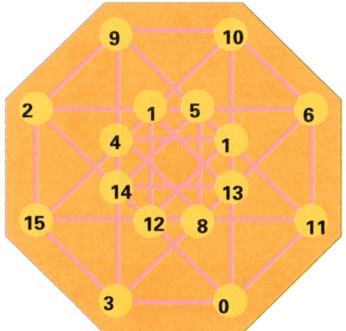

210.
B, 각 항의 앞에 있는 정사각형 두 개의 동그라미 수와 세 번째 정사각형의 동그라미 수는 같습니다. 각 열의 앞에 있는 정사각형 두 개의 차는 세 번째 정사각형의 동그라미 수와 같습니다.

211.
D, 각 육각형의 그림은 그 아래에 있는 육각형 두 개의 그림에 따라 결정되는 것입니다. 즉, 검정색 점이 아래에 있는 육각형 두 개의 같은 위치에 놓인 경우, 그 위의 육각형에 놓이게 되며, 이때 색깔은 흰색으로 바뀝니다. 하얀색 점도 같은 원리입니다.

212.
F, B에 그려진 별과 느낌표의 수는 E와 같습니다. D와 G, A와 C 역시 같습니다. 하지만 별 두 개, 느낌표 세 개가 그려진 정답 F와 같은 것은 없습니다.

213.
A, 첫 번째 도형은 시계 방향으로 90도, 두 번째 도형은 시계 방향으로 120도씩 회전한 것입니다.

214.
그림을 참조하세요.

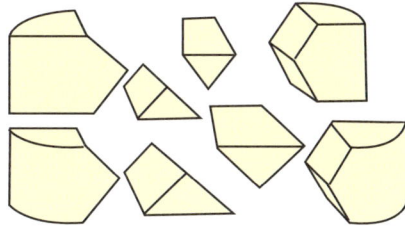

215.
그림을 참조하세요.

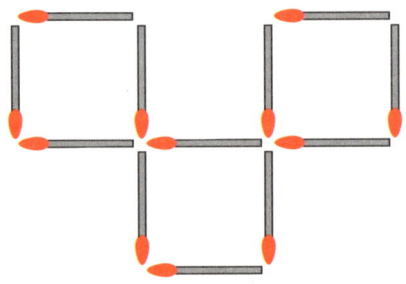

216.
4, 도미노 두 개를 한 조로 보고, 점의 수를 합하면 각각 3, 6, 9, 12가 됩니다.

217.
4, 각 정사각형의 서로 대응하는 부분의 수를 합하면 왼쪽은 20, 위쪽은 22, 오른쪽은 24, 아래쪽은 26이 됩니다.

218.
A

219.
정사각형입니다.

220.
그림을 참조하세요.

221.
E

222.
7, 각 항과 각 열에는 모두 0~9의 숫자가 들어 있습니다.

223.
D, 정사각형을 네 부분으로 나눕니다. 각 부분의 알파벳은 모두 순서에 따라 나열된 것입니다. 시계 방향으로 움직이며, 이 때, 알파벳은 시계 반대 방향으로 4분의 1 회전합니다.

224.
9, 나머지 그림은 모두 짝을 이룹니다.

225.
30, 1~6월 달의 일수입니다.

226.
E, 알파벳 T~Y와 그 그림자입니다.

227.
그림을 참조하세요.

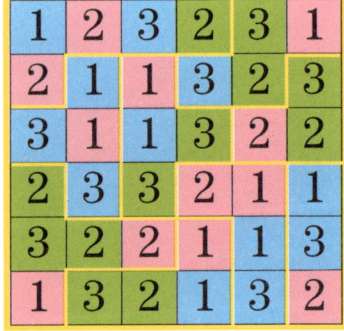

228.

1. 9999
2. 8000
3. 7744
4. 4884
5. 444
6. 9090
7. 202
8. 1728
9. 3125
10. 1400
11. 9988
12. 22000
13. 118120

*아래 그림을 참조하세요.

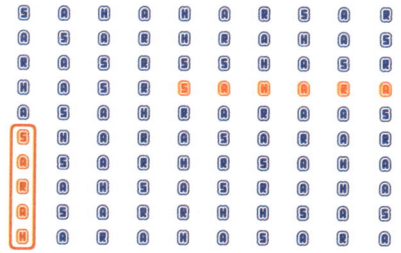

229.

그림을 참조하세요.

230.

A=5, B=7, 가운데 숫자는 나머지 숫자 네 개를 모두 나눌 수 있습니다.

231.

15, 앞에 놓인 정사각형 세 개의 서로 대응하는 부분의 수를 더하면 마지막에 놓인 (오른쪽 하단) 정사각형의 수가 됩니다.

232.

G, 도형을 자세히 관찰해보세요. 각 항의 그림 세 개와 각 열의 그림 세 개는 모두 일정한 규칙을 가지고 있습니다. 각 항, 혹은 각 열의 세 번째 그림은 그 앞의 도형 두 개를 합한 것입니다. 두 그림 중 서로 다른 부호는 표시하고, 같은 부호는 표시하지 않습니다.

233.

2B

234.
육각형입니다. 정사각형=1, 육각형=3, 동그라미=5를 대표합니다.

235.

E, 정사각형을 같은 크기의 네 부분으로 나눕니다. 각 부분의 초록색 정사각형은 각각 알파벳 W, X, Y, Z를 대표합니다.

236.

생략.

237.

A, 각 그림에는 초록색 점이 두 줄씩 있으며, 두 부분은 서로 연결되어 있습니다. 좌에서 우로 이동하며, 시계 방향으로 4분의 1씩 회전합니다.

238.

3, 세로로 계산합니다. 위에 놓인 숫자 두 개의 합에서 아래에 놓인 숫자 두 개의 합을 빼면 각 열의 가운데 숫자가 나옵니다.

239.
13, 왼쪽 상단에서 시작하여 아래로, 클립모형으로 이동합니다. 이 숫자의 규칙은 −1, +3을 반복하는 것입니다. (예: 5−1=4, 4+3=7 등)

240.
D

241.
그림을 참조하세요.

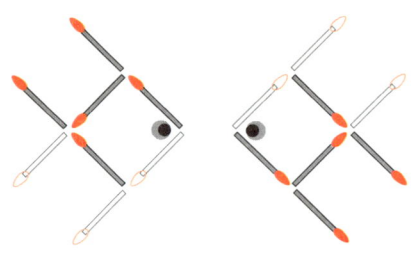

242.
문제 1: 18개
문제 2: 26개

243.
그림을 참조하세요.

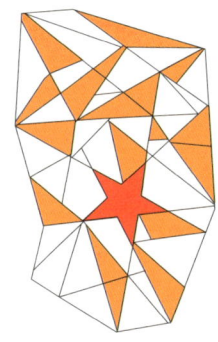

244.
E, 나머지 그림은 모두 같은 그림입니다.

245.
26, 고리를 따라 시계 방향으로 이동합니다. 이 숫자는 각각 4, 3, 2를 더한 것입니다.

246.
A, 좌에서 우로, 시계는 각각 12분, 24분, 36분씩 거꾸로 갑니다.

247.
그림을 참조하세요.

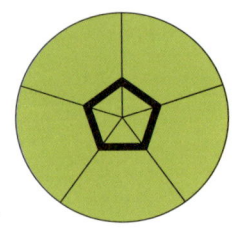

248.
각 변의 숫자를 합한 값은 34입니다. 아래 그림을 참조하세요.

1	11	6	16
8	14	3	9
15	5	12	2
10	4	13	7

249.
문제 1: D
문제 2: C

250.
그림을 참조하세요.

A	E	G
F	B	I
D	H	C

251.
E

252.
B, 정답 B는 네 면이 삼각형인 피라미드 모형을 만들 수 있습니다.

253.
F, 나머지 그림은 모두 같은 그림입니다.

254.
5, 'H'형의 도형 중 왼쪽 숫자 세 개를 더한 값에서 오른쪽 숫자 세 개를 더한 값을 빼면 가운데 숫자가 나옵니다.

255.
A, 좌에서 우로, 첫 번째 네모 칸에는 이어져 있는 초록색 점 두 개와, 이어져 있는 초록색 점 세 개가 있습니다. 다음 네모 칸에는 이어져 있는 초록색 점 세 개와, 이어져 있는 초록색 점 네 개가 있습니다. 이와 같이 초록색 점이 한 개씩 늘어납니다.

256.
6, 각각의 동그라미에서 좌우 두 숫자의 합에 3을 더하면 아래의 숫자가 나옵니다.

257.
7, 사람이 그려진 카드를 10으로 가정하면, 각 열에 놓인 카드 세 장의 합은 모두 21이 됩니다.

258.

$$
\begin{array}{r} 10 \\ \times\ 10 \\ \hline 100 \end{array}
\qquad
\begin{array}{r} 55 \\ +\ 55 \\ \hline 110 \end{array}
$$

$$
\begin{array}{r} 919 \\ +\ 191 \\ \hline 1110 \end{array}
\qquad
\begin{array}{r} 545 \\ +\ 455 \\ \hline 1000 \end{array}
$$

259.
그림을 참조하세요.

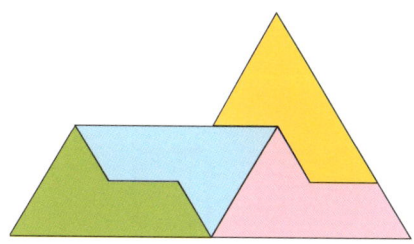

260.
그림을 참조하세요.

261.

E, 각각의 그림은 모두 알파벳 'S' 열 개로 구성된 것입니다. 그러나 정답 E는 'S'의 방향이 틀립니다.

262.

10, 세로로 계산합니다. 각 열에 있는 숫자의 합은 모두 23입니다.

263.

D, 정답 D의 가장 아래에 있는 그림은 그 앞장의 위에 놓여야 합니다.

264.

가장 가까운 것은 E, 가장 먼 것은 A입니다.

265.

G, 거울에 반사된 직선의 방향은 반대가 됩니다.

266.

그림을 참조하세요.

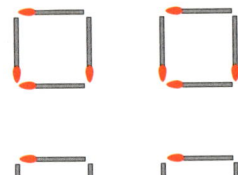

267.

생략.

268.

A-D, B-L, C-H, E-G, F-J, I-K

269.

두 번째로 작은 동그라미는 E, 두 번째로 큰 동그라미는 F입니다.

270.

A

271.

E

272.

그림을 참조하세요.

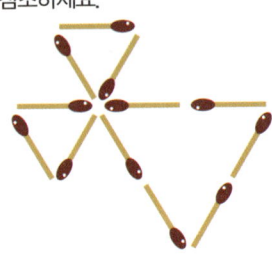

273.

B

274.

그림을 참조하세요.

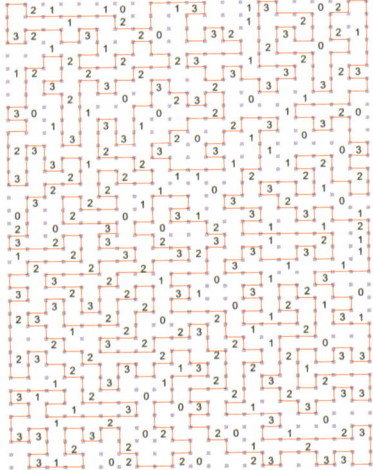

275.

D, 나머지 그림은 모두 시계 방향으로 감겨져 있지만, 정답 D는 시계 반대 방향으로 감겨져 있습니다.

276.
A와 C는 틀린 것이고, B는 맞는 것입니다. 자동차의 오른쪽 바퀴는 시계 반대 방향으로 돌고, 왼쪽 바퀴는 시계 방향으로 돌아갑니다. C에서 시침과 분침 사이의 각도는 60°를 조금 넘습니다.

277.
9개입니다.

278.
E, 각 항과 각 열에는 모두 서로 다른 세 종류의 별이 있습니다.

279.
25, 28, 27, 24, 26

280.
33, 34, 34, 35
A+C=그 아래항의 A
B+C=그 아래항의 B
A+D=그 아래항의 C
B+D =그 아래항의 D가 됩니다.

281.
4개, 왼쪽의 도형이 수직 축을 중심으로 반사되면 가운데 도형이 되고, 가운데 도형이 횡축을 중심으로 반사되면 오른쪽 도형이 됩니다.

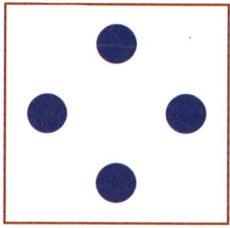

282.
그림을 참조하세요.

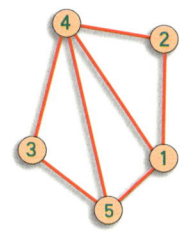

283.
C, 각 항에는 모두 숫자 0~9의 숫자가 들어갑니다.

284.
A

285.
그림을 참조하세요.

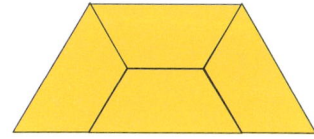

286.
A, 위의 큰 정사각형에 들어있는 작은 정사각형은 모두 아래의 큰 정사각형의 작은 정사각형과 서로 대응합니다.

287.
B, A와 D, C와 E는 포함하고 있는 그림이 같습니다.

288.
1

289.
E

290.

그림을 참조하세요.

291.

C, 첫 번째 숫자에는 한 획을 추가하고, 두 번째와 세 번째 숫자에선 한 획을 뺍니다.

292.

3, 나머지 그림은 모두 각 도형 안에 들어있는 작은 도형의 수와 작은 도형의 변의 수가 일치합니다. 예: 1번 도형 안에는 삼각형 세 개가 들어있으며, 삼각형의 변의 수는 역시 3입니다.

293.

아래 그림을 참조하세요.

294.

−6, 작은 육각형(파란색)의 제곱수에서 그 수에 5를 곱한 값을 빼면, 큰 육각형(빨간색)의 수가 나옵니다. 예: (6×6)−(6×5)=6

295.

8, 같은 크기의 네 부분으로(십자형으로) 나눕니다. 각 부분의 네모 칸 네 개의 합은 모두 17이 됩니다.

296.

첫 번째 항=7
두 번째 항=8
세 번째 항=8
네 번째 항=9
다섯 번째 항=7
합계: 39

297.

75, 각 그림에는 모두 3, 4, 5, 세 숫자의 배수가 들어가 있습니다.

298.

B

299.

그림을 참조하세요.

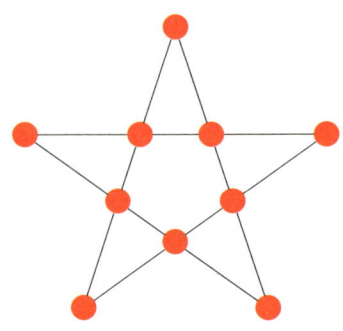

300.

A, 가로와 세로, 두 축을 둘러싸고 서로 대칭합니다.

301.

A, 12 B, 25 이 숫자는 각각의 타원에서 유일한 짝수와 홀수입니다.

302.

그림을 참조하세요.

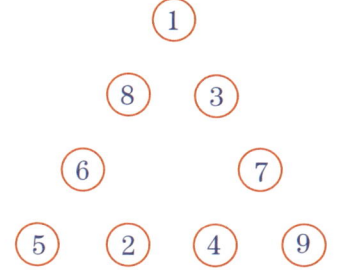

303.

C

304.

그림을 참조하세요.

305.

D

306.

G, G는 다른 음표입니다. 나머지 음표는 모두 같은 음표로, 회전을 통해 얻은 것입니다.

307.

D, 팔각형을 이루는 그림은, 각각 한 쌍의 그림, 서로 반대되는 색깔로 되어 있습니다.

308.

C, 분을 가리키는 숫자를 합하면, 시간을 가리키는 수가 나옵니다.

309.

E

310.

그림을 참조하세요. 일부분을 표기해둔 것입니다.

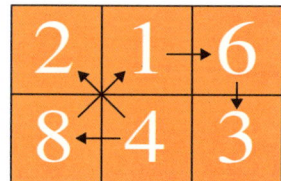

311.

3이 들어가야 합니다. 각각의 숫자는 모두 그 숫자를 포함하고 있는 도형과 서로 겹치는 부분의 수를 합한 것입니다.

312.

32, 좌에서 우로, 0, 1, 2, 3, 4의 제곱수를 2로 나눈 것입니다.

313.

A, 이 정사각형은 5 X 5(size)의 정사각형 네 개로 이루어진 것입니다. 5 X 5(size)정사각형에는 모두 같은 숫자가 같은 순서로 나열되어 있습니다.

314.

그림을 참조하세요.

	4	7	6	0	8		6	1	1	2	5	2	
5	3	9		4		3		2		4		1	
9		1	6	7	4	1		8	0	9	8	6	0	4
0		7		4		9		4		1		4		0
7	8	2	1		3	7	3	7	3		8	7	2	7
7		8		2		4		8		2		2		5
5	7	5	3	7	6	5		7	3	4	2	8	1	8

(이하 표 생략)

315.

B

316.

E, 1항과 2항을 합하면 3항이 되고, 1열과 2열을 합하면 3열이 됩니다. 단, 같은 그림은 표시되지 않습니다.

317.

그림을 참조하세요.

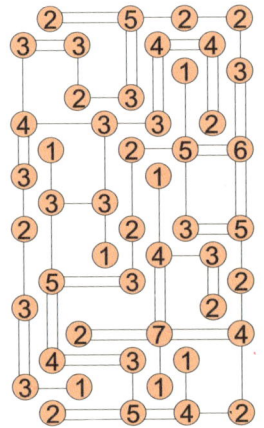

318.

1A

319.

A, 양측의 도형이 순서대로 이동합니다. 가장 왼쪽의 도형이 왼쪽에서 오른쪽으로, 가장 오른쪽의 도형이 오른쪽에서 왼쪽 순으로 이동합니다.

320.

A, 각 동그라미의 그림은 그 아래에 있는 동그라미 두 개를 합하여 얻은 것입니다. 단, 같은 그림은 표시되지 않습니다.

321.

14, 나머지 그림은 모두 서로 짝을 이룹니다.

322.

3

323.

B, 가로와 세로의 네모 칸이 번갈아가며 90도씩 회전합니다.

324.

그림을 참조하세요.

4	+	9	×	5	−	3	=	62
+		−		×		+		
5	−	3	+	9	×	4	=	44
−		×		+		×		
3	×	5	+	4	−	9	=	10
×		+		−		−		
9	−	4	+	3	×	5	=	40
=		=		=		=		
54		34		46		58		

325.

B, 그림을 참조하세요.

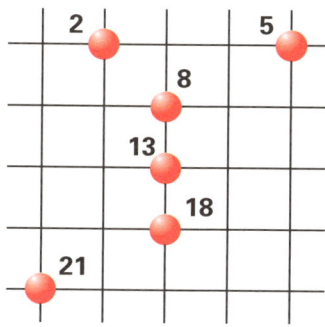

326.

그림을 참조하세요.

1	3	5	9	7	9	3	1	7	5	3	1
3	9	5	3	1	5	7	9	3	1	5	9
5	1	7	1	1	3	5	9	7	1	7
3	5	1	3	5	9	7	1	5	9	3	5
9	7	5	3	9	7	1	3	9	3	5	1
1	9	3	5	7	9	1	5	3	7	9	3
9	3	7	9	5	1	3	9	1	3	7	5
5	5	9	5	3	7	5	1	9	1	5	9
7	9	5	7	1	3	9	7	5	9	1	7
9	7	3	1	7	9	5	3	1	5	7	9
9	7	1	1	3	5	1	1	3	7	9	1
9	7	5	9	7	9	5	3	1	5	9

327.

두 부분으로 나눌 수 있으며, 각각 삼각형 여덟 개가 들어갑니다.

328.

정답은 E입니다. A는 C가 거울에 비친 모습이고, B는 D가 거울에 비친 모습입니다.

329.

C

330.

24, 각각의 도형이 대표하는 무게는 다음과 같습니다.

⭐ =5   ⭐ =4   ⭐ =3

331.

C, 나머지 도형 네 개는 모두 같습니다. 회전 후 위치가 달라진 것입니다.

332.

0–0, 5–2

333.

J와 서로 대응하는 것은 4번, N과 서로 대응하는 것은 6번입니다.

334.

A, 나머지 도형 네 개는 모두 같습니다. 회전 후 위치가 달라진 것입니다.

335.

46입니다. 그림을 참조하세요.

9	4	5	3	6	1	8	2
8	1	2	2	3	2	5	1
6	9	9	1	2	4	3	5
4	8	1	3	5	2	6	1
1	4	3	7	6	3	1	4
9	2	4	8	6	4	5	3
4	2	9	4	8	6	7	1
2	8	1	6	5	9	0	1

336.
B

337.
D

338.
D

339.
그림을 참조하세요.

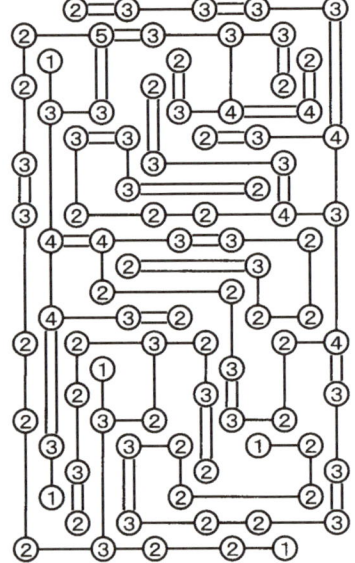

340.
B, 가로와 세로의 각 그림에서 마름모 안과 밖에 동그라미를 하나씩 추가합니다. 안과 밖에 각각 동그라미 네 개가 들어가면 다시 하나씩 뺍니다.

341.
D, 시계 방향으로 회전하지 않았습니다.

342.
C, 3번 육각형의 그림은 1번과 2번 육각형의 도형이 합쳐진 것입니다. 5번 육각형의 그림은 4번과 1번 육각형의 도형이 합쳐진 것입니다. 이처럼 아래에서 위로 합쳐진 것이지요. 그러므로 맨 위의 8번 육각형의 그림은 3번, 5번, 6번, 7번 육각형의 그림이 합쳐져 완성되어야 합니다. 그림을 참조하세요.

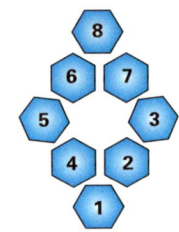

343.
나머지와 다른 하나는 E입니다. 나머지 도형은 모두 같은 도형으로, 회전한 것입니다.

344.
정답은 C입니다. B와 D, A와 E는 짝을 이룹니다. 모두 큰 동그라미와 작은 동그라미의 위치가 서로 바뀐 것입니다.

345.
B

346.
생략.

347.
생략.

348.
D, 가로와 세로의 그림은 각각 하나의 선을 추가하고, 다음엔 그 선의 수를 유지합니다. 그리고 다시 하나의 선을 추가하는 순으로 나열된 것입니다.

349.

그림을 참조하세요.

350.

그림을 참조하세요.

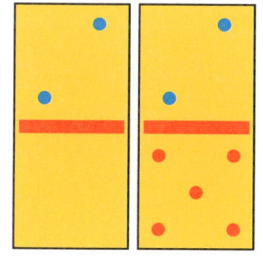

351.

그림을 참조하세요.

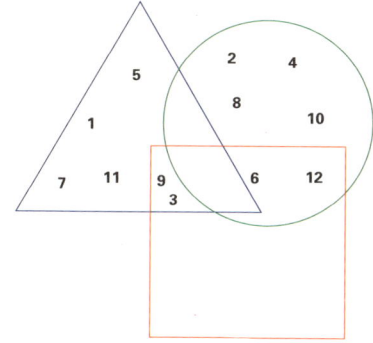

352.

그림을 참조하세요. 일곱 개의 변을 가진 도형을 완성할 수 있습니다.

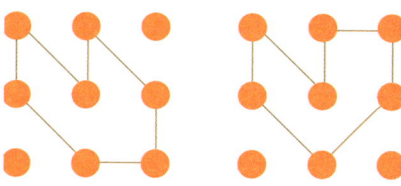

353.

F

354.

8을 가리켜야 합니다. 좌에서 우로 분침과 시침이 가리키는 숫자의 합은 각각 5, 10, 15, 20입니다.

355.

그림을 참조하세요.

356.

정답은 다음과 같습니다.

(1) D (2) C (3) B (4) B
(5) 2개 (6) A (7) A (8) D
(9) B (10) C (11) C (12) C

357.

1, 앞의 그림 세 개를 모두 합하면 네 번째 그림이 완성됩니다.

358.

6, 밖을 둘러싸고 있는 도형 네 개 중 서로 대응하는 부분의 수를 합한 값을 4분의 1회전하여 가운데 도형에 넣은 것입니다.

359.

E, 위에서 아래 순으로, 동그라미가 하나씩 줄어듭니다.

360.

1, 그림을 참조하세요.

361.

C

362.

그림을 참조하세요.

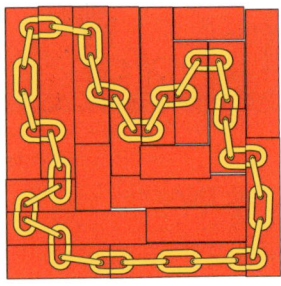

363.

41122314, 각 항을 두 줄씩 한 조로 가정해봅시다. 두 번째 줄의 수는 그 윗줄에 나온 숫자의 횟수와 그 숫자를 표기한 것입니다. 작은 수에서 큰 수의 순서대로 나열합니다. 예를 들면 밑에서 두 번째 항에는 네 개의 1, 한 개의

2, 두 개의 3, 한 개의 4가 있습니다. 그리하여 정답은 41122314가 되는 것이지요.

364.

그림을 참조하세요.

365.

E

366.

B

367.

D, 큰 정사각형을 작은 정사각형 네 개로 나눕니다. 작은 정사각형의 파랑색 부분은 각각 알파벳 M, N, O, P를 나타냅니다.

368.

7
7
9
9
왼쪽 하단에서 시작해 '달팽이' 모양으로, 79364가 반복됩니다.

369.

A, 그림의 점은 동그라미 두 개와 마름모에 찍혀 있습니다.

370.

다음 표를 참조하세요.

생명체	국가	특징	자원(보물)
난쟁이	노르웨이	심보가 고약하다.	다이아몬드
작은 요정	웨일즈	배타성이 강하다.	황금
거인	스코틀랜드	알립다.	루비
요정	아일랜드	장난꾸러기이다.	에메랄드
도깨비	잉글랜드	못생겼다.	은

371.

표 C의 값은 41입니다. 아래의 그림을 참조하세요.

16	9	8	1
15	10	7	2
14	11	6	3
13	12	5	4

372.

E, 밖의 도형을 안으로 옮긴 것입니다.

373.

아래 그림을 참조하세요.

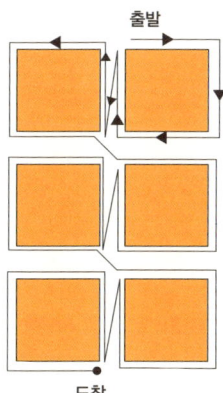

출발

도착

374.

문제1: 동그라미는 2, 별은 3, 삼각형은 5를 대표합니다. 때문에 저울 C의 오른쪽에는 별 네 개를 올려놓아야만 수평을 이룰 수 있습니다.

문제2: 별은 1, 삼각형은 3, 동그라미는 6을 대표합니다. 때문에 저울 C의 오른쪽에는 동그라미 두 개를 올려놓아야만 수평을 이룰 수 있습니다.

375.

2쌍

376.

C

377.

D, 이렇게 하면 각 항의 그림에 모두 같은 선이 있고, 동그라미 네 개는 서로 다른 위치에 놓이게 됩니다.

378.

D, 각 항의 왼쪽에 놓인 도미노 세 개의 동그라미 수를 합하면 마지막 도미노의 수가 됩니다.

379.

첫 번째 항 - 여섯 쌍
두 번째 항 - 여섯 쌍
세 번째 항 - 일곱 쌍

380.

생략.

381.

60개, 하나하나 세어 볼 필요 없이 첫 번째 층의 벽돌 12(개)×5(층)=60이 됩니다.

382.
E, G, A와 H, B와 F, C와 D는 같습니다.

383.
정답은 B입니다. 각 항의 앞에 놓인 두 수를 곱한 값에 세 번째 수를 더하면 두 자리 수의 답이 나옵니다.

384.
E, 나머지 도형은 모두 네 부분으로 나눌 수 있습니다. 또한 이 네 부분의 모양은 원래 도형의 모형과 비슷합니다. 아래 그림을 참조하세요.

385.
그림을 참조하세요.

386.
A, 첫 번째 그림을 수직 축을 중심으로 뒤집으면 두 번째 그림이 됩니다. 또한, 두 번째 그림의 색을 서로 바꾸면 세 번째 그림이 됩니다.

387.
열한 번입니다. 11시 전까지 시침과 분침은 매 시간마다 한 번씩 교차합니다. 오전 11시에서 오후 1시 사이에는 한 번 교차하고, 오후 1시에 서 5시 사이에도 한 번 교차합니다. 때문에 6+1+4=11, 열한 번이 되는 것이지요.

388.
F, 각 항과 각 열에서 세 번째 그림은 첫 번째 그림보다 네모 칸이 하나 더 많으며, 네 번째 그림은 두 번째 그림보다 네모 칸이 하나 더 많습니다.

389.
E, 대각선에 위치한 그림은 서로 같으며, 색깔만 서로 바뀐 것입니다.

390.
다음 표를 참조하세요.

이름	공항	목적지
마이클	히드로	뉴욕공항
닉	게트윅	밴쿠버
바오뤄	카디프	베를린
로빈	맨체스터	로마
토니	스탄스테드	프랑스 니스

391.
5, 가로로 계산합니다. 첫 번째 수와 두 번째 수를 더한 값의 제곱이 세 번째 수입니다.

392.
4, 각 항의 수를 더한 값은 모두 14입니다.

393.

C, 그림을 참조하세요.

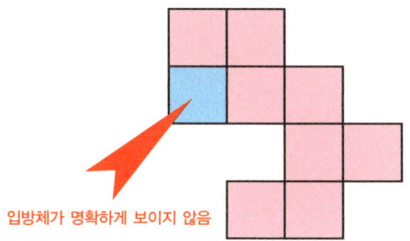

입방체가 명확하게 보이지 않음

394.

6, 각 항의 숫자를 네 자릿수로 가정해봅시다.
모두 13~16의 세제곱입니다.

395.

C, 그림을 참조하세요.

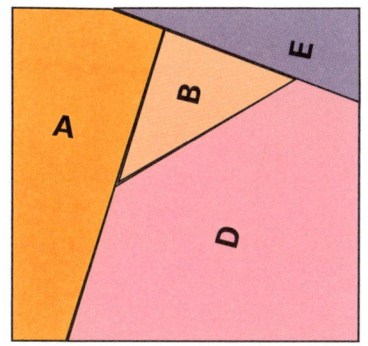

396.

3-C, 선 1은 선 2, 선 2는 선 1에 도착합니다.

397.

B, 그림을 참조하세요.

 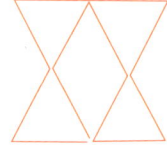

398.

A는 9, B는 11, C는 8, D는 12를 대표합니다.

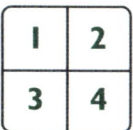

1	2
3	4

1+4	2+3
1+3	2+4

399.

D, 나머지 그림은 모두 짝을 이룹니다. A와 E,
C와 F, B와 G는 모두 같습니다.

400.

A

임성욱

서울 외국어통번역대학원 한중과에 재학중이고, 현재 SBS 번역대상 최종 심사기관으로 위촉된 (주)엔터스코리아 중국어 번역가로 활동 중이다

역서로는 <세계부자들의 청년들에게 주는 충고>, <마음의 짐을 덜어주는 99가지 지혜> 등 다수가 있다.

수학적 사고력을 길러주는
논리력 테스트 400

초판 7쇄 인쇄 2020년 3월 5일
초판 7쇄 발행 2020년 3월 10일

지 은 이 시춘예
펴 낸 이 고정호
펴 낸 곳 베이직북스

주   소 서울시 마포구 양화로 156,1508호(동교동 LG팰리스)
전   화 02) 2678-0455
팩   스 02) 2678-0454
이 메 일 basicbooks1@hanmail.net
홈페이지 www.basicbooks.co.kr

출판등록 제 2007-000241호
I S B N 978-89-960222-7-5 04410

* 가격은 뒤표지에 있습니다.
* 잘못된 책이나 파본은 교환하여 드립니다.